彩图 2-9　成都麻羊母羊

彩图 2-10　贵州白山羊公羊

彩图 2-11　长江三角洲白山羊公羊

彩图 2-12　长江三角洲白山羊母羊

彩图 2-13　济宁青山羊

彩图 2-14　萨能山羊

彩图 2-15　波尔山羊公羊

彩图 2-16　波尔山羊母羊

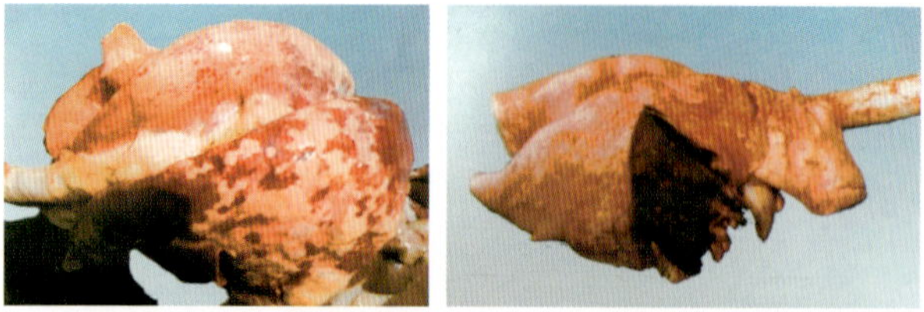

彩图 8-1　羊巴氏杆菌病出血-纤维素性肺炎

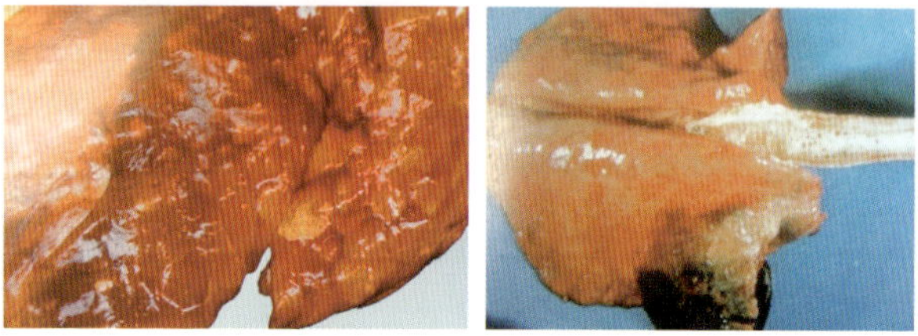

彩图 8-2　羊巴氏杆菌病浆液-出血性肺炎、
羊巴氏杆菌病急性坏死性肺炎

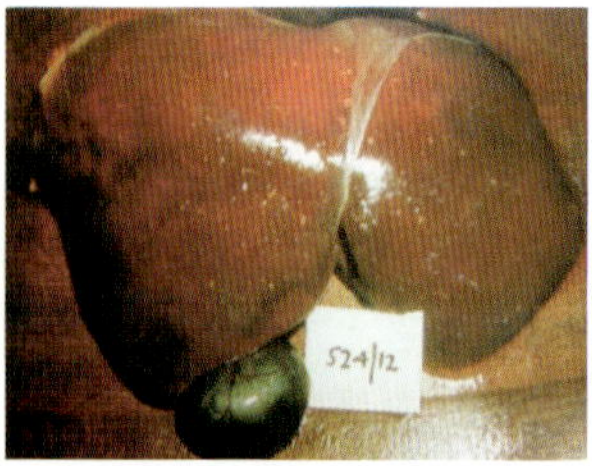

彩图 8-3　羊巴氏杆菌病肝脏呈
粟粒状坏死灶

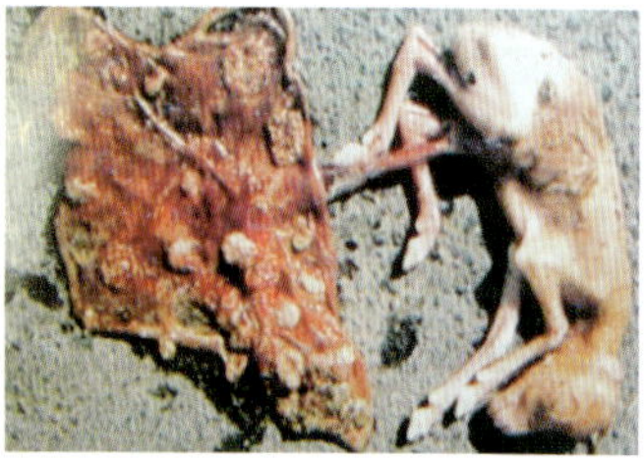

彩图 8-4　山羊布鲁氏菌病流产
胎儿和坏死胚胎

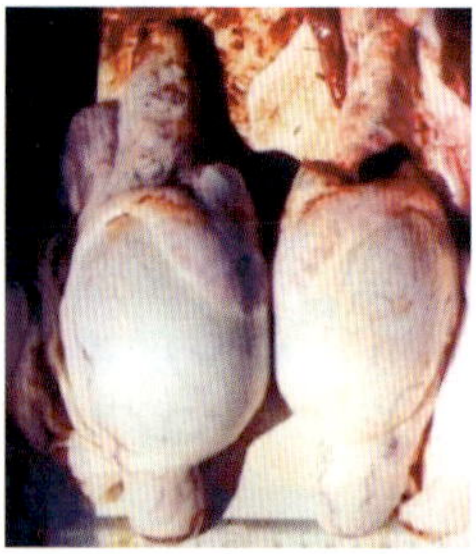

彩图 8-5　山羊布鲁氏菌病精索肿胀，
阴囊总鞘膜腔积水，睾丸肿大

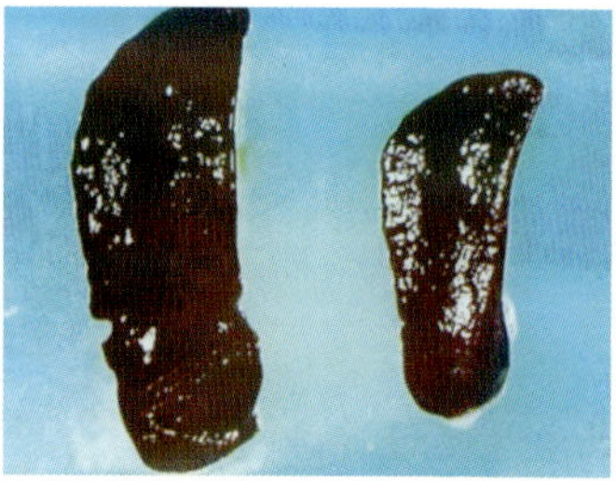

彩图 8-6　胎儿脾脏不同程度
肿胀的症状

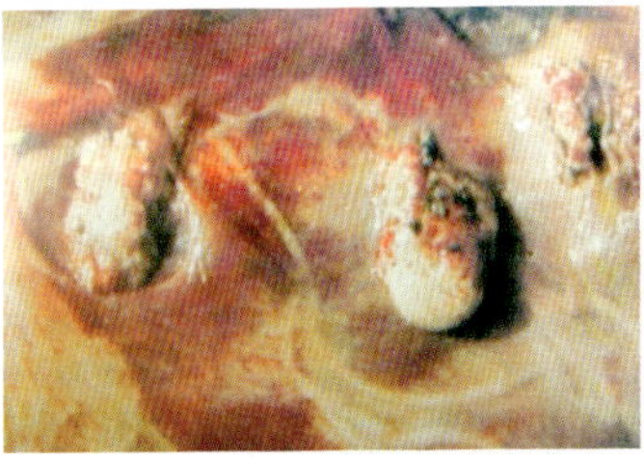

彩图 8-7　胎盘子叶充血出血糜烂

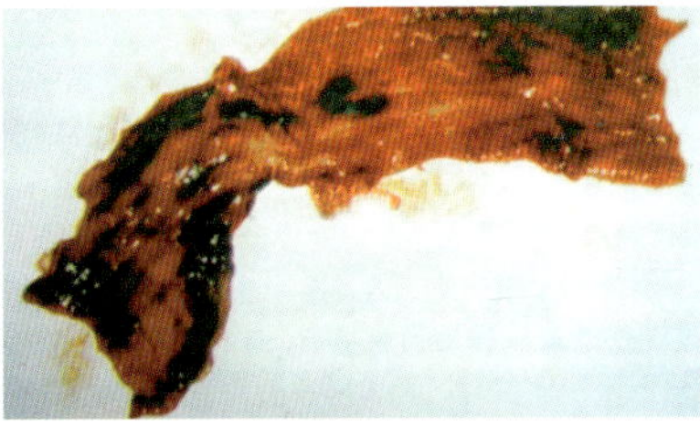

彩图 8-8　羊沙门氏菌病小肠黏膜充血、出血

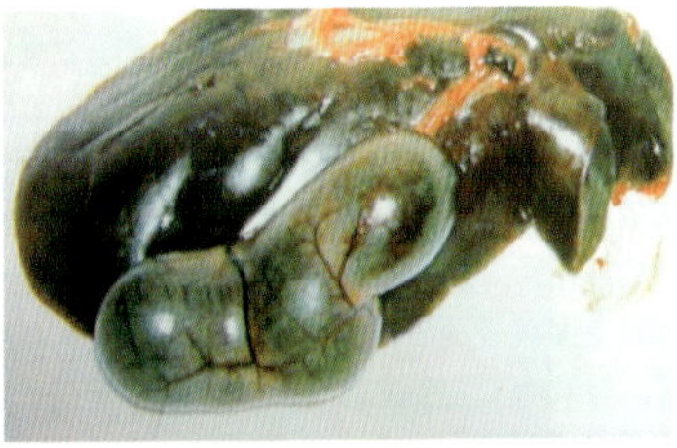

彩图 8-9　羊沙门氏菌病肝脏出血、胆囊肿胀

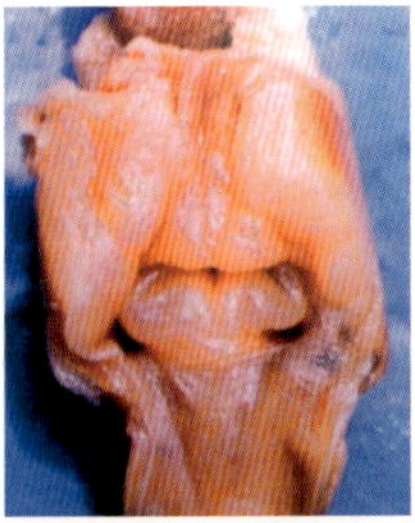

彩图 8-10　咽喉黏膜高度水肿

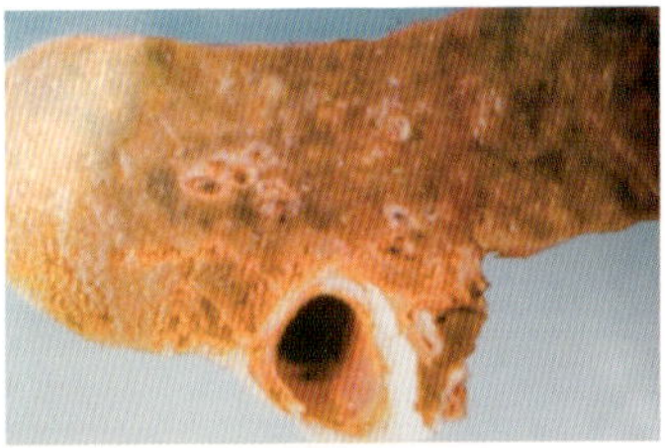

彩图 8-11　浆液性纤维素性肺炎

彩图 8-12　肝表面和实质可见灰黄色坏死灶

彩图 8-13　羊肠毒血症肠出血、瘀血，肠内出血性内容物

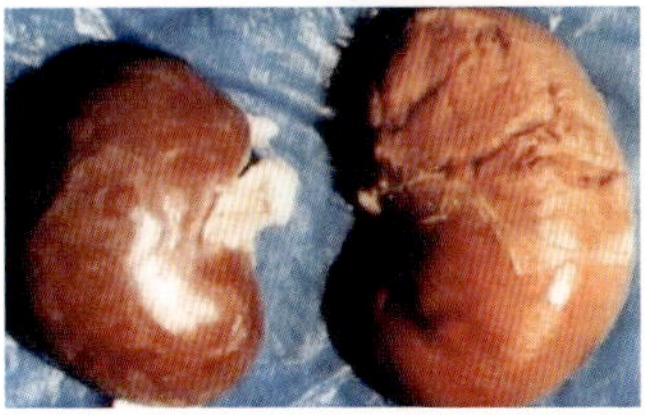

彩图 8-14　羊肠毒血症肾软化，肾实质呈稠糊状与被膜粘连，左为正常对照

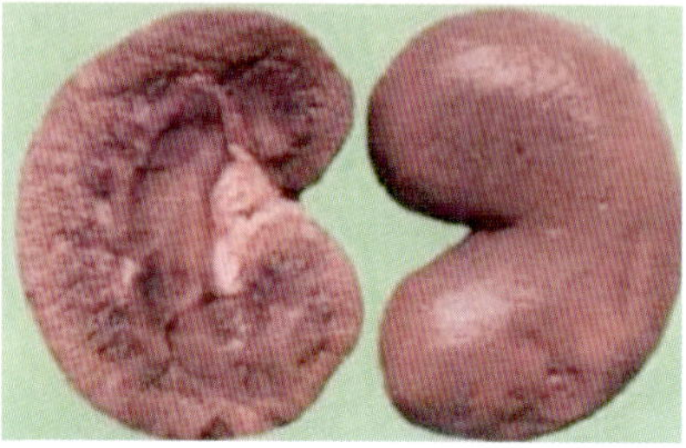

彩图 8-15　羊快疫肾肿大、瘀血

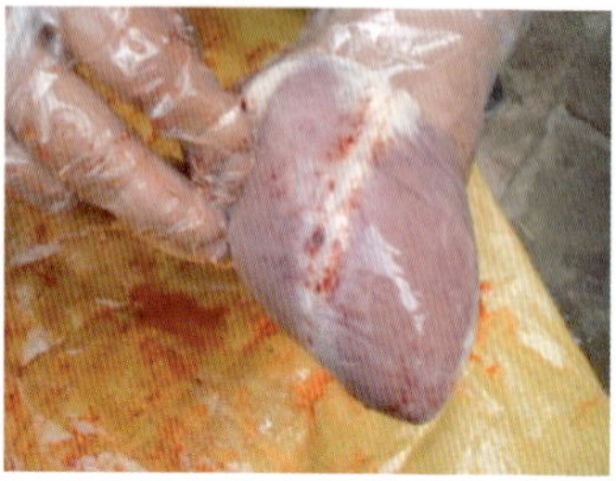

彩图 8-16　羊快疫病变的心脏

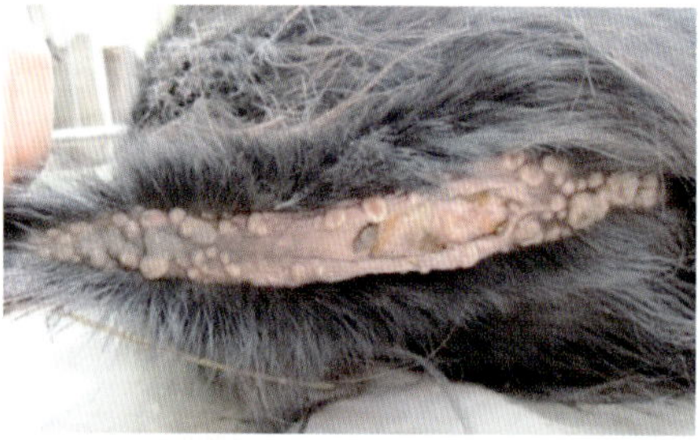

彩图 8-17　尾根无毛处羊痘

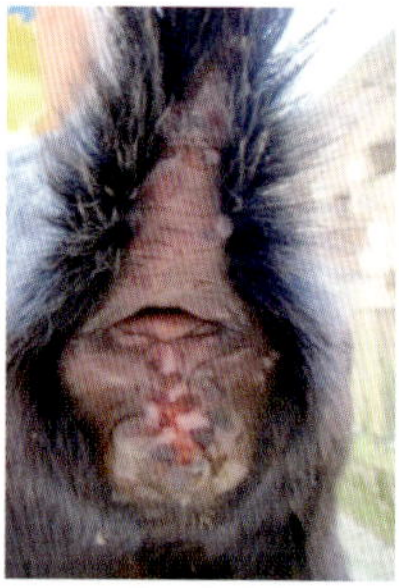

彩图 8-18　羊痘痊愈后形成斑状结痂

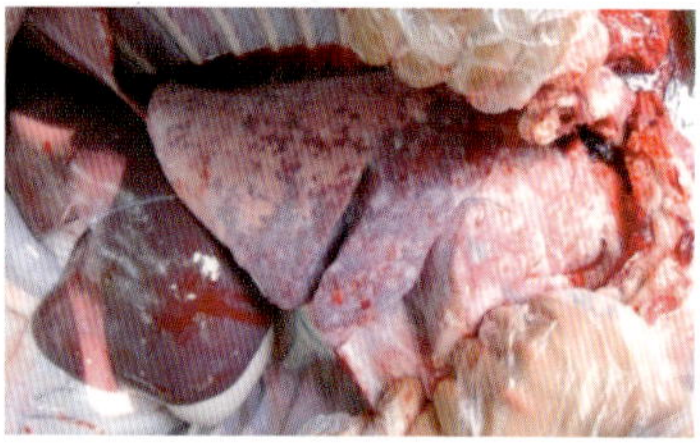

彩图 8-19　羊传染性胸膜肺炎肺脏病变

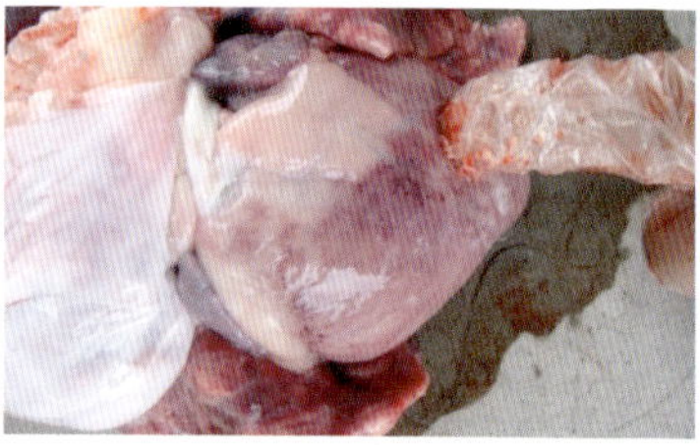

彩图 8-20　羊传染性胸膜肺炎心肌出血

高效养殖致富直通车

山羊高效养殖与疾病防治

主　编　王自力　赵永聚

副主编　王豪举　张　翥

参　编　聂　奎　董国忠　赵中权　肖　雄
张　涛　王陈超　王明周　路孝兵
贺庭祯　涂君平　肖　蓉　李　娇
任冬梅　付艳伟　范文萍　闫　青

机　械　工　业　出　版　社

本书由山羊高效养殖技术和山羊常见疾病防治技术两篇组成，以现代山羊高效生态养殖和疾病综合防治技术为主要内容，详细介绍了山羊养殖业的概况，山羊品种及其利用，规模化羊场的建设及管理，山羊的繁殖技术，山羊的营养需要与高效饲养管理技术，山羊高效育肥技术，羊病临床诊治及防疫技术，山羊常见传染病，山羊常见寄生虫病，山羊常见内科病，山羊外、产科疾病，山羊常见营养代谢病及中毒性疾病的诊断，以及中西兽医防治技术等。

本书可供山羊养殖专业户、羊场及基层畜牧兽医管理和技术人员使用，亦可供农业院校的相关专业师生学习参考。

图书在版编目（CIP）数据

山羊高效养殖与疾病防治/王自力，赵永聚主编．—北京：机械工业出版社，2015.2（2024.4 重印）
（高效养殖致富直通车）
ISBN 978-7-111-49325-9

Ⅰ.①山… Ⅱ.①王…②赵… Ⅲ.①山羊-饲养管理②山羊-羊病-防治 Ⅳ.①S827

中国版本图书馆 CIP 数据核字（2015）第 027184 号

机械工业出版社（北京市百万庄大街 22 号　邮政编码 100037）
总 策 划：李俊玲　张敬柱　　策划编辑：郎　峰　高　伟
责任编辑：郎　峰　高　伟　周晓伟　责任校对：薛　娜
责任印制：单爱军
保定市中画美凯印刷有限公司印刷
2024 年 4 月第 1 版第 13 次印刷
140mm×203mm · 10.375 印张 · 2 插页 · 267 千字
标准书号：ISBN 978-7-111-49325-9
定价：35.00 元

电话服务　　网络服务
客服电话：010-88361066　机　工　官　网：www.cmpbook.com
010-88379833　机　工　官　博：weibo.com/cmp1952
010-68326294　金　书　网：www.golden-book.com

机工教育服务网：www.cmpedu.com

高效养殖致富直通车

编审委员会

序

改革开放以来，我国养殖业发展非常迅速，肉、蛋、奶、鱼等产品产量稳步增加，在提高人民生活水平方面发挥着越来越重要的作用。同时，从事各种养殖业也已成为农民脱贫致富的重要途径。近年来，我国经济的快速发展为养殖业提出了新要求，以市场为导向，从传统的养殖生产经营模式向现代高科技生产经营模式转变，安全、健康、优质、高效和环保已成为养殖业发展的既定方向。

针对我国养殖业发展的迫切需要，机械工业出版社坚持高起点、高质量、高标准的原则，组织全国20多家科研院所的理论水平高、实践经验丰富的专家学者、科研人员及一线技术人员编写了这套“高效养殖致富直通车”丛书，范围涵盖了畜牧、水产及特种经济动物的养殖技术和疾病防治技术等。

丛书应用了大量生产现场图片，形象直观，语言精练、简洁，深入浅出，重点突出，篇幅适中，并面向产业发展需求，密切联系生产实际，吸纳了最新科研成果，使读者能科学、快速地解决养殖过程中遇到的各种难题。丛书表现形式新颖，大部分图书采用双色印刷，设有“提示”“注意”等小栏目，配有一些成功养殖的典型案例，突出实用性、可操作性和指导性。

丛书针对性强，性价比高，易学易用，是广大养殖户和相关技术人员、管理人员不可多得的好参谋、好帮手。

祝大家学用相长，读书愉快！

中国农业大学动物科技学院

前言

随着山羊养殖业的规模化、集约化的快速发展，我国山羊养殖业中存在的规模小、生产技术水平低、养殖效益低及疾病防治困难等问题愈加突出，严重影响了我国山羊养殖业的生产效益、公共卫生安全及山羊养殖业的健康持续快速发展。为了促进山羊的高效、健康、生态养殖，加强山羊疾病的防治，提高山羊养殖的经济与社会效益，我们特地组织了相关从事山羊养殖、繁育、饲料营养及疾病防治方面的专家编写了本书。

本书较全面系统地介绍了山羊安全、高效、生态养殖生产的关键技术，重点介绍了山羊养殖业的概况、山羊品种及其利用、规模化羊场的建设与管理、山羊的繁殖技术、山羊的营养需要与高效饲养管理技术、山羊高效育肥技术，同时对山羊疾病临床诊治技术、羊场消毒防疫技术、常见细菌性及病毒性传染病、常见寄生虫疾病、常见内外科及产科疾病、营养代谢病及中毒性疾病的诊断及中西兽医防治技术进行了详细介绍，具有较强的实用性、针对性和可操作性。

本书的编者均常年从事山羊繁育、饲料营养及疾病防治的教学科研和临床工作，具有较丰富的山羊高效、生态养殖和疫病综合防治经验。其中山羊高效养殖技术部分，主要由赵永聚教授、董国忠教授、赵中权副教授和张翥实验师编写；山羊疾病防治技术部分主要由王自力副教授、王豪举副教授、聂奎教授、肖雄副教授和张涛副教授编写。此外，王陈超、涂君平、贺庭祯等研究生为本书做了大量资料收集、整理与部分初稿编写工作。

需要特别说明的是，本书所用药物及其使用剂量仅供读者参考，不可照搬。在生产实际中，所用药物学名、常用名和实际商品名称有差异，药物浓度也有所不同，建议读者在使用每一种药物之前，参阅厂家提供的产品说明以确认药物用量、用药方法、用药时间及禁忌等。购买兽药时，执业兽医有责任根据经验和对患病动物的了解决定用药量及选择最佳治疗方案。

本书在编写过程中，参考了大量国内外有关山羊养殖、繁育及疾病防治等方面的图片、书籍及网站资料，在此一并向相关作者致谢。

限于编者知识、经验有限，加之时间仓促，书中难免有问题和不足，敬请广大读者批评指正。

编　者

目　录

第三章　规模化羊场的建设及管理

第四章　山羊的繁殖技术

第五章　山羊的营养需要与高效饲养管理技术

第六章　山羊高效育肥技术

第二篇 山羊常见疾病防治技术

第七章 羊病临床诊治及防疫技术

第八章 山羊常见传染病

第九章 山羊常见寄生虫病

第十章 山羊常见内科病

第十一章 山羊外、产科疾病

第十二章 山羊常见营养代谢病

第十三章 山羊常见中毒性疾病

附录

参考文献

第一篇

山羊高效养殖技术

第一章 概　述

第一节　我国山羊业的概况

一　我国山羊业的发展现状

中国山羊的饲养历史悠久，早在夏商时代就有关于养羊的文字记载。山羊生产具有周转快、投资少、效益高等特点，已成为我国保持畜牧业可持续发展的重要途径之一。我国的山羊生产，无论是在北方还是在南方，特别是在一些省（市、区），如山东、河南、安徽、四川、江苏、贵州、重庆等，都出现了大发展的势头。

1. 山羊养殖规模扩大，良种化程度提高

近年来，我国山羊存栏数增长幅度较大。进入20世纪90年代中期，我国的山羊数已超过了绵羊数。2009年我国山羊的存栏数，出栏数，羊肉、羊皮和羊奶产量分别占世界的17.33%、33.48%、37.09%、32.14%和1.76%，平均屠体重是世界的111%。同时山羊良种化程度正在不断提高。

2. 规范化、规模化生产初见端倪

山羊业发展迅速，成了政府、企业和农户多方位投入的产业。同时，大批规模养羊基地建成，农区养羊迅猛崛起，产、学、研结合的科技转化格局和牧、工、贸集约化经营模式开始形成，实行了集约化经营，延长了产业链。

3. 饲养方式逐渐转变为舍饲和半舍饲

近年来，部分条件较好的农区，对肉羊进行后期育肥或全程育肥的饲养方式越来越普遍，各级政府相继采取了封山禁牧措施和建设了养羊小区，尤其将国外优良肉羊品种引入我国后，肉羊集约化舍饲和半舍饲饲养规模逐步扩大，家庭养殖业由分散向养羊专业化方向发展，规模养羊生产由低级阶段逐步向养羊生产专业化、经营管理集约化、养羊生产企业化的方向发展。

4. 波尔山羊的引进和杂交改良技术得到普及

近期，众多研究集中在波尔山羊的引进和杂交利用上。波尔山羊是世界上著名的肉用山羊品种，其体形大、早期生长快、繁殖率高、产肉多且适应性强。从全国各地的杂交试验结果来看，波尔山羊确实是改良我国地方山羊、提高我国山羊单产、加快肉用山羊业生产步伐的一个理想品种。目前，我国引入波尔山羊的省（区）已超过20个，改良步伐还在加快。

二 发展山羊高效养殖存在的问题

我国的养羊业虽然取得了很大成就，但是与整个国民经济的发展和人民生活水平提高的需要相比还很不适应，仍然存在不少问题。主要表现在以下几个方面：

1. 良种化程度不高

我国山羊业尚处于发展初期，羊肉生产体系尚未建立，主要依靠宰杀老弱、淘汰母羊而获得，其生产基础薄弱，出栏率、商品率、母羊比例都很低，养羊效益不高。羊肉生产水平低，表现为：个体胴体重小，生长慢，体格小，没有专一的生产方向；存栏羊只提供羊肉少；人均占有羊肉量低；羊肉产量占肉类总产量的比重低等方面。

2. 饲草、饲料需求缺口大

天然草场利用不合理，退化严重；人工草场建设缓慢，农作物秸秆的加工利用很不充分。靠天养羊的方式未得到根本改变，羊群营养供给不平衡，生长缓慢，病、死羊比例较大。

3. 养羊业产品加工、销售体制不健全

屠宰行业较分散，加工企业规模较小、技术水平较低，60%以上的肉羊由个体户手工或半手工屠宰经营；缺乏统一的行业规范和分级标准，多数正规的屠宰加工企业没有符合国际通行的质量卫生

要求；羊肉产品的加工和销售处在一种脱节的状态，销售渠道极不稳定，常出现市场疲软、价格偏低的现象，影响了农牧民的养羊积极性。

4. 活羊出口贸易额低

我国在活羊出口方面有一定的价格优势，其生产成本低于世界平均水平的50%，出口价格仅相当于世界水平的60%，因此，国内市场的需求空间和出口潜力大，特别是对东南亚、中东和俄罗斯等周边国家及地区的出口潜力巨大，但在世界贸易市场上没有形成地位。

三 我国发展山羊高效养殖的优势

1. 消费市场广阔

由于羊肉的蛋白质含量高，脂肪、胆固醇含量低，且含有许多人体必需氨基酸，营养价值极高；羊肉性温，能补中益气、开胃健力、养胆明目，经常食用有益于抗癌、治疗久咳哮喘、提高机体免疫力；山羊以食草为主，很少饲喂含饲料添加剂和抗生素的饲料，羊肉中的兽药和抗生素残留量极低，是符合当今消费观念的绿色安全食品。因此，羊肉消费市场很大，对价格的拉动也很大。

2. 山羊品种资源丰富

我国山羊品种（遗传资源）十分丰富，现有山羊品种70个，其中地方品种58个（含16个国家级畜禽遗传资源）、培育品种7个、引入品种5个。已列入国家级品种志的山羊品种有23个。

3. 饲草、饲料、农副产品丰富

我国有各类天然草地面积4亿公顷，全国总的草原面积占国土面积的40%，其中可利用的面积为3.3亿公顷；我国幅员辽阔，自然条件复杂，植物种类繁多，类型多样，牧草资源丰富，可供山羊采食的牧草丰富，我国牧草资源具有极大的潜在优势。通过各种调查，初步统计出我国可被山羊采食的牧草种类达到4000余种；同时，我国每年在生产4亿t粮食的同时，生产农作物秸秆为5.7亿t，占世界秸秆总量的20%~30%，相当于我国北方草原每年打草量的50倍。长期以来，作饲草用的只占很少的一部分，开发利用潜力很大。

第二节　山羊的生物学特性

1. 山羊有较强的抗病能力，生存能力强

山羊可以在干旱的荒漠、半荒漠地区生活，繁殖后代，甚至许多不适宜饲养绵羊的地方，山羊也能很好地生存。山羊的体质强壮，抗病能力较强。山羊尽管发病少、抗病力强，但仍要以预防为主。

2. 山羊的食物普广，采食、消化吸收能力强

山羊能采食地面低草、小草、花蕾和灌木树叶，对草籽的咀嚼也很充分，素有“清道夫”之称。山羊的后肢能站立，有助于采食高处的灌木或乔木的幼嫩枝叶；舌上的苦味感觉器发达，适应采食各种苦味植物。山羊的瘤胃很大，瘤胃内的微生物品种很多（细菌、真菌和纤毛虫等），能分解饲料中的纤维素，把非蛋白氮转化为菌体蛋白，可合成维生素。山羊肠道的相对长度高于其他家畜，达到自身体长的 27 倍。因此，山羊对草料的消化充分，对营养物质的吸收利用完全，比其他草食家畜抗饥饿能力更强。

3. 山羊性格活泼好动

山羊生性胆大，活泼好动，行动敏捷，不畏艰险，喜欢攀登，善于游走，在其他家畜难以到达的悬崖陡坡上，山羊照样可以行动自如，甚至能将前肢腾空、后肢直立采食牧草或树叶。其放牧能力强，需要专门设计和建设舍饲圈舍。

4. 山羊的合群性强

山羊的群居行为很强，易建立起群体结构，主要通过视、听、嗅、触等感官活动来传递和接收各种信息，以保持和调整群体成员之间的活动。放牧时，只要一羊前进，其他羊就跟着头羊走，因而便于放牧和管理。对于大群放牧的羊群只要有一头训练有素的头羊带领，就较容易放牧。头羊可以根据饲养员的口令，带领羊群向指定地点移动。山羊喜欢群居，一旦掉队失群时，则鸣叫不断，寻找同伴，此时只要饲养员适当叫唤，便可立即归队，很快跟群。

5. 山羊爱清洁、喜欢干燥、厌恶潮湿

山羊嗅觉灵敏，故饲喂的草料、饮水一定要清洁新鲜。对于放

牧羊群的草场要根据面积、羊群数量，按照一定顺序轮流放牧。对于舍饲的羊群要在羊舍内设置水槽、食槽和草料架。山羊喜欢干燥的生活环境，舍饲的山羊常常喜欢在地势较高的干燥地方站立或休息。山羊长期生活在潮湿低洼的环境里，往往易感染肺炎、蹄炎及寄生虫病。故山羊的羊舍应建在地势高、排水畅通、背风向阳的地方，有条件的养羊户还可以在羊舍内建羊床，供其休息，以防潮湿。

6. 山羊的繁殖力、抗逆性强

大多数山羊品种均可一年生产两胎或两年生产三胎，每胎可产1~3只羔，多者可达4~6只羔，故繁殖率相对较高，对于扩繁增群、加快发展很有利。山羊能够耐粗饲、耐渴、耐热、耐寒，抗病力强，抗灾度荒能力强。

第三节　山羊高效养殖的特点及发展途径

一　山羊高效养殖的特点

1. 养殖规模较大

目前我国农牧民养羊数量较少，主要是利用老弱闲散劳动力附带经营，虽然投资少、技术要求不高、承担风险不大，但生产力太低、经济效益很差。为此，必须增加养羊数量，扩大养羊规模，充分利用草场资源，发挥劳动力和设备条件的潜力，以取得适度规模养羊生产的最大效益。

2. 生产方向专业化

为了达到养羊产品的优质高产，实现产品的标准化和规模化。规模化养羊应根据当地的自然生态条件、饲养管理基础设施和商品市场对养羊产品的需求，选择生产性能高、最适合的山羊品种类型，建成生产方向较专一的养羊专业户，如奶山羊专业户、绒山羊专业户、肉羊专业户、种羊繁育专业户等。

3. 经营管理集约化

专业化规模养羊开始阶段，因资金不足和技术条件的限制，劳动力投入较多，劳动时间较长，这是劳动集约经营的形式。随着饲养规模的逐渐扩大，积累的资金增多，养羊设施逐步改善，饲养管理水平也不断提高，劳动强度随之减轻，由劳动集约经营向技术集约经营发展，劳动生产率将会得到较大程度的提高，养羊的经济效益就会越来越显著。

4. 养羊生产产业化

专业化规模养羊生产实现产业化，建立养羊产业化工程。专业化养羊生产不仅具有相当大的规模和饲养管理的高水平，实现养羊产品的标准化和规范化，而且绒、肉、奶、皮等产品逐步实现以生产、加工、销售为一体化的龙形经济。最终以较低的生产成本、优良的产品质量和较高的劳动生产率，成为社会主义商品生产的一个组成部分。

二 发展山羊高效养殖的途径

1. 推广和应用先进养羊技术

山羊高效养殖改原始的饲养方式为现代化的饲养方式、改数量型增长为质量型增长、改粗放型经营为集约型经营，这些全依赖于科学技术的发展和支持。通过积极推广和大力普及科学技术、建立和完善科技推广服务体系、广泛采用现代养羊技术和科研成果，不断提高养羊生产的科技含量和经济效益。

2. 大力发展规模化养羊

在经营方式方面，应继续坚持和完善家庭联产承包责任制，进一步调动农牧民养羊的积极性，同时要鼓励和引导农牧民走专业户、专业户联营到集约化养羊的发展道路，并以市场为导向，效益为中心，做好产、加、销和农、工、商一体化经营等工作，并积极建立和发展各种畜产市场、经营公司和中介组织，实现小生产与大市场的接轨，为促进养羊业的大发展做出应有的贡献。

同时，积极创造条件，建成一批专业养羊生产基地。根据我国目前的生产体制，集中成片发展以农牧民家庭经营为主，饲养规模在几百只的山羊专业生产大户和专业联户。逐步实现品种良种化、产品规格化、草场改良化、生产机械化、饲养标准化、管理科学化和经营专业化。加强生产基地的资金投入和科技投入，借鉴国外先进经验，发挥本地优势，逐步实现集约化、产业化的现代养羊生产。

3. 广繁育新技术

逐步改善饲养管理条件，实行科学养羊。在建立巩固的草、料生产基地的基础上，积极发展配合饲料工业，按照营养需要进行标准化饲养。同时，要加强棚圈建设，根据不同气候条件，因地制宜修建羊舍。提高劳动生产率，逐步实现牧业机械化，推广电围栏分区轮牧、种草储草机械化，以减小劳动强度，提高生产效率。

4. 生产高档羊产品

生产高档羊产品是发展山羊高效养殖的重要保证，如高档羊肉是指在良好的生产环境和丰富的饲草、饲料资源基础上，用特定的肉羊品种或杂交种、特定技术和方法生产加工出来的优质羊肉。高档羊肉要求无病原生物、无饲喂过禁药和具有可追溯性；有完整的生活史、加工史记录，经济效益较好。

第二章 山羊品种及其利用

第一节 我国优良山羊品种

一 南江黄羊

南江黄羊是从20世纪60年代开始，以努比亚山羊、成都麻羊为父本，南江县本地山羊、金堂黑山羊为母本，采用复杂育成杂交和不断的选育，培育成功的肉用型山羊新品种，其主要分布在四川省南江县及其毗邻地区，具有体格大、生长发育快、四季发情、繁殖率高、泌乳力好、抗病力强、耐粗放饲养、适应能力强、产肉力高及板皮品质好等特性。

南江黄羊公、母羊大多数有角，头型较大，耳长又大，部分羊耳微下垂，颈较粗，体格高大，背腰平直，后躯丰满，体躯近似圆桶形，四肢粗壮。被毛呈黄褐色，毛短而紧贴皮肤、富有光泽，面部多呈黑色，鼻梁两侧有一条浅黄色条纹；公羊从头顶部至尾根沿背脊有一条宽窄不等的黑色毛带；前胸、颈、肩和四肢上端着生黑而长的粗毛（彩图2-1和彩图2-2）。

南江黄羊周岁公羊体重37.61kg，母羊为30.53kg；成年公羊体重66.87kg，成年母羊体重45.64kg。在放牧条件下，6月龄羊宰前体重可达21.55kg，胴体重9.71kg，净肉重7.09kg，屠宰率47.01%；周岁羊上述指标相应为30.78kg，15.04kg，11.13kg，49.00%；成年羊相应为50.45kg，28.18kg，21.91kg，55.65%。南江黄羊的羊肉细嫩多汁，膻味轻，口感好。板皮面积大、致密结实、富有弹性、抗张强度高、延伸度大，是皮革工业的优质原料。

南江黄羊母羊常年发情，8 月龄时可配种，能一年产两胎或两年产三胎，双羔率可达 70% 以上，多羔率 13%，群体产羔率 205.42%。

南江黄羊适应性强，将其推广到全国二十余个省（市、自治区）后，表现出了非常好的适应性。用南江黄羊的公羊杂交改良各地的本地山羊，效果非常显著，周岁杂交羊体重比同龄本地山羊提高的范围在 66.32%～111.32% 之间。

二 关中奶山羊

关中奶山羊是从 1972 年开始，利用萨能奶山羊与当地山羊杂交，历经 29 年的努力，培育出的产奶量高、遗传性能稳定、适应性好、抗病性强、耐粗放管理的乳用型山羊品种，主产于陕西省的渭河平原（关中盆地），包括富平、三原、泾阳、扶风、千阳、宝鸡、渭南、临潼、蓝田、蒲城等地。

关中奶山羊体质结实，乳用型明显，具有头、颈、躯干、四肢长的“四长”特征。公羊头大，额宽，眼大耳长，鼻直嘴齐。颈粗，胸部宽深，背腰平直，外形雄伟，尻部宽长，腹部紧凑，睾丸发育良好。公、母羊四肢结实，肢势端正，蹄质结实，呈蜡黄色。毛短色白，皮肤粉红色，部分羊的耳、鼻、唇及乳房有大小不等的黑斑。母羊的乳房大，多呈圆形，质地柔软，乳头大小适中。成年公羊体重 78.6kg，成年母羊体重 44.7kg。

一般饲养条件下，关中奶山羊 300 天的产奶量：一胎为 651.8kg；二胎为 703.7kg；三胎为 735.5kg；四胎以上为 690.95kg。乳脂率 4.21%。在放牧加补饲的条件下，8～10 月龄羯羊屠宰率 46%。母羊初情期在 4～5 月龄，发情配种季节多集中于 9～11 月，产羔率平均为 184.3%。

三 崂山奶山羊

崂山奶山羊是从 1904 年开始用来自德国、英国、前苏联等的奶山羊，主要是萨能山羊与本地羊杂交，经长期选育而培育成功的乳用型品种。主要分布在山东省的东部、胶东半岛和鲁中南等地区，具有适应性强、乳用型好、产奶量高等特点。

崂山奶山羊体质结实，结构紧凑而匀称。公、母羊大多数无角，头长眼大，额宽鼻直，耳薄较长、向前外方伸展。胸宽背直，肋骨开张良好。后躯发育良好，尻略下斜，四肢健壮。公羊头大，颈粗，腹部紧凑，睾丸发育良好。母羊外貌清秀，腹大而不下垂，乳房附着良好、基部宽广、上方下圆，乳房质地柔软、发育良好、皮薄有弹性，乳头大小适中。被毛白色，毛细而短，皮肤粉红色，成年羊的鼻、耳、乳房皮肤上有大小不等的黑斑（彩图2-3）。

崂山奶山羊生长发育快，初生重公羔为3.43kg，母羔为3.05kg；3月龄公、母羊体重分别为20.9kg和16.63kg；成年公羊体重95.70kg，成年母羊体重54.92kg。崂山奶山羊日产乳量平均为3.5kg，最高的可达9.3kg。泌乳期为8~10个月，乳脂率为4.0%。育肥公羔的屠宰率为50.44%。崂山奶山羊性成熟早，母羊在3~4月龄开始发情，发情旺季集中在9~10月，产羔率170%~190%。

四 内蒙古白绒山羊

内蒙古白绒山羊主要分布在内蒙古阿拉善盟、鄂尔多斯市、巴彦淖尔市等地。根据产区的不同特点，分为3个类型，即阿尔巴斯型、阿拉善型和二狼山型。所产白山羊绒的品质优良，在国内外享有盛誉。

内蒙古白绒山羊体格较大，体质结实，结构匀称。头中等大小，公、母羊均有角，公羊角大，母羊角小。鼻梁微凹，眼大有神，耳大向两侧半下垂。体躯深而长，近似方形，背腰平直，后驱略高，尻略斜，尾短小上翘，四肢粗壮结实。成年公羊体重45~52kg，成年母羊体重30~45kg（彩图2-4）。

全身被毛白色，分内外两层，外层为光泽良好的粗毛，长12~20cm，细度83.8~88.8μm；内层为绒毛，长5.0~6.5cm，细度12.1~15.1μm。按其被毛状态可划分为长细毛型和短粗毛型两种类型。前者外层被毛长而细，光亮如丝，产绒量低；后者外层被毛短粗，但产绒量高。成年公羊产绒量400g，成年母羊产绒量350g，净毛率72%。粗毛产量成年公羊为350g，成年母羊为300g。

该品种羊繁殖率较低，多产单羔，羔羊发育快，成活率高。产羔羊率100%~105%，屠宰率40%~50%，内蒙古白绒山羊是一个适应性强、产肉多、绒毛增产潜力大的地方良种。

五 辽宁绒山羊

辽宁绒山羊原产于辽东半岛地区，主要分布在盖州、庄河、岫岩、宽甸、凤城、瓦房店、辽阳、本溪、桓仁、抚顺及铁岭等地。辽宁绒山羊是我国产绒量最高的山羊品种，也是我国不允许对外出口或以各种名义对外交换、赠送的山羊品种之一。

辽宁绒山羊体格大，体质结实，结构匀称，头较大，公、母羊都有角，公羊角粗大并向两侧平直伸展，母羊角较小、向后上方生长，颈宽厚，背平直，后躯发达，四肢健壮有力。被毛纯白色，光泽好（彩图2-5和彩图2-6）。

辽宁绒山羊成年公羊体重87.1kg，成年母羊体重43.2kg。成年公羊平均产绒量为1368g，最高可达1860g，绒的自然长度为6.79cm；成年母羊平均产绒量为642g，最高可达1390g，绒的自然长度为5.88cm。羊绒的平均细度为15.35μm，净绒率70%以上，绒毛品质优良。

辽宁绒山羊公、母羊4~6月龄开始发情，周岁产羔，羔羊初生重2.5kg左右，平均产羔率120%~130%。

辽宁绒山羊已推广到我国许多省、市、自治区，其适应性好，对改良各地绒山羊、提高产绒量、促进我国绒山羊业的迅速发展，做出了积极贡献。

六 新疆山羊

新疆山羊在新疆全区均有分布，主要分布于南疆的喀什、和田及塔里木河流域，北疆的阿勒泰、昌吉和哈密地区的荒漠草原及干旱贫瘠的山地牧场。其属于古老的地方品种，具有耐粗饲，攀登能力强、抗病力强，生长快，繁殖力强和产奶多等特点。

新疆山羊的头中等大小，额平宽，耳小半下垂，鼻梁平直或下凹，公、母羊多有角，角呈半圆形弯曲，或向后上方直立，角尖微向后弯。背平直，前躯、乳房发育较好，尾小而上翘。被毛以白色为主，辅以黑色、棕色、青色。

新疆山羊的体格依地区不同而不同。哈密地区，成年公羊体重58.4kg，成年母羊体重36.9kg；阿克苏地区，成年公羊体重为32.6kg，成年母羊体重为27.1kg。羊绒品质优良，细度为12～16μm，富有光泽。北疆型成年公羊产绒量为232～310g，成年母羊产绒量为178.7～196.8g。南疆阿克苏地区成年羊产绒量为150g。新疆山羊秋季发情，初配年龄为1.5岁，繁殖率为111.7%～116%。成年羯羊屠宰率41.4%。

七 西藏山羊

西藏山羊主要分布在青藏高原的西藏自治区，青海省，四川省阿坝州、甘孜州以及甘肃省南部，是藏族人民长期生活的气候寒冷、温差很大的高寒地区，为解决生产和生活对毛、皮、肉、奶的需要，经长期选育形成的优良地方品种。西藏山羊对高寒牧区的生态环境条件有较强的适应能力。

西藏山羊体质结实，体躯结构匀称。额宽，耳较长，鼻梁平直。公、母羊均有角、有额毛和髯。颈细长，前胸发达，胸部宽深，背腰平直，肋骨开张良好，腹大而不下垂。被毛颜色较杂，纯白色很少，多为黑色、青色以及头和四肢花色者。

西藏山羊体格较小，成年公羊平均体重24.2kg，成年母羊平均体重21.4kg。成年羯羊屠宰率为48.31%，成年母羊屠宰率43.78%。西藏山羊的被毛由长而粗的粗毛和细而柔软的绒毛组成。抓绒时间一般在5～8月。成年公羊抓绒量212g，剪粗毛量418g；成年母羊相应为184g和339g。绒毛细度为15.7μm。

西藏山羊由于受生态环境条件的影响，发育较慢，周岁羊体重相当于成年羊的51%。性成熟较晚，初配年龄为1～1.5岁，一年一胎，多在秋季配种，产羔率110%～135%，初生公羔平均体重为1.6kg，初生母羔平均体重为1.4kg。

八 马头山羊

马头山羊的产区在湖北省的十堰市、丹江口市和湖南省的常德市、怀化市，以及湘西土家族苗族自治州的各县，具有早熟、繁殖力强、产肉性能高和板皮品质好等特性。

马头山羊体形大，头大小适中，公、母羊均无角，有的有退化的角痕，两耳向前略下垂，颌下有髯，少数羊颈下有一对耳垂。公羊颈粗短，母羊颈细长，胸部发达，体躯呈长方形，后躯发育良好。被毛以白色为主，其次为黑色、麻色及杂色，毛短粗（彩图2-7）。

马头山羊有较好的肉用特征，初生公羔体重2.14kg，初生母羔体重2.04kg；周岁公羊体重为24.99kg，周岁母羊体重为23.23kg；成年公羊体重43.81kg，成年母羊体重33.70kg。补饲情况下7月龄羊体重可达23.3kg，胴体重为10.52kg，屠宰率为52.34%。

马头山羊性成熟较早，母羔3~5月龄、公羔4~6月龄达性成熟，一年产两胎或两年产三胎，平均产羔率为190%~200%。

九 成都麻羊

成都麻羊产于四川省成都平原及其四周的丘陵和低山地区。因被毛为棕黄色而带有黑麻的感觉，故称麻羊；又因其被毛呈棕黄色，近似赤铜，故又称铜羊。

成都麻羊的体格中等，结构匀称，头中等大小，两耳侧伸，额宽微突，公、母羊多有角，背腰宽平，尻部略斜，四肢粗壮，蹄质坚实呈黑色。被毛呈棕黄色，色泽光亮，为短毛型品种（彩图2-8和彩图2-9）。成年公羊体重43.0kg，成年母羊体重为32.6kg。成都麻羊生长发育迅速，产肉性能较好。周岁羯羊宰前活重26.26kg，胴体重12.15kg，屠宰率46.27%；成年羯羊上述指标相应为42.82kg，20.54kg，47.97%。其产奶性能好，泌乳期5~8个月，总产奶量为150~250kg，乳脂率5.0%~8.2%。

成都麻羊的板皮以质地细密、拉力强而闻名，为优质皮革原料。其成熟较早，繁殖力强，4~8月龄开始发情。母羊全年发情，一年可产两胎，每胎产羔2~3只，产羔率210%。

十 贵州白山羊

贵州白山羊原产于贵州省东北部乌江中下游的铜仁、遵义等20余个市、县，具有产肉性能好、繁殖力强、板皮品质优良的特点。

贵州白山羊头宽额平，公、母羊均有角，公羊额上有卷毛，少数母羊颈下有一对肉垂。胸部宽深，背腰平直，后躯比前躯高，四肢坚实，体形近似长方形（彩图2-10）。白色被毛个体占64%~80%，麻色个体占8%~10%，黑色个体占5%~10%，杂色个体占5%~8%。成年公羊体重为36.43kg，成年母羊体重为28.31kg。肉用性能好，肉质细嫩，肌肉间有脂肪分布，膻味轻。周岁羯羊屠宰率44.71%；3岁羯羊屠宰率56.02%。板皮厚薄均匀，柔韧，纤维致密，毛孔细小，拉力强，张幅面积在3000~6000cm^2之间，干皮重为500~700g，是上等革皮原料。其性成熟早，母羊常年发情，适配年龄7~8月龄，产羔率273.6%。

十一 雷州山羊

雷州山羊主要分布于雷州半岛和海南省，中心产区为徐闻县、雷州市，具有成熟早、生长发育快、肉质和板皮品质好、繁殖率高、耐湿热、耐粗饲、适应性强和抗病力强等特点，是适应热带地区的优良地方山羊品种。

雷州山羊公、母羊均有角，颈细长，耳中等大、向两侧竖立开张，颌下有髯。背腰平直，胸稍窄，腹大，臀部倾斜，乳房发育良好，多呈球形。被毛多为黑色，也有少量麻色或褐色者，为短毛型品种，无绒毛，被毛有光泽。

雷州山羊按体形可分为高脚和矮脚两个类型。矮脚型体矮，骨细，腹大，多产双羔；高脚型体高，多产单羔。周岁公羊重31.7kg，周岁母羊重28.6kg；成年公羊体重54.1kg，成年母羊体重47.7kg，成年羯羊体重50.8kg，屠宰率为50%~60%。雷州山羊性成熟早，5~8月龄配种，有部分羊1岁龄即可产羔。多数母羊一年产两胎，少数两年产三胎，产奶量较高，产羔率150%~200%。

十二 云岭山羊

云岭山羊主要产于云南省内的云岭山系余脉的哀牢山、无量山和乌蒙山延伸地区。在长期的饲养过程中，人们通过自然淘汰和人工选育，云岭山羊逐步形成了耐粗饲、适应范围广、繁殖力强、肉质细嫩、膻味小等特性。

云岭山羊体躯近似长方形，头大小适中，额前凸。鼻梁平直，两耳稍直立，公、母羊普遍有角、呈倒八字形。成年公、母羊颌下均有须。颈长短适中，鬐甲稍高，背腰平直，胸宽而深，肋微拱，尾粗而上翘。四肢短而结实，蹄质坚实、黑色。被毛以黑色居多，黄褐色、青色较少。成年公羊体重为31.7~35.2kg，成年母羊体重为27.9~38.2kg。

云岭山羊成熟早，公羊5~6月龄性成熟，8~9月龄便可以配种。母羊7~8月龄初发情。一般一年产一胎，少数一年产两胎，双羔率在50%左右，个别地区达70%。产肉性能好，周岁公羊屠宰率为53.5%。

十三 长江三角洲白山羊

长江三角洲白山羊是我国生产笔料毛的独特品种，原产于我国东海之滨的长江三角洲，主要分布在江苏省的南通、苏州、扬州、镇江，浙江省的嘉兴、杭州、宁波、绍兴和上海市郊区县。

长江三角洲白山羊体形中等偏小。头呈三角形，面微凹，公、母羊均有角，角形大多向后上方倾斜呈八字形，公、母羊颌下有髯。前躯较窄，背腰平直，后躯丰满。全身被毛短而直，羊毛洁白，挺直有峰，具光泽，弹性好，是制毛笔的优良原料（彩图2-11和彩图2-12）。

长江三角洲白山羊羔羊初生重为1.25kg，成年公羊体重为28.58kg，成年母羊体重为18.43kg。周岁羊屠宰率（带皮）在49%以上，2岁羊屠宰率为51.7%。该品种繁殖能力强、性成熟早，可两年产三胎，产羔率达228.5%。

十四 太行山羊

太行山羊原产于太行山东西侧的河北、山西、河南等省的有关县、市，具有体质健壮、放牧适应性强等特点。

太行山羊体质结实，体格中等。头大小适中，耳小前伸，公、母羊均有髯，绝大部分有角，少数无角或有角基，颈粗短，胸宽深，背腰平直，后躯比前躯高，四肢强健，蹄质坚实，尾短小而上翘。被毛以黑色为主，少数为褐色、青色、灰色、白色。被毛是由长粗毛和绒毛组成的。成年公羊平均体重36.7kg，成年母羊平均体重

32.8kg。成年公羊抓绒量为275g，成年母羊抓绒量为160g；绒纤维自然长度2.36cm，绒纤维细度14.1～14.4μm；成年公羊粗毛产量400g，成年母羊粗毛产量350g，毛长9.5～11.2cm。

2.5岁羯羊宰前活重39.9kg，屠宰率52.8%。其肉质细嫩，脂肪分布均匀。公、母羊一般在6～7月龄性成熟，1.5岁配种，一年一胎，产羔率130%～143%。

十五 黄淮山羊

黄淮山羊原产于黄淮平原的广大地区，具有性成熟早、生长发育快、板皮品质优良、四季发情及繁殖力强等特点。

黄淮山羊结构匀称，骨骼较细。鼻梁平直，面部微凹，颌下有髯。分有角和无角两个类型，有角者，公羊角粗大，母羊角细小，向上向后伸展呈镰刀状。颈中等长，胸较深，肋骨开张良好，背腰平直，体躯呈圆桶形。四肢强壮。母羊乳房发育良好，呈半圆形。被毛白色，毛短有丝光，绒毛很少。成年公羊平均体重为33.9kg，成年母羊平均体重为25.7kg。7～10月龄羯羊屠宰率49.29%。板皮呈蜡黄色，细致柔软，油润光亮，弹性好，是优良的制革原料。

黄淮山羊性成熟早，初配年龄一般为4～5月龄。母羊常年发情，能一年产两胎或两年产三胎，产羔率平均为238.66%。

十六 济宁青山羊

济宁青山羊原产于山东省西南部的菏泽和济宁两市的20多个县，是优良的羔皮用山羊品种，所产羔皮叫猾子皮。

济宁青山羊公、母羊均有角，角向上或向后上方生长。颈部较细长，背直，尻微斜，腹部较大，四肢短而结实。被毛由黑、白两色毛混生而成青色，其角、蹄、唇也为青色，前膝为黑色，故有“四青一黑”的特征。因被毛中黑、白两色毛的比例不同又可分为正青色（黑毛数量占30%～60%）、粉青色（黑毛数量占30%以下）、铁青色（黑毛数量占60%以上）3种（彩图2-13）。

济宁青山羊体格较小，公羊体高55～60cm，母羊体高50cm；成年公羊体重约30kg，成年母羊体重约26kg。主要产品是猾子皮，羔羊出生后3天内屠宰，其特点是毛细短、长约2.2cm，密紧适中，在皮板上构成美丽的花纹，花型有波浪、流水及片花，为国际市场上的有名商品。皮板面积为1100~1200cm^2，是制造翻毛外衣、皮帽、皮领的优质原料。

成熟早、繁殖力强是该品种的重要特征。4月龄羊即可配种，母羊常年发情，一年产两胎或两年产三胎，一胎多羔，平均产羔率293.65%。屠宰率为42.5%。

第二节 引入我国的国外山羊品种

一 萨能山羊（Saanen）

萨能山羊是世界最著名的奶山羊品种，原产于瑞士泊尔尼州西南部的萨能山谷，现已广泛分布于气候十分炎热或非常寒冷以外的世界各地，具有早熟、繁殖力强、泌乳性能好、利用年限长等优点。

萨能山羊具有乳用家畜特有的楔形体形，体格高大，细致紧凑。头长，面直，耳薄长向前方平伸，眼大灵活。被毛粗短，为白色或浅黄色。皮肤薄，呈粉红色。公、母羊均无角或偶有短角，大多有须，有些颈部有肉垂。公羊颈粗壮、母羊颈细长。胸部宽深，背腰长而平直，后躯发育好。公羊腹部浑圆紧凑，母羊腹大而不下垂。四肢结实，肢势端正。蹄质坚实呈蜡黄色。母羊乳房基部宽广，向前延伸，向后突出，质地柔软，乳头1对，大小适中（彩图2-14）。成年公羊体高80~90cm，体重75~95kg；成年母羊体高70~78cm，体重55~70kg。年泌乳期为300天，产奶量为600~1200kg，也有泌乳期产奶量高达3000kg以上的纪录，乳脂率为3.2%~4.0%。萨能山羊头胎多产单羔，经产羊多为双羔或多羔，产羔率170.0%~220.0%。利用年限为10年左右。

萨能山羊以其突出的产奶性能和广泛的适应性被输出到世界各地，许多国家都用它来改良地方品种，选育成了不少奶山羊新品种，如英国萨能山羊、以色列萨能山羊和我国的关中奶山羊等。

二 努比亚山羊（Nubian）

努比亚山羊原产于非洲东北部的埃及、苏丹及邻近的埃塞俄比亚、利比亚、阿尔及利亚等国，在英国、美国、印度、南非等国以及东欧都有分布，具有性情温驯、繁殖力强等特点。我国于1939年曾引入努比亚山羊，饲养在四川省成都等地。20世纪80年代中后期，广西壮族自治区、四川省简阳市、湖北省房县又从英国和澳大利亚等国引入饲养。

努比亚山羊头短小，罗马鼻，鼻梁隆起，耳大下垂，颈长，躯干较短，尻短而斜，四肢细长。公、母羊无须髯、无角。母羊乳房发育良好，多呈球形。毛色较杂，有暗红色、棕色、乳白色、灰白色、黑色及各种斑块杂色，以暗红色居多，被毛细短、有光泽。努比亚山羊成年公羊平均体重80kg，体高82.5cm，体长85cm；成年母羊的上述指标相应为55kg，75cm，78.5cm。

泌乳期一般为5~6个月，产奶量一般为300~800kg，盛产期日产奶量2~3kg，高者可达4kg以上，乳脂率4%~7%，奶的风味好。努比亚山羊繁殖力强，一年可产两胎，每胎产2~3只羔。四川省简阳市饲养的努比亚山羊，妊娠期149天，产羔率190%。努比亚山羊原产于干旱炎热地区，因而耐热性好，但对寒冷潮湿的气候适应性差。

三 波尔山羊（Boer）

波尔山羊原产于南非，以其体形大、早期生长快、繁殖率高、产肉多和适应性强等特点而著称于世，是世界优良的肉用山羊品种，现已被广泛地引进新西兰、澳大利亚、德国、加拿大及非洲许多国家和地区。我国从1995年首次从德国引进波尔山羊，用于生产冻精、纯繁和改良地方山羊，效果十分显著。

波尔山羊具有强健的头，眼睛清秀，罗马鼻，公羊角基粗大并向上向后弯曲，母羊角细而直立；耳大下垂，头颈部及前肢比较发达，体躯长、宽、深，肋部发育良好且完全展开，胸部发达，背部结实宽厚，腿臀部丰满，四肢结实有力。体躯毛色为白色，头、耳、颈部颜色为浅红至深红色，但不超过肩部（彩图2-15和彩图2-16）。

波尔山羊体格大，生长发育快，公羔初生重3.6~4.2kg，母羔初生重3.1~3.6kg。断奶前日增重一般在200g以上，6月龄时体重30kg以上。成年公羊体重75~101.4kg，成年母羊体重50~80.5kg。

波尔山羊肉用性能好，屠宰率8～10月龄为48%，周岁、2岁和3岁时屠宰率分别为50%、52%和54%，4岁时屠宰率达到56%～60%或更高。波尔山羊胴体瘦而不干，肉厚而不肥，色泽纯正，膻味小，多汁鲜嫩，备受消费者欢迎。

波尔山羊成熟早，初情期为4月龄，母羊全年发情，产羔率为175%～250%。奶山羊对波尔山羊的形成有一定影响，保留了产奶量高的特征。波尔山羊的适应能力、抗病能力强，耐湿热环境。

第三节 山羊选种与引种技术

一 山羊选种技术

选种，也叫选择，就是把那些符合人们期望要求的个体，按不同标准从现有羊群中选出来，让它们组成新的繁殖群再繁殖下一代，或者从别的羊群中选择那些符合要求的个体加入现有的繁殖群中来。经过这种反复的多个世代的选择工作，不断地选优去劣，最终的目标有两个：一是使羊群的整体生产水平好上加好；二是把羊群变成一个全新的群体或品种。山羊选种的主要对象是种公羊。农谚说："公羊好好一坡，母羊好好一窝"，正是这个道理。选择的主要性状多为体重、产肉量、屠宰率、生长速度和繁殖力等。

1. 选种的方法

山羊选种采用的方法，牧民的经验就是看本身、看祖先、看兄妹、看后代，科学的说法就是进行个体性能选择（个体选择）、系谱选择、同胞选择和后裔选择。

（1）根据个体性能选种 主要通过外貌和主要生产性能来确定优劣，如肉用山羊的日增重、乳用山羊的产奶量、皮用山羊的毛皮品质等。同时也要考虑其他指标，如生长发育快慢、品种特征是否明显、体质是否健康和健壮、外形长得好不好等。如果被选种羊为肉用，要求体格大，体质结实，骨骼分布匀称，肌肉和皮下结缔组织发育良好，头轻小而短，颈粗短，肩宽广、与躯体结合良好、没有明显凹陷，胸宽且深，背腰平直、宽广而多肉，后躯宽广丰满，肌肉一直延伸到飞节处，四肢粗短、距离较远，身躯为长方形或圆桶形；如果被选种羊为乳用，要求全身清瘦、棱角突出、体大肉不多、后躯较前躯发达、中躯较长、体形一般呈三角形。

（2）根据系谱选种 系谱鉴定就是通过分析各代祖先的生长发育、健康状况以及生产性能来确定山羊的种用价值。因此，选择种山羊时，首先要查看被选山羊的祖代资料。特别是挑选幼龄种山羊时，应以系谱作为选种依据。一般要查看三代资料。

系谱选种必须有系统的记录档案，包括种羊卡片、母羊配种记录、产羔记录、生长发育记录。在生产实践中，如果结合本身成绩进行选择，会使选择效果更准确。同时在进行系谱比较时，既要考虑系谱中所表现的生产水平和遗传稳定性，又要考虑祖代的饲养条件。

（3）根据同胞品质选种 通过利用同父母半同胞或同胞特征值资料来估算被选个体育种值的方法进行选种。这一方法在养羊业上更有其特殊意义：第一，人工授精繁殖技术在养羊业中应用广泛，同期所生的同父异母半同胞羊数量大，资料容易获得，由于是同期所生，环境影响相同，所以结果也较准确可靠；第二，可以进行早期选择，在被选个体无后代时即可进行。

（4）根据后代测验成绩选种 后代的好坏也是选留种公羊的依据。个体特征、产羔率和生产性能都好的公羊，其育种价值的高低，还得根据其后代的品质才能做出最后结论。选种的目的在于获得优良后代。如果被选种公羊的后代好，说明该公羊的种用价值高，选种正确。具有较高生产性能的后代，其亲代一般也具有很高的生产性能。如果后代不理想就不能留作种羊。

做后裔测验的公羊要求选配优秀的母羊，一般每只公羊配30～50只母羊，配种时间要集中，配种母羊和后裔的饲养管理条件要尽可能相同。在羔羊断奶或在一岁半时进行等级评比，通过母女对比或同龄后代对比做出对种公羊的评价。

2. 肉用山羊的选种

肉用山羊的选种，既要充分注意个体的生产性能，也要注意群体生产潜力，只有这样才能选出较高生产水平的种羊。

（1）调查品种现状，制定选种方案 品种调查是通过实地调查和资源分析等手段全面了解山羊品种的一种方法，是制定选种方案的基础。调查的内容有该畜禽生活的自然生态条件、数量与分布、体尺体重、繁殖特征、遗传稳定性和生产性能等。

（2）参考选种标准，鉴定山羊性能 下面以南江黄羊为例，简要说明肉用山羊的选种标准和性能鉴定方法。

1）体形外貌。表2-1是南江黄羊的外貌鉴定评分标准。用此标准逐只对选择对象进行评分，然后以个体所得总分，再按评级标准（表2-2）评出个体等级。

表2-1 南江黄羊的外貌鉴定评分标准

项目		要求标准	评分	
			公羊	母羊
外貌	毛色	被毛黄褐色，富有光泽，有明显或不明显的黑色背线	14	14
	外形	体躯略呈圆桶形，公羊雄壮，母羊清秀	6	6
	头	头大小适中，额宽平或平直，鼻微拱，耳大长直或微垂，眼大有神，有角或无角	12	12
体躯各部	颈	公羊颈短，母羊中等，与肩结合良好	6	6
	前躯	胸部深广，肋骨弓张，鬐甲高平	6	6
	中躯	背腰平直，腹部发育良好，且较紧凑	6	6
	后躯	荐宽，尻丰满倾斜适度，母羊乳房梨形，发育良好	12	12
	四肢	粗直端正，蹄质结实，圆形	18	18
发育情况	外生殖器官	发育良好，双睾对称，母羊外阴正常	6	4
	羊体发育	肌肉充实，膘度中上	6	6
	整体结构	各部结构匀称，紧凑，体质较结实	8	10
合计			100	100

表 2-2　外貌评分等级标准

等　　级	特　　级	一　　级	二　　级	三　　级
公羊	≥95	≥85	≥80	≥75
母羊	≥95	≥85	≥70	≥60

2）生长发育。生长发育评定分 2 月龄、6 月龄、周岁和成年四个年龄段进行（表 2-3）。体重是体现羊整体发育状况的一个重要指标，因而是选种的一个重要指标。体重大，产肉多，且体重的遗传力较高，获得体重大的后代的几率就多。另外，体尺是衡量羊生长发育的指标。

南江黄羊选种制定 2 月龄、6 月龄、周岁和成年公，母羊体尺体重的一级指标。达到表 2-3 中各年龄段的标准为一级。2 月龄、6 月龄、周岁公羊体重占成年公羊体重的 20%、40%、60% 以上，2 月龄、6 月龄、周岁母羊体重占成年母羊体重的 30%、50%、70%，以及公、母羊体重均高于一级 15% 以上；公、母羊体尺分别占成年公、母羊的 65%、75% 和 85%，并且公羊体尺高于一级 8%、母羊均高于 5% 以上者为特级。体重分别相应低于一级 8%~10%、体尺分别相应低于一级 3%~5% 以内的为二级，以上者为三级。

表 2-3　不同年龄公、母羊评分标准

项　　目	体重/kg		体长/cm		体高/cm		胸围/cm	
性别	公	母	公	母	公	母	公	母
2 月龄	11	10	46	46	45	44	51	50
6 月龄	25	20	56	53	55	51	64	59
周岁	35	28	63	60	61	57	72	67
成年	62	42	77	68	72	65	90	79

3）生产性能。对于南江黄羊的生产性能主要考虑其产肉性能、肉质和板皮。南江黄羊羯羊 6、8、10、12 月龄胴体重分别为 8.83kg、10.78kg、11.38kg、15.55kg；屠宰率分别为 43.98%、47.63%、47.7%、49.71%，成年羯羊屠宰率为 55.56%，而且具有早期屠宰利用的特点。其肉质鲜美，胆固醇含量低，膻味小。板皮

品质优，质地良好。

4）繁殖性能。南江黄羊常年发情，四季配种均可受孕。繁殖性能评分标准见表2-4。如果南江黄羊母羊8月龄以后仍未见发情，或发情周期连续多次在1个月以上，或发情后屡配不孕、产后死胎多或阴道脱出均应降低等级。

表2-4　繁殖性能评分标准

繁殖指标	特级	一级	二级	三级
年产胎数/胎	2.0	1.8	1.5	1.2以上
胎产羔数/只	2.5	2.0	1.5	1.2以上

良好的种公羊应性欲旺盛，精力充沛，配种能力好，精液品质优良。公羊连续两个繁殖季节配种30只经产能繁母羊，以母羊产羔率达220%为特级，200%为一级，180%为二级，150%为三级。精液量少、密度小、畸形精子多、精子活力低的公羊不予配种。后备公、母羊的繁殖性能由系谱审查，参考同胞旁系资料评定。

5）个体综合评定。除了上面的性能测定外，进行性能个体评定时还需要考虑后裔测验和系谱审查的资料。对种公、母羊的综合评定，根据外貌评分的等级，生长发育评定，生产性能所评出的个体品种综合等级和后裔测验结果，结合系谱审定等级决定个体最终种用价值。

二 山羊引种技术

1. 引种的原则

（1）适宜引种的原则

1）所引进的品种适应性及品种原产地与引入地之间的生态环境相似程度高，即引进地适宜引进该品种。品种原产地与引入地之间的生态环境相似程度越高，则品种引进后适应性越好，引种成功率越高。

2）有引种的必要性，即在育种时，利用当地品种无法克服一些性能上的缺陷，育种进展十分缓慢；或者是社会上对某品种需求增加，有巨大的市场潜力，且引进品种具有良好的经济价值和育种价值，并且有良好的适应性。

3）季节适宜引种，调运时间合理科学，使引入品种在生活环境上的变化不至于太突然，增加引种的成功率。

4）品种适宜引进，即在掌握了被引进品种的育种史、分布、体尺外貌特征、遗传稳定性、生产性能、繁殖特点、引种和杂交情况、易患的主要疾病及存在的不足、营养状况等后，品种性能优良，适合引进。

（2）少量引进的原则 引进种羊时应坚持少量引进的原则，即引进一个品种可以解决问题的，决不引进两个品种；引进1头种羊满足需要的，决不引进2头。一方面是鉴于引进品种价格昂贵，只有发挥一些先进的繁殖技术才能扩群和增加推广面，减少不必要的引种投入；另一方面是少量引进，按照选择的引种品种，进行初选试验、区域性试验，再进行生产性试验，然后推广的程序进行，降低引种风险。

（3）从有资质的羊场引种的原则 有资质的羊场可以出示“种畜禽生产经营许可证”，其管理相对比较规范。所以应向有资质的羊场引种，并使引进的种羊达到相应的国家标准、行业标准或者地方标准，并附有种羊场出具的“种羊合格证”、种羊系谱。

2. 引种的技术措施

（1）确定适宜的引种季节 影响品种的自然因素较多（如纬度、海拔等），而气温对品种的影响最大，因此一定要选择好引种季节，尽量避免在炎热的夏季引种。同时，要考虑到有利于引种后的风土驯化，使种羊能尽快适应当地环境。从低海拔向高海拔地区引种，应安排在冬末春初季节；从高海拔向低海拔地区引种，应安排在秋末冬初季节，在此时间内两地的气候条件差异小，气温接近，过渡气温时间长，特别在秋末冬初引种还有一个更大的优点，即此时羊只膘肥体壮，引进后在越冬前还能够放牧，只要适当补充草料，种羊就能够安全保膘越冬。主要有以下几种情况：

1）在我国南方一些地区，引种季节为春、秋两季，最适宜的是秋季。

2）在华南、四川、重庆等地，冬季引种也适宜，但在冬季引种要注意保温设备。

3）如果引种距离较近，往返不超过一天的时间，可不考虑引种的季节。

4）引种最忌在夏季，6～9月天气炎热、多雨，大都不利于远距离运羊。

5）对于引地方良种羊，这些羊大都集中在农民手中，所以要尽量避开“夏收”和“三秋”农忙时节，这时大部分农户顾不上卖羊，选择面窄，很难把羊引好。

（2）做好引种前的准备

1）制订引种计划。认真研究引种的必要性，明确引种目的；然后，抽派业务骨干组成引种小组，分配任务，各负其责，使选种、运输、接应等一系列引种环节落实到人。要确定引进品种，数量及公、母比例，国外引入品种及育成品种应从大型牧场或良种繁殖场引进。

2）建好羊舍和配备必要的设施。羊舍是用来给羊只冬季防寒、护理羊只的重要设施。对羊舍的要求是干燥通风，保温。羊舍应建立在地势较高、背风向阳、附近有水源的地方。南方地区因气温较高且潮，应建高床漏缝地板羊舍，缝隙宽1.5～2cm。引进的种公羊每头需2～3m^2，母羊需1.5～2m^2。羊舍前应设面积大于羊舍面积2倍的运动场，以备羊只自由运动和补饲等用。在羊舍和运动场准备饲喂设施，包括饲槽及草架、草圈等。

3）备好饲草、饲料和药品。俗话说“兵马未动，粮草先行”，购羊前要备足饲草、饲料。有两个方面的含义：一是备足草料，在运输途中饲喂引进的种羊；二是为种羊引进后备足草料。如果引羊单位是现有的羊场，当种羊引进后，按部就班饲养，问题不会太大；如果是个新建羊场，尤其需要备足饲草、饲料。同时需要常备抗菌药、消毒药、驱虫药和其他药物。

4）备好饲养人员和技术人员。种羊价格昂贵，引种复杂，所以一定要选好饲养人员和技术人员。饲养人员要有经验、负责任、有一定养羊知识。同时要配备相应的畜牧兽医技术人员。饲养人员和技术人员要了解引入山羊品种的特点及其适应性和所在地区的气候、饲料、饲养管理条件，确定引种后的风土驯化措施。

（3）落实引种计划 确定从某地引种后，于引种日的前几天派引种小组人员赴该地，对所引品种的种质特性，繁殖、饲养管理方式，饲料供应，疫病防治等情况做全面了解，调查当地种羊价格，按计划保质保量选购种羊，并寻找场地集中饲养等待接运，以便接运车辆随到随运。

（4）种羊选择 参考山羊选种技术内容。

（5）种羊检疫 种羊检疫是指为防止疾病传入，由国家法定的检疫机构和人员，根据有关法律规范，对种羊及其装载容器、包装物、运输工具等实施检疫。对引进的种羊要严格执行防疫制度，严格实行隔离观察，防止疾病传入。

进行动物检疫的部门是县级以上的动物检疫站。国内的检疫项目一般有临床检查和传染病检查，包括布病、蓝舌病、羊痘、口蹄疫等。临时注射传染病预防疫苗。种羊检疫合格后，发给“动物检疫证书”。

从国外引进种羊应进行隔离检疫，在国家质检总局设立的动物隔离检疫场所隔离检疫45天。隔离场在使用前和使用后，须用国家有关部门批准的消毒药消毒三次，每次间隔三天，并做好消毒效果的检测；动物隔离检疫场至少应空闲30天以上，经彻底消毒后方能隔离检疫下一批动物；隔离场内如果发生重大疫情，必须立即彻底消毒，空场3个月后方可使用。

隔离检疫期间，未经隔离检疫场负责人同意，不得接待来访和参观人员。为避免相互感染，同一隔离检疫场不得同时检疫两批来源不同的动物。引种单位或者其代理人，应在动物进入隔离场的7天之前，派管理人员和饲养人员到达隔离检疫场，在口岸出入境检验检疫机关指定的医院进行健康检查。患有结核、布病、肝炎、化脓性疾病及其他人畜共患病的人员不能参与隔离动物的饲养管理工作。工作人员、饲养人员进出隔离区必须淋浴、更衣、换鞋，经消毒池、消毒道出入。种羊及运输工具须经消毒后方可进入隔离场。

进入隔离场的饲草、饲料须来自非疫区并经消毒处理。种羊入场后，需进行分栏、编号，每日按规定进行临床观察和必要的检测。观察和检测结果应做好文字记录。当动物有异常现象时，尽可能制备相应的声像记录，并及时报告驻场兽医进行诊断。隔离检疫期满，检验检疫机关对其检疫合格的，出具“检验检疫结果证明”。

（6）种羊运输技术要点

1）要选好得力的押运员。押运种山羊的人员，一定要由有责任心、不怕苦、不怕累、懂技术、有实干精神的人来承担，只有这样才会把事情做好，增加引进种山羊的成功率。

2）选好运输车辆，并消毒。

3）运输工具及其他有关货物的消毒。最好不使用运输商品羊的外来车辆装运种羊。长途运输的运羊车应尽量行驶高速公路，以避免塞车，每辆车应配备两名驾驶员交替开车，行驶过程应尽量避免急刹车；途中应注意选择没有其他运载动物车辆的地点就餐，绝不能与其他装运羊只的车辆一起停放；随车应准备一些必要的工具和药品，如绳子、铁丝、钳子、抗生素及镇静剂等。大量运输时最好准备一辆备用车，以免运羊车出现故障、停留时间太长而造成不必要的损失。运羊车辆应备有汽车帆布，若遇有烈日或暴风雨的天气时，应将帆布遮于车顶上面，防止烈日直射和暴风雨袭击种羊，车厢两边的篷布应挂起，以便通风散热；冬季帆布应挂在车厢前上方以便挡风保暖。对运输工具及其他有关货物消毒，在运输种羊前24h内，应使用高效的消毒剂对车辆和用具进行两次以上的严格消毒，最好能空置1天后装羊，在装羊前再用刺激性较小的消毒剂彻底消毒一次，并开具“运输工具消毒证书”或“熏蒸/消毒证书”。

4）在运输过程中应想方设法减少种羊应激和肢蹄损伤，避免种羊在运输途中死亡和感染疫病。要求供种羊场提前2～3h对准备运输的种羊停止投喂饲料。上车不能太急，注意保护种羊的肢蹄，装羊结束后应固定好车门。长途运输的车辆，车厢最好能铺上垫料，冬天可铺上稻草、稻壳、木屑，秋天铺上细沙，以降低种羊肢蹄损伤的可能性。要根据运输工具的情况，将种羊按性别、大小、强弱进行分群。所装载羊只的数量不要过多，装得太密会引起挤压而导致种羊死亡；最好将车厢隔成若干个隔栏，安排4～6只种羊为一个隔栏，隔栏最好用平滑的水泥管制成，避免刮伤种羊，达到性成熟的公羊应单独隔开，以避免公羊间打斗及公羊爬跨母羊。

5）长途运输的种羊，应对每头种羊饲喂或注射一定量的维生素C，以减少应激。对临床表现特别兴奋的种羊，可注射适量的镇静针剂。长途运输的可先配制一些电解质溶液，如盐水，以备在路上供种羊饮用。运输途中要适时停歇，检查有无病羊只，如果发现羊只有呼吸急促、体温升高等异常情况应及时采取有效措施。

6）冬季要注意保暖，夏季要注意防暑，尽量避免在酷暑期装运种羊，夏天装运种羊应避免在炎热的中午进行，可在早晨和傍晚装运；途中应注意经常供给饮水。

7）如果路程较近，途中不超过半天的，途中可以不喂饲草、饲料，但要注意检查，若发现问题，应及时处理；运输路程远的，应备足清洁水和容易消化、体积较小的饲料。到达目的地后，应让羊休息一会，再饮水和吃草。

（7）引进种羊的饲养管理

1）新引进的种羊，应先饲养在隔离舍，而不能直接转进羊场生产区，因为这样做可避免带来传染病。

2）种羊到达目的地后，立即对卸羊台、车辆、羊体及卸车周围地面进行消毒，然后将种羊卸下，对所有引进羊只进行清点、检查，按性别、年龄、个体大小及体质状况分群。有损伤、疾病等情况的种羊应立即隔开单栏饲养，并及时治疗处理。

3）先给种羊提供饮水，休息6～12h后方可供给少量饲料，从第二天开始可逐渐增加饲喂量，5天后才恢复正常饲喂量。

4）引入的良种羊必须良养，才易成功。要注意加强引进品种的饲养管理和适应性锻炼。引种第一年是关键性的一年，应加强饲养管理。要做好引入种羊的接运工作，并根据原来的饲养习惯，创造良好的饲养管理条件，选用适宜的日粮类型和饲养方法。根据引进种羊对环境的要求，采取必要的降温或防寒措施。

第四节　山羊的杂交改良

在山羊改良与中和生产中，应用最广泛的是杂交。经济杂交是将不同品种间的公、母羊进行杂交，产生的杂种后代供商品用，不作种羊。在山羊的生产中，经济杂交主要用于肉用山羊的生产，以提高产肉性能。例如将肉用体形优良、早熟性品种的公山羊和耐粗饲、泌乳量大、繁殖力强、适应性好的母山羊杂交，所产羔羊发育快、产肉率高、生产成本低。常用的方法有两个品种的简单经济杂交、三元杂交。

一 简单经济杂交

简单经济杂交就是两品种杂交，也叫二元杂交，是山羊杂交改良最简单和最常用的方式（杂交模式如图 2-1 所示）。生产上有两种组合：一是将波尔山羊或南江黄羊的公羊与本地山羊的母羊进行交配；二是用波尔山羊公羊与南江黄羊母羊进行交配，这种方式因南江黄羊分布范围较窄和群体规模较小而在生产上较为少见。

波尔山羊或南江黄羊（♂）× 本地山羊（♀）

↓

波本或南本杂种羊（商品代）

波尔山羊（♂）× 南江黄羊（♀）

↓

波本杂种羊（商品代）

图 2-1　山羊二元杂交模式图

二元杂交的后代全部用作商品羊进行育肥，决不能将杂种公羊与杂种母羊交配（横交）或将杂种公羊与本地母羊交配（回交），也不能用本地公羊与南江黄羊或波尔羊的母羊交配。二元杂交能取得理想效果的关键是要选择体形较大、产羔数多、奶水足的母羊，要获得稳定杂交效果的关键是用于杂交的母本品种个体间的整齐度要高。二元杂交在人工授精技术支持下容易在大面积上推广应用。

二 三元杂交

南江黄羊比本地山羊体形大、生长发育快、屠宰率高。为了充分利用已形成的优良南本杂种母本群体，可将波尔羊公羊与南本杂种母羊交配进行三元杂交（杂交模式如图 2-2 所示），其杂交后代全部进行育肥，决不能将杂种公羊作种用与杂种母羊或本地母羊交配，更不能用本地公羊与杂种母羊交配。

三元杂交的效果将优于波本和南本二元杂交的，与波南二元杂交相似。三元杂交后代在理论上100%的个体能够获得杂种优势，而且决定杂二代性能的关键是第二父本的生长发育性能和胴体品质。由于波尔羊的生长性能和胴体品质优于南江黄羊，波尔山羊作为终端父本理所应当。这种杂交模式很好地利用了南本杂种母羊这个庞大的群体，充分发挥了三个品种的杂种优势。

南江黄羊（♂）×本地山羊（♀）

↓

波尔山羊（♂）×南本杂种（♀）

↓

波南本杂种羊（商品代）

图2-2　山羊三元杂交模式图

——第三章——

规模化羊场的建设及管理

第一节　羊场建设

一　场址选择

羊场场址的选择要考虑饲养规模，还要符合当地土地利用规划的要求，能够充分利用羊场周围的饲草、饲料条件，要符合羊只的生活习性、当地的社会条件和自然环境条件。理想的羊场场址应具备以下条件：

1. 地形地势

羊场要求地势高燥、地下水位较低（2m 以下）、有一定坡度（3%~5%）、在寒冷地区和山区应背风向阳。羊场不宜建在低洼涝地、山洪水道、冬季风口、阴暗潮湿的地方。

2. 水源水质

羊场用水包括羊的饮用水、场内职工生活用水、消毒用水和消防用水。羊的需水量一般舍饲的大于放牧的，夏季大于冬季。舍饲条件下成年母羊和羔羊每天的需水量分别约为 10L/只和 5L/只，而放牧状态下成年母羊和羔羊每天的需水量分别为 5 L/只和 3 L/只。水质必须符合畜禽饮用水的水质卫生标准。在选址前，应考察当地地面水、地下水资源状况和水质卫生状况，羊场要远离屠宰场、排放污水的工厂，以确保水源不受污染。

3. 交通和电力

羊场要求交通方便，便于饲草、饲料、羊产品的运输，但又不能建在车站码头或交通要道旁。羊场周围3km以内应无大型化工厂、采矿厂、皮革厂、肉品加工厂、屠宰场、医院等排放污染源的单位。羊场距交通主干道要在500m以上，羊场周围要有围墙或防疫沟，并建立绿化隔离带。电力负荷和电力设施要达到羊场要求。

4. 防疫

所选羊舍场址必须在历史上从未有任何传染病和寄生虫病的流行，羊场周围的牲畜应尽量少，便于在紧急情况下的封锁隔离。

二 羊场布局规划

1. 羊场规划布局原则

要符合防疫卫生和消防要求，节约投资，方便管理，有利于提高劳动生产率。羊场规划布局应遵循以下原则：

1）根据羊场生产工艺要求，结合当地气候条件、地形地势及周围环境特点，因地制宜地做好功能分区规划，合理布置各种建筑物的布局，既要方便管理和提高整体工作效率，又要符合长远规划发展。

2）充分利用场内原有的自然地形地势，合理布局各种建筑物和设施设备，充分利用自然资源，尽量减少基础设施的建设费用。

3）羊场的布局要符合生产工艺流程，包括羊的饲养管理与繁殖，羔羊的培育，育肥羊群的饲养管理，饲料的运输、储存、加工、调制和分发，羊舍清扫、粪尿清除、疫病防治等环节要流转顺畅，创造出经济合理的生产环境。

4）保证建筑物具有良好的朝向，满足采光和自然通风条件，并有足够的消防和防疫间距。

5）要利于场内粪尿、污水及其他废弃物的处理和利用，确保场内环境卫生。

2. 羊场功能分区

羊场一般分为生活区、管理区、辅助生产区、生产区和隔离区。生活区和管理区应位于场区常年主导风向的上风处和地势较高处，隔离区位于场区常年主导风向的下风处和地势较低处（图3-1）。

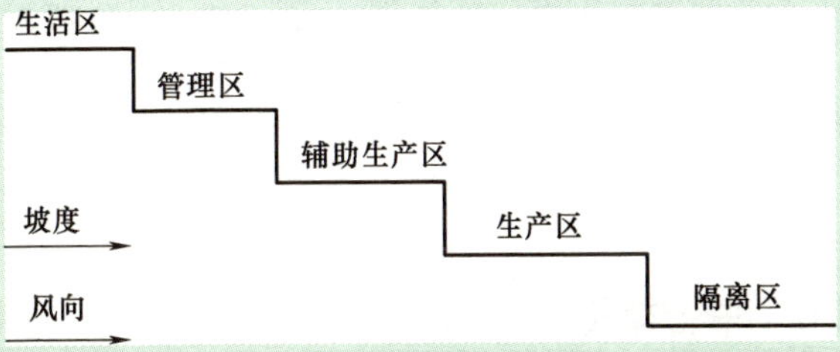

图 3-1　羊场各个功能区地势、风向示意图

(1) 生活区　主要包括职工住宅、餐饮室、娱乐室、保健室等设施。生活区应在羊场最上风方向和地势较高处，并与生产区保持足够的距离。

(2) 管理区　主要包括办公室、生产业务用房、接待室、会议室、资料室、化验室、门卫值班室、活动室等。管理区应与生产区严格分开，并与生产区有一定的缓冲地带。

(3) 辅助生产区　包括饲料库、饲料加工车间、青贮池、机械车辆库、采精授精室、草料棚等。饲料库、草料棚、饲料加工车间和青贮池离羊舍要近一些，位置要适中，以便于运送草料，减小劳动强度。

(4) 生产区　主要包括羊舍、运动场等，生产区地势应较低。各羊舍之间要有足够的防疫和防火间距。不同功能的羊舍最好也按照坡度和风向进行分类布局，依次为种羊舍、羔羊舍、育成羊舍、育肥羊舍等。生产区入口处设置更衣消毒室和车辆消毒设施。

(5) 隔离区　包括兽医室、病羊隔离舍、尸体解剖室、病尸高压蒸汽灭菌或焚烧处理设备及粪污储存与处理设施。隔离区应位于全场常年主导风向的下风处和全场场区最低处，与生产区的间距应满足兽医卫生防疫要求。绿化隔离带、隔离区内部的粪便污水处理设施与生产区应有专用道路相连，与场区外有专用大门和道路相通。

三、羊场建筑物

包括生产建筑物、辅助生产建筑物、生活和管理建筑物三部分。生产建筑物指羊舍及运动场设施，羊舍一般包括种公羊舍、母羊舍、羔羊舍、育成羊舍、育肥羊舍、病羊隔离舍等。辅助生产建筑物包括更衣室、消毒室、兽医室、药浴池、青贮池、饲料加工间、变配电室、水泵房、锅炉房、仓库、维修间、草料棚、车库、采精授精室等。生活和管理建筑物包括办公用房、食堂、宿舍、活动室、大门、门卫室、厕所等。

第二节 羊舍建筑

一 羊舍建筑的基本要求

羊舍是供羊生活、休息的地方，羊舍条件的好坏直接关系到整个羊群的生长发育和健康。因此，要做好羊舍的建设和规划布局。

1. 羊舍及运动场面积

羊舍面积大小要根据饲养羊只的数量、品种及饲养方式来确定，以舍饲为主的羊场还需要配备足够大的运动场。羊舍建筑面积按种公羊4～6m^2/只，成年母羊1～1.2m^2/只，育成羊0.7～0.9m^2/只，羔羊0.3～0.4m^2/只的标准确定。运动场面积一般按羊舍面积的2～2.5倍进行规划。在母羊舍可设产房，增加保温设施，产房面积可根据母羊群的大小而定，在冬季产羔情况下，产房应占羊舍面积的20%左右。

2. 羊舍环境卫生指标

1）温度：冬季产羔舍舍温最低应保持在8℃以上，一般羊舍在0℃以上；夏季舍温应控制在30℃以下。

2）湿度：羊舍应保持干燥，地面不能太潮湿，空气相对湿度在50%～70%为宜。

3）通风换气：应保持羊舍内空气新鲜，在夏季应保持较大通风量，在冬季应在通风适宜的条件下尽量保温。

4）采光：要求有充足的光线。

3. 羊舍的高度

羊舍的高度在南方和北方应有一定差异。南方羊舍应适当高一些，以利于夏季的通风降温，一般不低于2.5m，北方羊舍的高度可设定在2.0～2.5m。

二 羊舍的类型

不同类型的羊舍，在提供良好小气候条件上有很大的差别，根据不同结构的划分标准，可将羊舍划分为若干类型（图 3-2）。

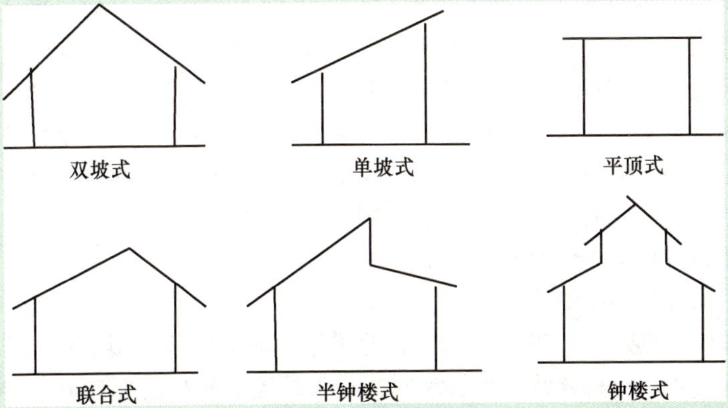

图 3-2　羊舍类型

1. 墙壁封闭程度

羊舍可划分为封闭舍、开放与半开放舍和棚舍三种类型。封闭舍的四周墙壁完整，保温性能好，适合较寒冷的地区采用；开放与半开放舍三面有墙，开放舍一面无长墙，半开放舍一面有半截长墙，保温性能较好，通风采光好，适合于温暖地区，是我国较普遍采用的类型；棚舍只有屋顶没有墙壁，仅可防止太阳辐射，适合于炎热地区。目前，在多数地区采用带窗户的开放式和半开放式羊舍，这种羊舍可通过开关窗户来调控舍内温度和通风换气。

2. 屋顶形式

羊舍可分为单坡式、双坡式、拱式、钟楼式、半钟楼式、联合式等类型。单坡式羊舍跨度小，自然采光好，适于小规模羊群和简易羊舍选用；双坡式羊舍跨度大，保温能力强，一般在双坡式的两侧或一侧设置运动场，目前在南方和北方采用此类型的羊场较多；在寒冷地区还可采用拱式、平顶式等结构类型；在炎热地区可选用钟楼式结构羊舍。

三 羊舍的基本结构

1. 地面

地面即羊床，是羊休息、排泄和生产的地方。地面的保暖与卫生很重要。羊舍地面有实地面和漏缝地面两种类型。实地面又因建筑材料不同分为夯实黏土地面、三合土地面（石灰: 碎石: 黏土为1:2:4）、石地面、混凝土地面、水泥地面、砖地面、本质地面等。

黏土地面易于去表换新，造价低廉，但易潮湿和不便消毒，干燥地区可采用。三合土地面较黏土地面好。石地面和水泥地面不保温、太硬，但便于清扫与消毒。砖地面和本质地面保暖，也便于清洁与消毒，但成本较高，适合寒冷地区。饲料间、人工采精授精室、产羔室可用水泥地面或砖地面，以便消毒。

漏缝地面能给羊提供干燥卧床，也可防止寄生虫病的传播，其在国外和国内亚热带地区已被普遍采用。漏缝地面可用木条、水泥条、竹条和塑料或铸铁制品制成，羊床离地面的高度可在1m左右，缝隙的宽度应保持在1.5~2.0cm，专门的羔羊舍缝隙宽度可在1~1.5cm。缝隙过窄不利于漏粪，过宽易于夹住羊蹄。

2. 墙

墙在羊舍保温上起到重要作用。我国多采用土墙、砖墙和石墙等。土墙造价低、导热小、保温效果好，但易湿、不易消毒，小规模简易羊舍可采用。砖墙是常用的一种，其厚度有半砖墙、一砖墙、一砖半墙等，墙越厚，保暖性能越强。石墙坚固耐用，但导热性大，在寒冷地区效果差。国外和国内部分地区也采用金属铝槛、胶合板、玻璃纤维材料建成保温隔热墙，效果较佳。

3. 羊舍门窗

门窗关系到羊舍的保温、防暑、采光和通风。舍门的大小以能够顺利通行为宜，门高可在1.8m左右，门宽视群体规模而定，大群饲养时可为2.5~3m，小群饲养时可为1.5~1.8m。窗户面积一般占地面面积的1/15~1/10，窗户下缘距地面高度为1.2~1.5m。

4. 屋顶与天棚

屋顶具有防雨水和保温隔热作用。其材料有陶瓦、石棉瓦、木板、塑料薄膜、油毡等，国外也有采用金属板的，目前国内比较流行的是彩钢结构屋顶，为了增强保温隔热作用，往往在彩钢下加一层隔热材料。在寒冷地区可加天棚，其上可贮干草，增加羊舍保温性能。

第三节　羊场设施与设备

一　羊场设施

1. 药浴设施

在羊场内选择适当地点修建药浴池。药浴池一般深不小于1.0m，长为8～15m，池底宽为0.3～0.6m，上宽为0.6～1.0m，以羊能通过而转不了身为度，入口一端是陡坡，出口一端筑成台阶以便羊只攀登，出口端并设有滴流台，羊出浴后在羊栏内停留一段时间，可使身体上多余的药液流回池内。药浴池一般为长方形，似一条狭而深的水沟，用水泥筑成（图3-3和图3-4）。小型羊场或农户可用浴槽、浴缸、浴桶代替药浴池，以达到预防体外寄生虫的目的。

图3-3　药浴池外观

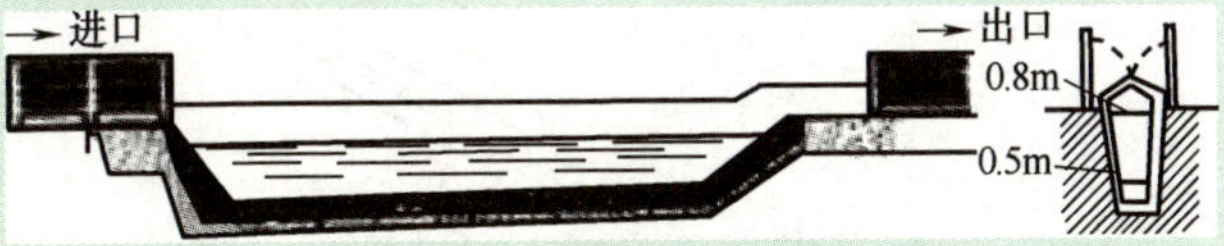

图3-4　药浴池剖面图

2. 饲喂设施

饲喂设施包括食槽、草架、羔羊哺乳食槽、饮水槽或饮水器等。

(1) 食槽 食槽通常分为固定式、移动式和悬挂式三种类型。

在舍饲为主的羊舍中一般设置固定式食槽。一般将食槽固定在舍内或运动场内，用砖头、水泥砌成长条形或U形。可平行排列或紧靠四周墙壁设置。双列对头羊舍内的食槽应建于中间走道两侧，而双列对尾羊舍的食槽则设在靠窗户走道一侧。单列式羊舍的食槽应建在靠北墙的走道一侧，或建在沿北墙和东西墙根处。

可在食槽的一边（站羊的一边）砌成可使羊头进入的带孔栅栏，便于羊只伸头至食槽采食，又可防止羊只进入食槽致使饲料被弄脏。孔的大小要根据羊角的有无而定，可安装活动的栏孔，以调节羊孔大小。

长条形食槽的设计要求上宽下窄，槽底呈半圆形，大致规格为上宽50cm、深20～25cm、离地高度40～50cm。槽长依羊只数量而定，一般可按每只大羊30cm，每只羔羊20cm计算。

移动式食槽和悬挂式食槽主要是用于羊只的补饲（图3-5）。对妊娠母羊、泌乳母羊、羔羊、育成羊和病弱羊的补饲可采用移动式长条形食槽，可用木板或镀锌铁皮制成。而悬挂式食槽适用于断奶前羔羊的补饲，离地高度以羔羊采食方便为宜。

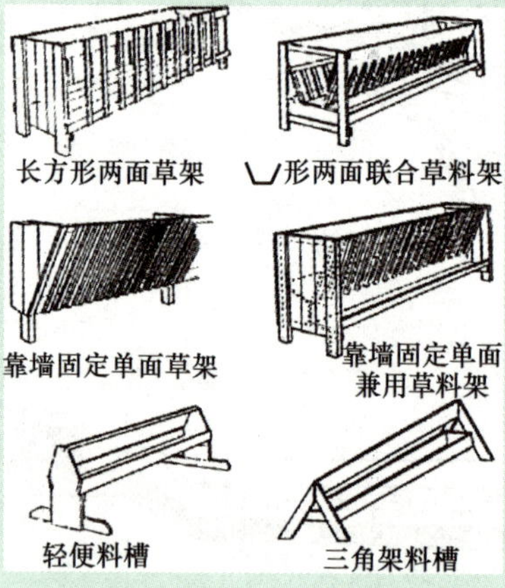

图3-5 不同类型的移动式食槽

（2）草架　羊爱清洁，喜欢采食干净饲草。利用草架喂草料，可防止羊只践踏饲草，减少草料浪费，也可防止羊只感染寄生虫病。草架的形式有靠墙固定的单面草架和安放在饲喂场的双面草架，其形状有三角形、U形、长方形等。草架隔栅间距为9～10cm，有时为了让羊头伸入栅内采食，可放宽至15～20cm。草架的长度，按成年羊每只30～50cm、羔羊每只20～30cm计算。制作材料可为木材、钢筋或塑料制品。舍饲时可在运动场内用砖、水泥砌槽，钢筋作栅栏，兼作饲草、饲料两用槽。

（3）羔羊哺乳食槽　作成一个圆形铁架，用钢筋焊接成圆孔架，每个食槽一般有10个圆形孔，每个孔放置搪瓷碗或特制容器1个，适宜于哺乳期羔羊的哺乳。

（4）饮水槽或饮水器　一般固定在羊舍或运动场上，可用镀锌铁皮制成，也可用砖、水泥制作。在其一侧下部设置排水口，以便清洗水槽，保证饮水安全。水槽高度以方便羊只饮水为宜。

羊场采用自动饮水器，能适应集约化生产的需要，有浮子式和真空泵式两种。其优点是羊只饮水方便，减少资源浪费，可保持圈舍干燥卫生，减少各种疾病的发生。羊用碗式饮水器每3m安装1个，也可根据圈舍的具体情况进行合理安装。

3. 栅栏

在羊场中栅栏有母仔栏、羔羊补饲栏、分群栏、活动围栏等几种形式。可用木条、木板、钢筋、铁丝网等材料制成，一般高1.0m，长1.2～3.0m不等。栏的两侧或四角装有挂钩或插销，折叠式围栏中间以铰链相连。

（1）母仔栏　为便于母羊产羔和羔羊吃奶，可在羊舍一角用栅栏将母仔围在一起。可用几块长1.2m或1.5m、高1.0m的栅栏或栅板作成折叠式围栏。一个羊舍内可隔出若干个小栏，每栏供一只母羊及其羔羊使用。

（2）羔羊补饲栏　用于羔羊的补饲。将栅栏、栅板或网栏在羊舍、补饲场内靠墙围成小栏，栏上设有小门，羔羊能自由进出，而母羊不能进入。

（3）分群栏　由许多栅栏连接而成，用于规模肉羊场进行羊只鉴定、分群、称重、防疫、驱虫等，可大大提高工作效率。在分群时，用栅栏在羊群入口处围成一个喇叭口，中部为一条比羊体稍宽的狭长通道，通道的一侧或两侧可设置 3 ~ 4 个带活动门的羊圈，这样就可以顺利分群，进行相关操作。

（4）活动围栏 用若干活动围栏可围成圆形、方形或长方形活动羊圈，适用于放牧羊群的管理。

（5）磅秤及羊笼 为了解饲养管理情况，掌握羊只生长发育动态，需要定期称量羊只体重。因此，羊场应设置地磅或普通台秤。磅秤上安置长 1.4m、宽 0.6m、高 1.2m 的长方形竹、木或钢筋制羊笼，羊笼两端安置进、出活动门，再利用多用途栅栏围成连接到羊舍的分群栏，把安置羊笼的地秤置于分群栏的通道入口处，可减少抓羊时的劳动强度，方便称量羊只体重。

二 羊场机械设备

1. 饲草收获机械

（1）通用型青饲收获机 制作青贮饲料可使用联合收割机，在作业时用拖拉机牵引，后方挂接拖车，能一次性完成作物的收割、切碎及抛送作业，拖车装满后用拖拉机运往储存地点进行青贮。

（2）玉米收获机 能一次完成玉米摘穗、剥皮、果穗收集、茎叶切碎及装车作业，拖车装满后运往青贮地点储存。

（3）割草机 割草机为收割牧草的专用设备，分为往复式割草机和旋转式割草机两种。割下的牧草应连续而均匀铺入，尽量减少机械对其的碾压、翻动和打击。

（4）搂草机 按搂成的草条方向分成横向和侧向两种类型。横向搂草机操作简便，但搂成的草条不整齐，损失小，并能与捡拾作业相配套。

（5）压捆机 压捆机分为固定式和捡拾捆机两种类型。按压成的草捆密度也可分为高密度（200 ~ 300 kg/m^3）、中密度（100 ~ 200 kg/m^3）、低密度（100 kg/m^3 以下）压捆机。其作用是将散乱的牧草和秸秆压成捆，方便储存和运输。

2. 饲草、饲料加工机械

（1）铡草机 又称切草机，其作用是将牧草、秸秆等切短，以便于青贮和利用。大、中型机一般采用圆盘式，小型机多为滚筒式。小型铡草机适宜小规模养殖户使用，主要用来铡切干秸秆，也可铡切青贮饲料；中型铡草机可铡干秸秆与青贮饲料两用，故又称为秸秆青贮饲料切碎机。

（2）粉碎机 主要有锤片式、劲锤式、爪片式和对辊式四种类型。用粉碎机粉碎饲料的含水量不宜超过15%，喂入量较适宜。其型号有多种。

（3）揉碎机 揉碎是介于铡切与粉碎之间的一种新型加工方式。秸秆尤其是玉米秸秆，经揉搓后被加工成丝状，完全破坏了其结节的结构，并被切成8～10cm的碎段，使适口性有所改进。

（4）压块机 秸秆和干草经粉碎后送至缓冲仓，由螺旋输送机排至定量输送机，再由定量输送机、化学添加剂装置、精饲料添加装置完成配料作业，通过各自的输送装置送到连续混合机。同时加入适量的水和蒸汽，混匀后进入压块机成形。压制后的草块堆集密度可达300～400 kg/m^3，可使山羊采食速度提高30%以上。

（5）制粒设备 秸秆经粉碎后，通过制粒设备，加入精饲料和添加剂，可制成全价颗粒料。这种颗粒料营养全价、适口性好、采食时间短、浪费少，但加工费用较高。全套制粒设备包括粉碎机、附加物添加装置、搅拌机、蒸汽锅炉、压粒机、冷却装置、碎粒去除和筛粉装置。

（6）袋装青贮装填机 将切碎机和装填机组合在一起，操作灵活方便，适用于牧草、饲料作物、作物秸秆等青绿饲料的青贮和半干青贮。

3. 消防设备

对于具有一定规模的羊场，消防安全尤为重要，全场人员都应有消防意识，同时要备足消防器材和完善消防设施。

4. 环保设施

羊场建设中要重点考虑粪尿、污水、垃圾、动物尸体及医用废弃物对羊场及周围环境的污染，特别要注意避免水源的污染，以免危害人类健康。场内应设有粪尿、污水、动物尸体及医用废弃物处理设施，如固液分离机、粪便烘干机、焚烧炉、沼气池等。

第四节　羊场粪污处理与环境控制技术

一　羊粪污特点与环境污染

正常羊粪便呈黑色、椭圆形。与其他动物粪便相比，羊粪的水分含量较低（64.6%）、有机物含量较高（31.8%）、氮和钾含量较高（分别为0.83%和0.67%），是一种速效、微碱性肥料，有机质多，肥效快，适于各种土壤施用。

规模化养殖的羊场中，羊粪便会产生大量有害气体（主要为氨气、二氧化碳、甲烷以及芳香类物质）、恶臭物质致使环境污染，同时也会破坏土壤的酸碱平衡。故需要对羊粪便进行合理的处理。

二　羊粪污的处理与利用技术

羊粪便经过无害化处理可加以合理利用，处理与利用的方法有以下几种：

1. 羊粪用作植物生产的肥料

羊粪便中含有丰富的氮、磷、钾、微量元素等植物生长所需要的营养素以及高量的纤维素、半纤维素、木质素等物质，是植物生长的优质有机肥料，能改良土壤结构，增加土壤有机质，提高土壤肥力。在用作植物肥料之前需对羊粪便进行有效处理，处理的方法有以下几种：

（1）高温堆肥　粪便与其他有机物如秸秆、杂草、垃圾混合和堆积后，控制适宜相对湿度（70%左右），创造适宜的发酵环境，可使微生物大量繁殖，导致有机物分解，转化为植物能吸收的无机物和腐殖质。堆肥过程中产生的高温（50～70℃）使病原微生物及寄生虫卵死亡，达到无害化处理的目的。经高温堆肥处理后的粪便呈棕黑色、松软、无特殊臭味、不招苍蝇，卫生上无害。堆肥方法有需氧堆肥法和厌氧堆肥法两种。

> **【注意】**　为了提高堆肥的肥效价值，堆肥过程中可以在羊粪便中拌入一定量的无机肥及各种肥料添加物，使各种添加物经过堆肥处理后变成被植物吸收和利用率较高的有机复合肥。

（2）干燥处理　常有微波干燥、舍内干燥、大棚发酵干燥、发酵罐干燥等方式。使用较少，成分高，且会产生臭气。

（3）药物处理　在急需用肥的季节，或在寄生虫病严重流行的地区（尤其是血吸虫病、钩虫病等），为了快速杀灭粪便中的寄生虫卵和病原微生物，可采用化学药物灭卵和消毒。可采用的药物有尿素（粪便量的1%），敌百虫（10mg/L），碳酸氢铵（0.4%），硝酸铵（1%）等。一般情况下，药物处理1天左右就可起到消毒作用。

2. 生产沼气

沼气是有机物质在厌氧环境中，在适宜的温度、湿度、酸碱度、碳氮比等条件下，通过厌氧微生物发酵作用而产生的一种可燃气体，其主要成分是甲烷（60%~70%）、二氧化碳（25%~40%），还有少量的其他气体。可通过建设沼气池生产沼气，可利用大量粪便，杀灭病原菌和寄生虫卵，生产燃料和减少环境污染。此外，沼渣汁中含有较高的氮、微量元素及维生素，可作为鱼的良好饵料，沼渣则变成了一种无臭的良好肥料。

羊粪便还可通过利用水体食物链、种植水生植物、养殖蚯蚓与蝇蛆、种植食用菌等方式加以利用。

第四章 山羊的繁殖技术

第一节 山羊生殖器官构造与功能

一 公羊生殖器官构造与功能

公羊的生殖器官主要由睾丸、附睾、输精管、副性腺、阴茎和阴囊等组成（图4-1）。

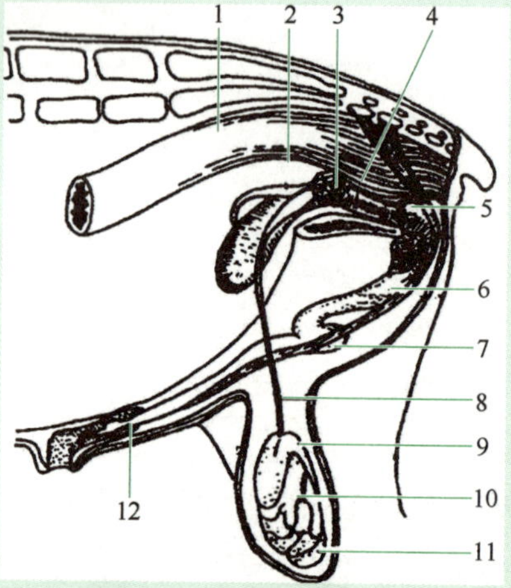

图4-1 公羊生殖器官构造

1—直肠 2—输精管壶腹部 3—精囊 4—前列腺 5—尿道球腺 6—阴茎 7—S状弯曲 8—输精管 9—附睾头 10—睾丸 11—附睾 12—阴茎游离端

(1) 睾丸 睾丸分左右两个，呈卵圆形，其长轴与地面垂直，主要功能是生产精子并分泌雄性激素。

(2) 附睾 附睾附着在睾丸的背后缘，为长方形，是储存精子和排出精子的管道，分头、体、尾三部分。附睾管的上皮细胞分泌可供精子营养和运动所需的物质。

(3) 输精管 输精管是一厚壁坚实的束状管，分左右两条，一端与附睾尾连接，另一端则开口于尿道。它是精子排出的通道。

(4) 阴茎 位于腹下包皮内，是公羊的交配器官，主要由海绵体构成，分为阴茎根、阴茎体及龟头三部分。

(5) 阴囊 主要起保护睾丸并调节睾丸温度的作用。当天气炎热时，阴囊皮肤松弛，阴囊下垂，使温度散发；当天气寒冷时，阴囊收缩，使睾丸贴近腹下，便于保温。

(6) 副性腺 主要有精囊、前列腺和尿道球腺三部分。它们分泌的液体同精子混合一起成为精液。

二 母羊生殖器官构造与功能

母羊的生殖器官主要由卵巢、输卵管、子宫、阴道、阴门等组成（图4-2）。

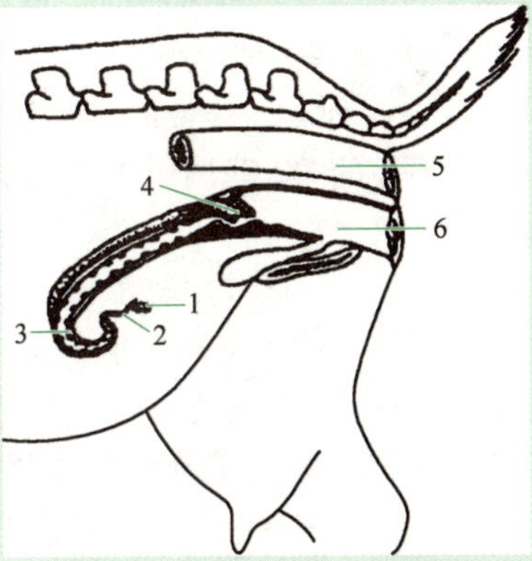

图4-2 母羊生殖器官构造

1—卵巢 2—输卵管 3—子宫角

4—子宫颈 5—直肠 6—阴道

（1）卵巢 是母羊的主要生殖腺，左右各一个，呈扁卵圆形。卵巢的功能是产生卵子和分泌激素，这些激素与母羊的发情、排卵和妊娠有关。

（2）输卵管 位于卵巢和子宫之间，为弯曲的小管，两侧各有一条，是输送卵子的管道，也是精卵结合以及早期胚胎发育的地方。

（3）子宫 包括两个子宫角、一个子宫体、一个子宫颈，是胚胎发育和胎儿生长的地方。

（4）阴道 是母羊的交配器官和胎儿娩出的通道。

第二节 山羊的繁殖现象与规律

一 初情期、性成熟和初配年龄

1. 初情期

当公羊生长发育到一定的年龄时开始出现性行为，如爬跨，能排出成熟精子。母羊开始出现发情和排卵时，为羊的初情期，是性成熟的初级阶段。初情期以前，母羊的生殖道和卵巢增长较慢。初情期以后，随着第一次发情和排卵，生殖器官的大小和重量迅速增长，性机能也随之发育，此时公、母羔羊已出现第二性征，能产生成熟的生殖细胞（精子或卵子）。初情期的早迟是由不同品种、气候、营养因素引起的。一般表现为体形小的品种羊早于体形大的品种羊，南方品种羊早于北方品种羊，热带的羊早于寒带或温带的羊，营养良好的羊早于营养不足的羊。我国山羊的初情期，一般在3～6月龄。

2. 性成熟

进入初情期的母羊，其生殖系统迅速生长发育，待其生殖机能发育基本完全，并开始具备正常繁殖能力时，即转入羊的性成熟期。即公羊能产生正常受胎的精液，母羊开始具备周期性发情、排卵，配种亦能正常受胎。

山羊的性成熟，一般在3～8月龄，体重为成年羊体重的40%～60%。虽然性成熟时期羊的生殖器官已发育完全，具备了正常的繁殖能力，但因其个体的生长发育尚未完成，故在性成熟初期母羊一般不宜配种，否则会影响母羊自身极其胎儿的正常发育，影响生产性能发挥和种群品质。

3. 初配年龄

山羊的初配年龄较早，与气候条件、营养状况有很大的关系。南方有些山羊品种5月龄即可进行第一次配种，多为10～12月龄。波尔肉羊性成熟早，母羔6月龄排卵。一般母羊初配为体重达成年羊体重的70%（即成年母羊体重60～75kg，初配母羊体重达42～52.5kg）时。种公羊最好在1.5岁体重达60kg以上时，在满足营养需要的基础上，正式参加配种或采精，过早配种会缩短种公羊的利用年限。

二 发情

山羊发情是指山羊达到性成熟后的一种周期性的性表现。

1. 发情症状

（1）行为表现 大多数母羊有异常行为表现，如鸣叫不安，兴奋活跃；食欲减退，反刍和采食时间明显减少；频繁排尿，并不时地摇摆尾巴；母羊间相互爬跨；接受抚摸按压及其他羊的爬跨，表现静立不动，对人表现温顺。

（2）生殖器官变化 外阴部充血肿胀，由苍白色变为鲜红色，阴唇黏膜红肿；阴道间断地排出鸡蛋清样的黏液，初期较稀薄，后期逐渐变得浑浊黏稠；子宫颈松弛开放；卵泡发育增大，到发情后期排卵。

2. 发情周期

母羊从发情开始到发情结束后，经过一定时间又周而复始地再次重复这一过程，两次发情开始间隔的时间就是羊的发情周期。山羊正常发情周期的范围为12～24天，平均为20～21天。发情周期也有短到8～9天，长到42天的。在羊的每一个发情周期中，发情持续的时间多为24～60h，甚至有长达3～4天的。羊发情持续期平均为30h左右。根据一个周期中生殖器官所发生的形态变化和相应的性欲表现，将发情周期分为四个阶段，即发情前期、发情期、发情后期和间情期。

（1）发情前期 在这个时期，其外部表现为阴户逐渐充血肿大，排尿次数增加而量少。母羊兴奋不安，喜欢接近公羊，但无性欲表现（不接受公羊爬跨）。

（2）发情期 母羊性欲进入高潮，外阴呈现充血肿胀状态，随着时间的增长，充血肿胀程度逐渐加强，到发情盛期达到最高峰；子宫角和子宫体呈充血状态，肌层收缩加强，腺体分泌活动增加；子宫颈管道松弛。母羊接受公羊的追逐和爬跨。

（3）发情后期 发情期过后，即进入发情后期，母羊由发情的性欲激动状态逐渐转入安静状态；子宫颈管道逐渐收缩，腺体分泌活动渐减，黏液分泌量少而黏稠；卵泡破裂，排卵后开始形成黄体。

（4）间情期 指发情后期之后到下次发情前期之间的时间。此时母羊的性欲已完全停止，其精神状态已完全恢复正常。卵巢上的黄体形成，并分泌孕激素。

3. 发情鉴定

准确的山羊发情鉴定是做到适时输精和提高受胎率的重要保证。发情鉴定是指根据山羊发情周期各阶段特点，通过观察、测定等方法确定山羊是否发情、发情阶段的过程。母羊发情鉴定方法如下：

（1）外部观察 直接观察母羊的行为、症状和生殖器官的变化来判断其是否发情，这是鉴定母羊是否发情最基本、最常用的方法。

（2）阴道检查 用开膣器插入母羊阴道，检查生殖器官的变化，如阴道黏膜的颜色潮红充血、黏液增多、子宫颈松弛等，通过这些可以判定母羊已发情。

（3）公羊试情 选择体格健壮、无疫病，年龄2~5周岁的公羊作试情公羊，在试情公羊腰部绑好试情布，试情布一般宽35cm、长40cm，在其四角扎上带子，系在试情公羊腹部，将公羊阴茎兜住，也可以做输精管结扎或阴茎移位术，防止试情公羊偷配母羊。试情公羊应单圈喂养，除试情外不得和母羊在一起。试情公羊要给予良好的饲养条件，保持其健康活泼。对试情公羊每隔5~6天进行排精或本交一次，以促其旺盛的性欲。

试情公羊与母羊的比例以1:（40~50）为宜。当试情公羊进入母羊群后，工作人员不要轰喊，只能适当驱动母羊群，使母羊不要拥挤在一起。发现有站立不动并接近公羊或接受公羊爬跨的母羊，即为发情母羊，应迅速挑出。初产母羊发情不明显，应认真试情，仔细观察。

通过发情鉴定，及时发现发情母羊和判定发情程度，并在母羊排卵受孕的最佳时期输精或交配，以提高羊群的配种率。

三 妊娠

母羊自发情接受输精或交配后，从怀孕到分娩的整个时期为妊娠期。妊娠期间，母羊的全身状态特别是生殖器官相应地发生一些生理变化。妊娠母羊新陈代谢旺盛，食欲增强，消化能力提高，毛色光润、膘肥体壮。因胎儿的生长和母体自身重量的增加，怀孕母羊的体重也明显上升。

母羊的妊娠期长短因品种、营养及产羔类型等因素影响有所变化。山羊妊娠期正常范围为145～156天，平均为150天。

四 分娩

妊娠母羊将发育成熟的胎儿和胎盘从子宫中排出体外的生理过程就是分娩或叫产羔。母山羊分娩前，在生理和形态上发生一系列变化，根据这些变化的全面观察，往往可以大致预测分娩时间，以便做好助产的准备。

1. 分娩预兆

母山羊的乳房在分娩前迅速发育，腺体充实，有的母山羊在乳房底部出现水肿。临近分娩时，可以从乳头中挤出少量清亮胶状液体或挤出少量的初乳，有的出现漏乳现象。分娩前几天，乳头增大变粗，但营养不良的母羊，乳头变化不很明显。

母山羊的外阴部在临近分娩前几天，阴唇逐渐柔软、肿胀、增大，阴唇皮肤上的皱襞展开，皮肤稍变红。阴道黏膜潮红，黏液由浓厚黏稠变为稀薄滑润。母山羊在分娩前骨盆韧带松弛，怀孕末期在尾根及后部两旁可见到明显的凹陷，手摸如同面团状，行走时可见明显的颤动，这是临产前的一个典型征兆。母山羊在分娩前的行动表现也发生变化，分娩前6～12h，离群独立，常在墙角用两前肢轮回刨地，有的母山羊还发出呻吟声，食欲减少，目光迟钝，站立不动，时起时卧。

2. 分娩过程

母山羊在一昼夜各时间都能产羔，但在上午9：00～12：00或下午3：00～6：00产羔稍多。母羊的分娩过程，可分为三个阶段（图4-3）：

（1）开口期 一般平均1～1.5h。此期母羊内分泌机能发生变化，黄体激素减少，催产素分泌。母羊表现不安和阵痛，子宫发生微弱的长间歇性收缩，将胎儿推入子宫颈。

（2）产出期 一般为0.5～1h，母羊不安加剧，时卧时起，背弓努责，子宫、腹壁和羊隔膜发生强烈收缩，收缩时间长间歇时间短。经多次努责后，胎囊由阴门露出。数分钟后羊膜破裂，然后胎儿前肢和头都露出，再经过强烈努责将胎儿排出。若是双胎，第二个胎儿在第一个胎儿排出后20～30min排出。

图4-3 山羊分娩过程

（3）胎衣排出期 胎衣在胎儿娩出后2～4h排出，随后子宫很快复原。

第三节 山羊配种与人工授精

羊的配种方式主要有三种：自然交配、人工辅助配种和人工授精。

一 自然交配与人工辅助配种

1. 自然交配

自然交配，是最原始的配种方法，即将公羊和母羊混养，母羊发情后，公羊自由配种。其特点是节省人力，不需要任何设备，只要按一定公、母比例，将公羊和母羊同群放牧饲养，一般公母比为1:(15～20)，最多为1:30，受胎率是相当高的，对居住分散的南方家庭小规模养羊场很适合。

缺点：方法原始，公、母羊混群放牧饲养，配种发情季节，性欲旺盛的公羊经常追逐母羊，影响羊只采食和抓膘。1头公羊负担15～30只母羊，公羊需求量相对较大，不能充分发挥优秀种公羊的作用。无法控制交配次数，降低配种质量，也会缩短公羊的利用年限；公、母羊混杂，影响选种选配，易造成近亲交配和早配，羊群质量下降或退化；无法确定配种日期，给产羔管理造成困难，易造成意外伤害和怀孕母羊流产；同时产羔期长，羔羊年龄大小不一致，不便管理；易传播疾病。

2. 人工辅助配种

人工辅助配种，就是平时将公、母羊分开饲养，当母羊发情时，在人为辅助下，让公、母羊进行交配，等交配完毕，即将公、母羊分开。采用这种方法，要准确掌握母羊的发情期，以保证配种不失时机。该方法有利于提高羔羊的成活率，同时有利于保持种公羊的性欲与合理安排配种次数，延长种羊的使用年限；有利于保持种公羊的身体健康，避免疾病的传播。

（1）配种前的准备 第一，在公、母羊交配之前进行全面检查，凡患有疥癣及其他生殖道疾病的羊，要隔离治疗，待痊愈后再视具体情况确定配种与否。第二，要根据山羊选种选配的要求编制配种计划，防止近亲交配，有计划地使用优良公羊。第三，搞好清洁卫生，彻底消毒，严防疾病传播。第四，检查母羊的发情状况，准确进行发情鉴定。第五，加强配种公、母羊的营养，要注意补喂蛋白质饲料和含维生素丰富的青绿饲料。第六，准备好各种登记表格，详细做好配种产羔记录。

（2）配种程序 首先鉴定母羊发情，然后将发情良好、适宜配种的母羊，牵至公羊圈中。发情盛期的母羊一般会主动靠近公羊，接受配种。如果公羊频频爬跨母羊，而母羊仍不接受交配，可能是母羊处于发情初期或发情已过。交配之后，公、母羊均需安静休息。同时将配种日期、所用公羊品种、编号等及时登记在母羊配种卡片上，并推算出预产期。

二 人工授精技术

人工授精就是用器械采集公羊精液，检查品质，再用器械将合格精液输入发情母羊体内，以代替自然交配的一种配种方法，包括采集精液、品质检查、稀释（保存）、发情鉴定、输精、妊娠诊断等一系列技术。

采用人工授精技术，一只优秀公羊在一个繁殖季节里可配300～500只母羊，甚至可达1000只以上，对羊群的遗传改良起着非常重要的作用。

1. 建立人工授精站

（1）人工授精站的地点选择 人工授精站应建在母羊相对集中、交通方便、没有传染病史、有水源的地方。人工授精站的房舍应建有：采精室（8～12m^2）、精液处理室（8～12m^2）、输精室（20m^2，如果配种母羊只数不多，采精室可与输精室合用）、种公羊圈、饲料库和工作人员休息室，还应在输精室门外设置待配母羊圈和已配母羊圈。采精室和输精室要求地面平整，光线充足，室内应有1～2个输精架。精液处理室要求屋顶、墙壁、地面平整，室温应保持在20℃左右。种公羊圈要求地势高燥，每只种公羊占有面积为2.5～3m^2，并配有10～15m^2的运动场（图4-4）。

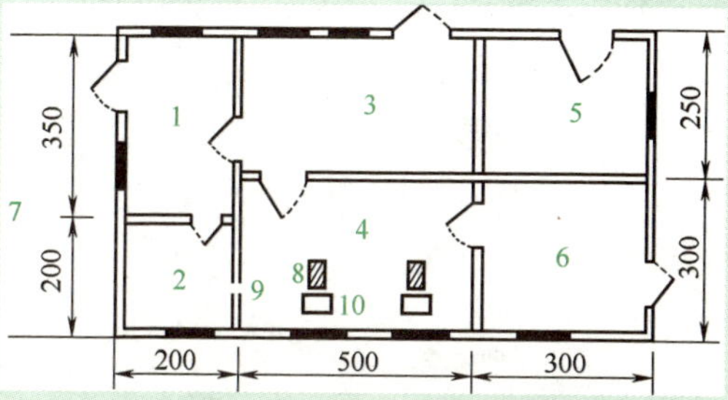

图 4-4　山羊人工授精站平面图（单位：cm）
1—输精室　2—精液处理室　3—待配母羊圈　4—采精室
5—精液储存室　6—公羊休息室　7—已配母羊圈
8—台羊架　9—递精窗户　10—采精架

母羊群相对分散的地方可设输精点，把点设在乡、镇兽医站也可以，不论是用摩托车还是乘公共汽车取或送精液，山区最远点距人工授精站 20～30km，平川可远到 50km 以外。

（2）必备的器材和药品（表 4-1）

表 4-1　人工授精器材和药品

器材药品名称	规　　格	单　　位	数　　量
显微镜	400 倍	架	1
药物天平	100g，感量 0.1g	台	1
蒸馏器	小型	套	1
假阴道外壳	羊用	个	4
假阴道内胎	羊用	条	10
假阴道塞子	带气嘴	个	10
金属输精枪	羊用	个	4
集精杯	羊用	个	10
金属开膣器	羊用大、小两种	个	各 2
温度计	0-100℃	支	3
载玻片	0.7mm	盒	2

（续）

器材药品名称	规　　格	单　　位	数　　量
盖玻片	15mm	盒	4
酒精灯	普通型	个	1
玻璃量杯	50mL、100mL	个	各1
广口玻璃瓶	125mL、500mL	个	各4
烧杯	500mL	个	2
铝锅	带蒸笼	个	1
陶瓷盘	20cm×30cm、40cm×50cm	个	各2
长柄镊子	18cm	把	2
剪刀	直头	把	2
吸管	1mL	支	2
玻璃棒	直径0.2cm或0.5cm	支	各3
试管刷	中号、小号	把	各2
药勺	角质	把	2
滤纸	普通型	盒	2
纱布	普通型	kg	1
药棉	脱脂棉	kg	2
试情布	40cm×50cm	个	2
脸盆	搪瓷	个	4
肥皂	普通型	块	5~10
酒精	95%，500mL	瓶	5
氯化钠	分析纯，500g	瓶	1
碳酸氢钠	分析纯，500g	瓶	2
白凡士林	1000g	瓶	1

2. 采精

（1）器械洗涤和消毒　人工授精所用的器械在每次使用前必须消毒，使用后要立即洗涤。新的金属器械要先擦去油渍后洗涤。

器械清洗消毒方法：先用清水冲去残留的精液或灰尘，再用少量洗衣粉洗涤，然后用清水冲去残留的洗衣粉液，最后用蒸馏水冲洗1~2次。采集杯、稀释液、生理盐水棉球、毛巾、纱布、保存运输精液用的玻璃容器需采用高压蒸汽消毒，要求消毒温度达到115℃，维持30min。玻璃棒、温度计、金属镊子需要洗净、干燥后，在使用前1.5h，用75%酒精棉球擦拭消毒。

⚠【注意】人工授精所用的器械在每次使用以后，开膣器需洗涤干净后，先以0.1%新洁尔灭溶液进行消毒，再用0.1‰的高锰酸钾冲洗，后用生理盐水棉球擦拭，再供另一只母羊输精使用。输精器需经高压蒸汽消毒。当连续为数只母羊输精时，每使用一次，输精器的前段需要用75%酒精棉球由前向后擦拭消毒，切忌将酒精挤入到输精器内，待酒精干燥后，再用生理盐水棉球擦拭后，方可用于另一只母羊的输精使用。

（2）采精的准备 目前常采用假阴道法采精。采精前，应先要做好以下准备工作。

1）假阴道的安装、洗涤和消毒。先把假阴道内胎（光面向里）放在外壳里边，把长出的部分（两头相等）反转套在外壳上。固定好的内胎松紧适中、匀称、平正、不起皱折和扭转。装好以后，在洗衣粉水中，用刷子刷去粘在内胎外壳上的污物，再用清水冲去洗衣粉液，最后用蒸馏水冲洗内胎1~2次，自然干燥。在采精前1.5h，用75%酒精棉球消毒内胎（先里后外），待用（图4-5）。

图4-5 安装好的假阴道

将消毒过的、酒精完全挥发后的内胎，用生理盐水棉球或稀释液棉球从里到外擦拭，在假阴道一端扣上消毒过并用生理盐水或稀释液冲洗后甩干的集精瓶（当室温低于25℃时，集精瓶夹层内要注入30~35℃温水）。在外壳中部注水孔注入150mL左右的50~55℃温水，拧上气嘴，套上双连球打气，使假阴道的采精口形成三角形，并好气嘴。最后把消毒好的温度计插入假阴道内测温，温度以39~42℃为宜，在假阴道内胎的前1/4部位涂抹少许稀释液或生理盐水作润滑剂。

2）种公羊准备。应在配种前1～1.5个月开始调整种公羊的营养需要，即由非配种期的营养水平过渡到配种期的营养水平。成年公羊要在正式配种前进行采精，目的是排除睾丸中长期积存下来的衰老和死亡的精子和检查公羊精液品质。根据检查结果，适当调整种公羊的饲养管理。对初次参加配种的公羊，要进行采精训练。一般200～300只母羊要配备3～4只试情公羊。试情公羊应选择体格强壮，性欲旺盛，年龄在2～4岁的公羊。

刺激采精措施：将不会爬跨的公羊和若干只发情母羊关在一起过几夜，或与母羊混群饲养几天后公羊便开始爬跨；在其他公羊配种或采精时，让被调教公羊站在一旁观看，然后诱导它爬跨；在调教期每日定时按摩睾丸10～15min，或用冷水湿布擦睾丸，经几天后则会提高公羊性欲；对性欲差的公羊，隔日每只注射丙睾丸素1～2mL，连续注射3次后可使公羊爬跨；将发情母羊阴道黏液或尿液涂在公羊鼻端，可刺激公羊性欲或用发情母羊作台羊。

（3）采精

1）采精方法。选择发情好的健康母羊作台羊，后躯应擦干净，头部固定在采精架上。训练好的公羊，可不用发情母羊作台羊，还可用公羊作台羊、用假台羊等都能采出精液来。在采精前，用湿抹布将种公羊包皮周围擦干净。

采精技术要点：采精员蹲在台羊右侧后方（根据个人习惯），右手握假阴道，气嘴向下，靠在台羊臀部，假阴道和地面约呈35°角。当公羊爬跨、伸出阴茎时，左手轻托阴茎包皮，迅速地将阴茎导入假阴道内。

公羊射精动作很快，发现抬头、挺腰、前冲时，表示射精完毕，全过程只有几秒钟。随着公羊从台羊身上滑下时，将假阴道取下，立即使集精瓶的一端向下竖立，打开气嘴，放气取下集精瓶（不要让假阴道内的水流入精液，外壳有水要擦干），送操作室检查。采精时，精神必须高度集中，动作敏捷，做到稳、准、快。

2）采精频率。种公羊每天可采精1～2次，采3～5天，休息1天。必要时每天采3～4次。一次采精后，让公羊休息2h后，再进行第二次采精。

3. 精液品质检查

采出的精液要检查色泽、气味、云雾状、射精量、精子活率和密度等项目。

（1）色泽和射精量 正常精液为乳白色，无味或略带腥味。凡带有腐败味，出现红色、褐色、绿色的精液均不可用于输精。公山羊正常的射精量范围是0.5～2.0mL，平均为1.0mL。

（2）精子活率 在载玻片上滴原精液或稀释后的精液1滴，加盖玻片，在38℃显微镜下检查。精子运行方式有直线前进运动，回旋运动和摆动三种。

精子活率评定方法：以直线前进运动精子的百分率为依据，通常是用十级评分法评定的。大约有80%的精子做直线前进运动的评为0.8，有60%精子做直线前进运动的为0.6，依次类推。山羊原精液活率一般可达0.8以上。在检查（评定）精子活率时，要多看几个视野，并上下扭动显微镜细螺旋，观察上、中、下三层液层的精子运动情况，才能较精确地评出精子的活率。

（3）密度检查

1）估测法。在检查精子活率的同时进行精子密度的估测。在显微镜下根据精子稠密程度的不同，将精子密度评为“密”“中”“稀”三级，“密”级为精子间空隙不足一个精子长度，“中”级为精子间空隙有1～2个精子长度，“稀”级为精子间空隙超过2个精子长度以上（图4-6），“稀”级不可用于输精。

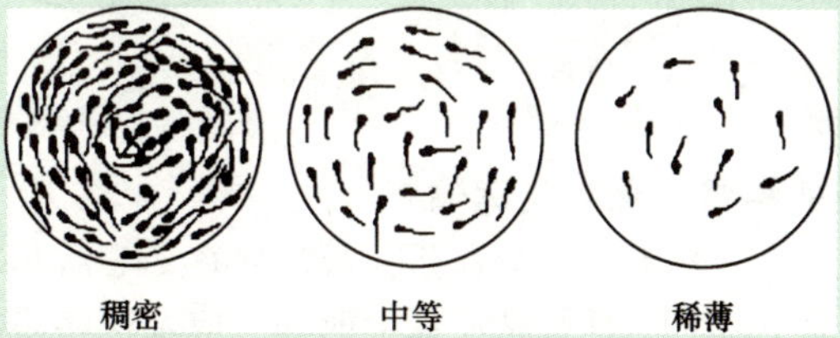

图4-6 精子密度示意图

2）精子计数法。用血细胞计数板较精确地计算出每毫升精液中的精子数，在精液高倍稀释时，要以精子数和精子活率来计算出精液稀释倍数。

精子计数方法：用红细胞吸管取原精液至0.5刻度处，再吸入3%的氯化钠溶液至101刻度处，将原精液稀释200多倍。以拇指及食指分别按住吸管的两端摇匀，挤去吸管前数滴，将吸管尖端放在计数板与盖玻片之间的空隙边缘，使吸管中的精液流入计数板（高0.1mm），充满其中。计数板中央用刻线分成25个正方形大格，共由400个小方格组成，面积为$1mm^2$（图4-7）。在200倍、400倍显微镜下数出五个大方格（四角各一个，再加中央一个大方格，共80个小方格）内的精子数。

计算时以精子头部为准，位于大方格四边线条上的精子，只数相邻两边的精子，避免重复（图4-8）。数出五个大方格的精子总数后加7个零，即为1mL原精液的精子数。每毫升精液中所含精子数为10亿~50亿，平均为30亿。

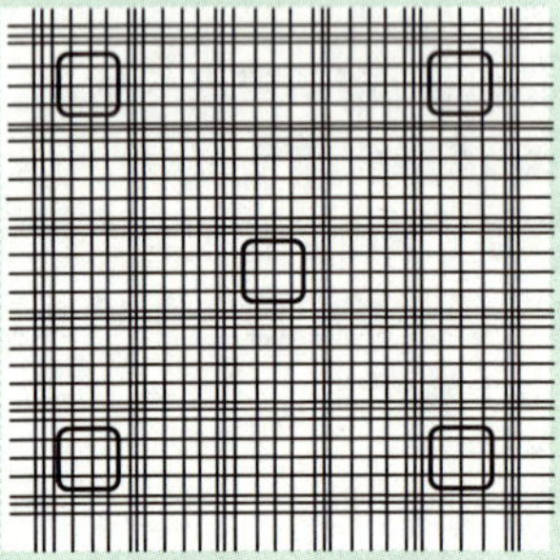

图4-7 血细胞计数板的计算方格

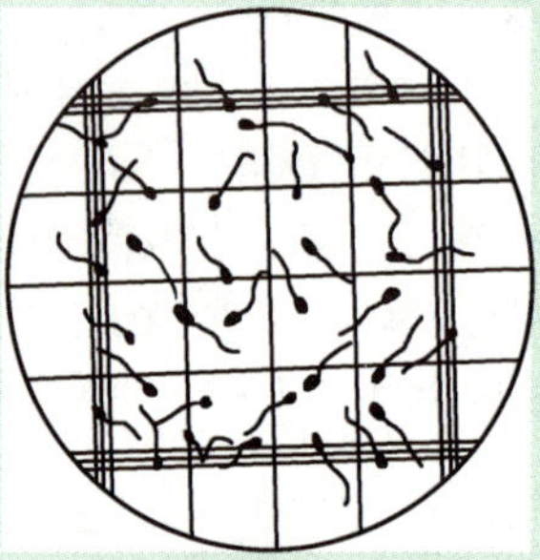

图4-8 计算精子的顺序和方法

4. 精液的稀释、保存与运输

羊的精子在体外不能长久存活，低温保存24h后其精子活力与受精能力显著下降。为延长精液保存时间，应及时将采得的精液用良好的稀释液进行稀释。

（1）精液稀释配方与配制 精液低倍稀释液：在精液采出后，当原精液数量不够时，可作低倍稀释，并在短时间内使用，稀释液可用生理盐水、奶类稀释液等。奶类稀释液是用山羊奶，92～95℃水浴消毒15min，冷却去奶皮后即可使用。凡用于高倍稀释精液的稀释液，都可作低倍稀释用。

精液高倍稀释液配方：

【配方1】葡萄糖3g，柠檬酸钠1.4g，EDTA（乙二胺四乙酸二钠）0.4g，加蒸馏水至100mL，溶解后水浴煮沸消毒20min，冷却后加青霉素10万单位，链霉素0.1g，若再加10～20mL卵黄，可延长精子存活时间。

【配方2】葡萄糖5.2g，乳糖2.0g，柠檬酸钠0.3g，三基（Tris）0.05g，蒸馏水100mL，溶解后煮沸消毒20min，冷却后加庆大霉素1万单位，卵黄5mL。

（2）精液稀释 原精液活率在0.6以上的方可用于稀释输精。根据精液保存时间的要求，选择合适的稀释液；根据精液密度和计划输精母羊数，确定稀释倍数，一般以2～4倍为宜。稀释前要把稀释液加温到30℃，先吸入少量稀释液，清洗内壁，弃去后再正式吸入需要量的稀释液，然后缓慢加入原精液中，轻轻摇匀后即可保存使用。

（3）精液保存 将稀释后的精液装入小瓶，盖好盖，用蜡封口，包裹纱布，套上塑料袋，放在装有冰块的保温瓶（或冰箱）中保存，保存温度为0～5℃。同时应在包装上做好记录，如公羊品种编号、采精日期、精液剂量、稀释液种类、稀释倍数、精子活率、精子密度等。

（4）精液运输 在将精液运送至输精现场的途中，要继续维持低温，注意避光，尽量减少振荡和碰撞。若用摩托车送精液，要把精液箱（或保温瓶）放在背包中，背在身上。若乘汽车送精液，最好把它抱在身上。运输包装应严密、防潮。

精液运输的技术措施有以下几种：

1）输精点每日所需精液，应定时由人工授精站取送。

2）人工授精站将所采出的精液，经精液品质检查合格后应迅速稀释、包装、降温发送出去。如果就近发送并立即用于输精时，可不做稀释和降温。

3）精液瓶应切实做好标记，注明种公羊号、采精时间、精液量及其活率评定等级。

4）运送精液的保温瓶应放入冰块，使精液温度保持在2~5℃。

5）精液瓶需用纱布或棉套包裹，使精液温度缓慢下降，并稳妥安置于保温瓶内。

6）精液在运输过程中，严防剧烈振荡，并尽可能缩短途中运输时间。

7）精液送达输精点，当输精时再从保温瓶中取出，在室温下使精液温度升至18~25℃，然后放入35~37℃温水中升温。

8）经运输和保存的精液，需再经精液品质检查合格后，方能用于输精。

5. 输精

输精是在母羊发情期的适当时期，用输精器械将精液送进母羊生殖道的操作过程，它是人工授精的最后一个技术环节，也是保证较高配怀率的关键。输精的准备工作和步骤如下：

（1）母羊的准备 要接受输精的母羊，均应进行发情鉴定，以确定最适的输精时间。母羊的适宜输精时间是发情后12~36h。同时对母羊要实施一定的保定。羊较温驯，易于保定。这里介绍一种无须输精架的倒立保定法，它没有场地限制，任何地方都可输精。保定人将母羊头夹紧在两腿之间，两手抓住母羊后腿，将其提到腹部，保定好不让羊动，母羊成倒立状。用温水抹布把母羊外阴部擦干净，即待输精。

（2）精液的准备 常温或低温保存的精液，需要将其升温到35℃左右，并再次镜检活力和精液品质，符合要求后才装入输精管内输精。

（3）输精方法 将经消毒后在0.9%氯化钠溶液浸涮过的开膣器装上照明灯（图4-9），轻缓地插入阴道，打开阴道，找到子宫颈口，将吸有精液的输精器通过开膣器插入子宫颈口内，深度约1cm。稍退开膣器，输入精液，先把输精器退出，后退出开膣器。进行下只羊输精时，把开膣器放在清水中，用布擦去粘在上面的阴道黏液和污物，擦干后再在0.9%氯化钠溶液中浸涮过；用生理盐水棉球或稀释液棉球，将输精器上粘的黏液、污物自口向后擦去。

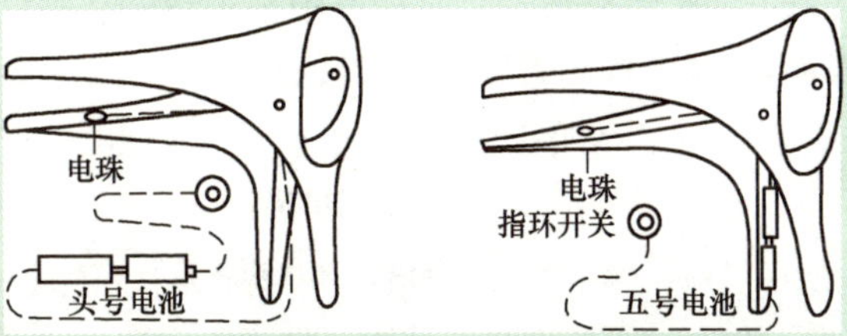

图 4-9　羊人工授精自动照明装置图

（4）输精时间　羊的发情持续时间为 24 ~ 48h。排卵时间一般多在发情后期的 30 ~ 40h。因此，比较适宜的输精时间应在发情中期后（即发情后 12 ~ 36h）。如果以母羊外部表现来确定母羊发情的，若上午开始发情的母羊，在下午与第二天上午各输精 1 次；下午和傍晚开始发情的母羊，在第二天上、下午各输精 1 次。每天早晨出现 1 次试情的，可在上、下午各输精 1 次。2 次输精间隔以 8 ~ 10h 为好，至少不能低于 6h。若每天早、晚各 1 次试情的，其输精时间与以母羊外部表现来确定母羊发情相同。如果母羊继续发情，可再行输精 1 次。

（5）输精剂量　一般为 0.05 ~ 0.1mL，高倍（3 ~ 4 倍）稀释的精液应适当加大输精量。输精的有效精子数应保证在 0.5 亿以上。如果是冻精，剂量应适当增加，有效精子数应保证在 0.6 亿以上。

（6）输精部位　主要有阴道输精法、子宫颈输精法和子宫内输精法 3 种。

1）阴道输精法。阴道输精法是将精液注入阴道内，一般用于阴道狭窄的处女母羊。

2）子宫颈输精法。使精液输入子宫颈内 0.5 ~ 1cm。南方本地羊由于个体较小，应用现行的开膣器对母羊阴道的损伤较大，凭直觉很难直接把精液输入子宫颈。目前主要推广的是通过倒提式阴道输精法来解决这一问题，这种方法的关键就是要适当延长倒提的时间，以确保一定数量的精子能顺利到达受精部位。

3）子宫内输精法。借助腹腔镜或外科手术可进行子宫内输精，能将精液直接注入子宫角内。

（7）人工授精记录 在人工授精中，应做好种公羊的精液品质检查记录和母羊的配种繁殖记录工作。种公羊精液品质检查及利用记录表见表4-2，母羊配种繁殖记录表见表4-3。

表4-2 种公羊精液品质检查及利用记录

品种： 公羊号： 使用单位： 年：

采精		采精量/mL	原精液				稀释液种类	稀释精液		授精量/mL	授精母羊只数	备注
时间	次数		射精量	色泽	密度	活力		倍数	活力			

表4-3 母羊配种繁殖记录

场（户）别：

编号	第一情期		第二情期		第三情期		产羔						父号
	种公羊号	日期	种公羊号	日期	种公羊号	日期	羔羊号	性别	羔羊号	性别	羔羊号	性别	

第四节 产羔与哺乳

一 产羔前的准备工作

（1）圈舍的准备 产羔前10～15天，应在羊舍内开辟专用的分娩栏（每只母羊$2m^2$）或专门的产房，要求产房向阳、避风、干燥、空气新鲜，温度最好保持在10℃左右。先将产房打扫干净，墙壁和地面用5%的烧碱溶液或2%～3%的来苏儿喷洒消毒。产羔处要铺垫短、软、洁净的褥草（要消毒），长草容易绊缠羊腿，易发生压死羔羊等事故。产房要干燥，潮湿的产房容易出现各种问题。

（2）饲草、饲料的准备 根据母羊的饲养数量及预计产羔数量，准备足够的质量较好的饲草、精饲料及舔食砖，满足母羊产后带仔的营养需要及羔羊补饲需要。

（3）器械药品的准备 在产羔前应将产羔时所需的电筒、电灯、料槽、肥皂、毛巾、剪刀、消毒剂、碘酒等准备齐全。

（4）接羔人员的准备 接羔是一项繁重而细致的工作，因此每群产羔母羊除主管牧工以外，还必须配备一定数量的辅助劳动力。

二 接羔技术

1. 临产母羊的特征

首先应当根据繁殖母羊的配种记录，母羊临产前（妊娠145天左右）要进入产房。对于没有配种记录的母羊，要注意观察，根据临产母羊的特征，及时将临产母羊留圈待产。母羊临产前，因阵痛而表现为起卧不安，乳房充奶膨大，乳头露出，外阴红肿、松弛、有时流出黏稠液，肷窝下陷，排尿次数多，时不时回顾腹部，行动困难。

2. 产羔过程及接羔技术

母山羊在一昼夜各时间都能产羔，但在上午9：00～12：00或下午3：00～6：00产羔稍多。母羊的分娩过程，可分开口期、产出期和胎衣排出期三个阶段。

若遇瘦弱母羊，收缩力不强时，当胎儿嘴已出阴户后，可用手捏住羔羊的两前肢，趁母羊努责顺势向下拉；若遇胎儿一前肢伸出，另一前肢弯向胎儿腹部，颈部或背部挡住阴道时，可将胎儿推回产道，恢复正常后方能产出。新生羔羊的脐带会自然扯断，有时脐带不断，可用手拧断，再用碘酒涂抹或浸泡处理，以免各种致病微生物通过脐带进入羔羊体内引起感染。脐带过长有拖地现象的，应在距羔羊腹部5～10cm处切断脐带，用外科缝合线结扎，再用碘酒浸泡一下，可防止病菌感染，还可使脐带迅速干燥。

羊的胎盘通常在分娩后2～4h内排除。胎盘排除的时间一般需要0.5～8h，但不能超过12h，否则会引起子宫炎等一系列疾病。分娩后7～10天内常有恶露排出。若胎衣、恶露排出异常，要及时请兽医诊治。胎衣排出后要及时清除，以免被母羊吃掉。

三 常见难产原因与处理

母山羊的难产原因有产力性难产、产道性难产和胎儿性难产三种。前两种是由于母山羊反常引起的，多见于阵缩和努责微弱与产道狭窄；后一种是由于胎儿反常引起的，多见于胎儿过大、双胎难产、畸形胎及胎儿姿势位置方向不正。在以上三种难产情况中以胎儿性难产最为多见。由于山羊胎羔的头颈和四肢较长，容易发生姿势不正现象，其中主要是胎头姿势反常。初产母山羊因骨盆狭窄，胎羔过大常出现难产。

在母山羊破水后20min左右，母山羊不努责，胎膜未出来时就应助产。助产前应查明难产情况，重点检查母山羊的产道是否干燥、有无水肿或狭窄、子宫颈开张程度等。检查胎儿是否正生、倒生以及姿势、胎位、胎向的变化，而且要判断胎儿的死活等。这对助产方法的选定具有重要的作用。

助产方法：主要是强行拉出胎儿。助产员应先将手的指甲剪短磨光，洗净手臂，并消毒，涂上润滑油。使母羊呈前低后高姿势，将胎儿的反常部位处在上方，避免因受母羊自身压迫而影响助产。当胎儿过大时，助产员先将母山羊阴门撑开，把胎羔的两前肢拉出来再送进去，重复3~4次，然后一手拉前肢，一手扶胎羔头，随着母山羊的努责，慢慢向后下方拉出。拉时不要用力过猛，也可将两手指伸入母山羊肛门内，隔着直肠壁顶住胎儿的头部与子宫阵缩配合拉出，只要不伤及产道，都可达到助产的目的。如果体重过大的胎羔兼有胎位不正时，应先将母山羊身体后部用草垫高，将胎羔露出部分推回，伸手入产道摸清胎位，予以纠正后再拉出。

助产时要避免产道的感染和损伤，特别是使用器械时尤应小心。当母山羊横卧保定时，须尽量将胎儿的异常部分向上，以利操作。助产后，为预防感染和促进子宫收缩、排出胎衣，除注射抗生素药物外，还应注射催产药物。如注射催产素10~20单位等。对于胎儿过大、子宫颈或骨盆腔狭窄，尤其是胎儿尚活着的时候，应及时实施剖宫产手术，争取使母仔存活。

四 产羔母羊及羔羊的护理

1. 产羔母羊护理

产后1h左右应给母羊饮1L左右拌有麦麸、食盐的温水，3天内喂给质量好、易消化的饲料，减少精饲料喂量，以后可逐渐改喂正常的日粮。产后母羊应供给温水，温水中最好加进少量麸皮和食盐。当母羊数量多、产羔量大时，应做好母仔记号，便于管理，对产双羔或者产后母羊缺奶水的羔羊要及时人工哺乳或尽快配认义母寄养，防止因缺奶而饿死。

2. 羔羊护理

羔羊产出后，应迅速把口、鼻、耳内的黏液擦净，羔羊身上的黏液最好让母羊舔净，以便母仔相认，对恋羔性差的母羊，可将羔羊身上的黏液涂在母羊嘴上，引诱它舔。如果母羊不舔或天气寒冷，应迅速把羔羊擦干，以免受凉。若因分娩时间长，羔羊出现“假死”现象，可提起羔羊两后肢，使羔羊悬空，同时拍打其背部、胸部，使羔羊复苏，也可以使羔羊平卧，用两手有节律地推压羔羊的胸部两侧，使其复苏。若因受凉而死，要迅速实行温水浴，水温由38℃开始，逐渐上升到45℃，水浴20～30min，注意切忌呛水，同时进行人工呼吸，浴后擦干身体。

羔羊产下后10～40min便可以站立起来，此时应尽早让羔羊吃到初乳。用剪刀剪去母羊乳房周围的长毛，然后用温热消毒水清洗乳房，擦干，挤出最初的几滴乳汁，帮助羔羊及早吃到初乳。总之，在整个产羔期间，要注意防止羔羊冻、饿、饱胀、压和疾痛等现象，确保产羔正常进行。

第五节 繁殖新技术的应用

一 同期发情技术

同期发情又称同步发情，就是采用激素或类激素的药物处理，使这一群母山羊在特定的时间里集中发情和排卵，以便有计划地合理地组织配种，配种、妊娠和分娩等过程相对集中，有利于合理组织生产，节约费用，也是胚胎移植技术中的一项关键技术。

常用的方法有施用孕激素法和肌内注射前列腺素法两种方法；由于人工合成激素的研究进展，一些研究者开始试用如维生素A、维生素D、维生素E与促卵泡激素、三合激素等的同期发情效果。

1. 孕激素法

这是目前羊只同期发情的一个主要方法，向母畜同时施用孕激素，如孕酮、甲孕酮、甲地孕酮、炔诺酮、氯地孕酮、氟孕酮、18甲基炔诺酮等，它们在血液中保持一定水平，抑制卵泡的发育和发情，经过一定时期同时停药，随之引起同期发情。药物种类及参考用量一般为甲孕酮 40～60mg，甲地孕酮 40～50mg，18 甲基炔诺酮 30～40mg，氯地孕酮 20～30mg，氯孕酮 30～60mg，孕酮 150～300mg。

孕激素类用药方式，孕激素可通过阴道海绵栓、CIDR（孕酮阴道栓）、饲喂、耳下埋植及肌内注射等几种方式给药。

（1）阴道栓使用的方法步骤

1）放栓。准备好放栓用导管。导管质地是有机玻璃或 PVC 管，外围直径 2～3cm，同时准备一根推杆（图 4-10）。将工具浸泡在消毒液中，彻底消毒。将海绵浸以孕激素制剂溶液（与植物油相混），置于导管斜口宽面，细线位于另一端，用推杆推入斜口外，细线留在管外。导管连同推杆向阴道上壁倾斜 20°角（避免塞进尿道），塞至子宫颈外口处，深度为 10～15cm。对母羊应有人保定，放栓时母羊自然站立，羊努责时不能强行塞进，防止损伤阴道壁。先小心退出导管，再退出推杆，将细线引至阴门外，外露长度为 5～8cm。可往外小心牵引一下细线，确保栓在阴道内（图 4-11）。导管连同推杆消毒后，才可对第二只母羊放栓。处女母羊阴道狭窄，应用导管有困难，可以改用消毒的长柄钳，或直接用手指将阴道栓放入。

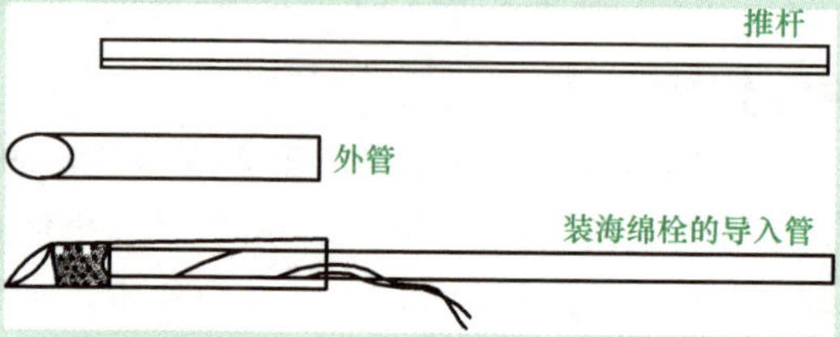

图 4-10　阴道栓导管与推杆

2）取栓。栓放置 14～16 天后取出。捏住细线，缓缓向后拉，直至取出阴道栓。取栓时，如果阴道内有异味黏液流出，属正常情况。如果有血、脓，则说明阴道有破损或感染，应立即用抗生素处理。阴道栓一般很少脱失。取栓时，阴门外不见有细线，可以借助开膣器观察，确保阴道内的栓取出。阴道栓取出后，不能随地乱扔，应收集后集中焚烧。

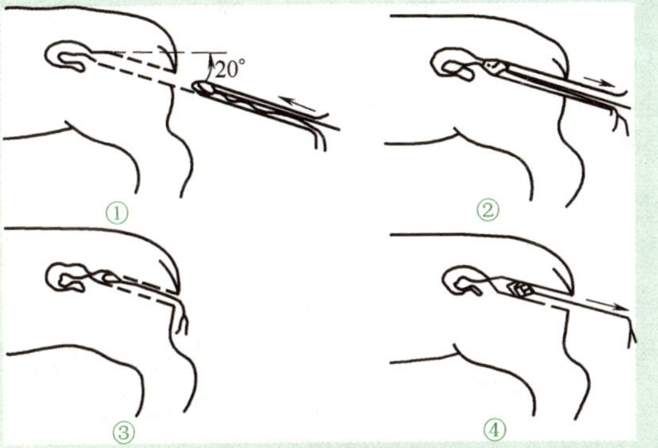

图 4-11　放置阴道栓示意图

① 用导管将阴道栓放置阴道内　② 退出导管

③ 将阴道栓细线引至阴门外　④ 取栓

（2）CIDR　CIDR 是近年来出现的一种新的同期发情器具，主要成分是硅胶制品，含有 12% 的孕酮，目前在牛的同期发情中使用较多。具有阴道海绵栓同样的效果。

（3）耳下埋植　是将孕酮借助相应器具埋植在山羊的耳皮下，达到不断释放孕酮、控制山羊发情周期的效果。使用方法与牛相似，一般需要埋植 12 天。

（4）孕酮饲喂法　是每天每只羊饲喂氟孕酮 6 ~ 8mg，以控制山羊发情周期，达到与阴道海绵栓同样的效果。但此方法费时费力，使用孕酮的量大，投入成本较高。

2. 前列腺素法

利用前列腺素使黄体溶解，中断黄体期，从而提前进入卵泡期，使发情提前到来的原理，具体方法如下：即直接按山羊适用剂量肌内注射前列腺素，每只每天 2 次。前列腺素只对卵巢上存在黄体的母羊有效。一般在发情后的 10 ~ 15 天，在每只羊颈部肌内注射 2mL 含 0. 2mg 的氯前列烯醇制剂，1 ~ 5 天内可获得 90% 以上的同期发情率。现在常用两次处理，第一次处理后，表现发情的母羊不予配种，经 10 ~ 12 天后，再对全群羊进行第二次处理，这时所有的母羊均处于周期第 5 ~ 18 天之内。故第二次处理后母牛同期发情率显著提高。

前列腺素制剂不同，给药方法不同，其用药剂量也不相同。

现在普遍采用孕激素和前列腺素处理法。先用孕激素处理5~7天或9~10天，停止用药前1~2天注射前列腺素。不论采用什么处理方式，处理结束时配合使用孕马血清促性腺激素，都可提高同期发情率和受胎率。

3. 三合激素法

三合激素是由上海第九制药厂和沈阳市中华制药厂生产的，每支1mL（含丙酸睾丸素25mg，黄体酮12.5mg，苯甲酸雌二醇1.5mg）。利用三合激素诱导母羊同期发情效果比较好，是目前一种比较理想的短期处理法的外源激素。其方法简单，操作方便，省事省时，成本比较低，易在农村推广，对加速牛的改良有一定价值。肌内注射三合激素虽有发情效果，但受胎率是不理想的，研究表明在发情期注射三合激素，母羊的受胎率和产仔率偏低，应慎重使用。

二 胚胎移植技术

胚胎移植又称受精卵移植，是一种应用于哺乳动物的繁殖技术，是从一头母畜的输卵管或子宫内取出早期的胚胎（受精卵）移植到另一头母畜的输卵管或子宫内，让其“借腹怀胎”继续生长发育的过程就是胚胎移植，简称“胚移”。提供胚胎的畜体称为“供体”，接受胚胎的畜体称为“受体”。

结合超数排卵技术，胚移可以充分发挥优良母牛的繁殖潜力，迅速繁殖优良品种的后代，扩大纯种数量。一般情况下，1只优良成年母羊一年只能繁殖2~3只羔羊，应用胚胎移植技术，一年可得到几只至几十只优良母牛的后代，大大加速了良种羊群的建立和扩大。同时应用胚胎移植还可以减少肉用繁殖母羊的饲养只数，还可以代替种畜的引进和保存品种资源等。

第六节 提高山羊繁殖力措施

繁殖是养羊业生产中的重要环节，只有提高繁殖力才能增加数量和提高质量，获得较好的经济效益。因此，需要采用各种方法和途径来提高羊的繁殖力。

一 加强选配、充分利用多胎品种

羊的繁殖力是有遗传性的，用多胎品种与地方品种羊杂交，是提高繁殖力的最快、最有效和最简便的方法。选择高产优质山羊品种，肉羊如南江黄羊、成都麻羊、波尔山羊、大足黑山羊等，从繁殖力强的母羊后代中选择培育公羊和母羊，对提高产羔率效果较好。公羊要求体形外貌标准、健壮，睾丸发育良好，雄性特征明显，精液品质优良；母羊要求泌乳性能好、母性强，并来自繁殖力强的家系。

二 配种前搞好放牧抓膘和孕前补饲，实行满膘配种

在配种前搞好放牧抓膘和孕前补饲，实行满膘配种，是提高母羊产羔率的重要措施。当母羊营养严重不足时，将影响母畜的排卵、胎儿的发育、胚胎的早期死亡、流产或分娩出弱小羔羊。孕前补饲是指在配种前一个多月对母山羊补充适量的精饲料。许多资料报道孕前补饲不仅使母羊卵细胞发育加快，排卵增多，而且使其发情集中，产羔也集中，相应提高产羔率。编者选择健康、空怀、经产、膘情中等以上的母羊分为两组，比较孕前补饲对山羊繁殖性状的具体影响程度。结果发现补饲组产多羔的母羊比对照组高 4.3%；羔羊死亡率下降了 16.9%；产单羔的初生重差异不显著，双羔的初生重比对照组高 0.14kg，其经济效益明显。

三 加强种羊饲养管理

种公羊的配种能力取决于健壮的体质、充沛的精力和旺盛的性欲。因此应保证蛋白质、维生素、矿物质的充足供给，保持种羊适度的膘情。母羊除四季放牧外必须补饲，特别是在配种季节、妊娠期和哺乳期。条件许可的将秸秆氨化或微贮后喂羊。怀孕母羊后期应就地放牧，放牧中严禁鞭打惊吓，以防跨沟越栏导致流产。

其次是搞好母羊接产和精心饲养羔羊。母羊妊娠期为 150 天左右。临产前 7 天进入产房。产房提前 1 周彻底清扫消毒，铺上垫草，舍温保持 8℃左右。接产所用各种器具应清洗消毒。接产人员要剪短指甲和消毒处理。临产前将母羊的尾根、外阴部及肛门洗净，用 1%来苏儿洗擦消毒，再用布擦干。羔羊产出后要用碘酒涂擦脐带头以

防感染。如果遇胎儿过大或胎位不正要及时矫正胎位，人工助产，确保羔羊顺利产出。如果遇假死羔羊要及时救治。羔羊分娩后1~2h要吃足初乳；7~10天可让羔羊早诱食，并饲喂切碎的青草；15日龄羔羊补喂麦麸、玉米等熟粥；30天后用精饲料、水拌湿生喂；50天后添喂豆饼、骨粉、鱼粉等，供足饮水。

四 调整羊群结构，增加能繁母羊的比例

羊群结构是指各种性别、年龄和用途的羊的数量在羊群中所占的比例。母羊承担着繁育羔羊的重任，提高适龄母羊的比例是提高羊群繁殖力的重要措施。母羊到5岁时达到最佳生育状态，随后生育能力会逐渐降低，到7岁后逐渐会出现一些生育障碍，并由于体况变差，繁活率会大大下降。因此，7岁以后的老龄母羊应逐渐淘汰。

五 激素免疫法提高双羔率

目前我国已由新疆生产出以雄烯二酮为主体的激素抗原免疫型药物，其商品名称为XJC—A型双羔苗。使用方法是在配种前40天，每只羊肌内注射双羔苗2mL，28~30天后再注射一次，用量与第一次相同，再过10天左右即可配种。兰州生药厂生产的油剂只需注射一次即可。

——第五章——

山羊的营养需要与高效饲养管理技术

第一节 山羊的消化特点

一 山羊胃肠结构及其机能特点

羊属于小反刍家畜，具有复胃结构，分为瘤胃、网胃、瓣胃和皱胃四个室。其中，前三个胃总称为前胃，胃壁黏膜无胃腺；皱胃称为真胃，胃壁黏膜有腺体，其功能与单胃动物相同。山羊胃容积达16L左右，瘤胃容积最大，其功能是储藏在较短时间采食的未经充分咀嚼而咽下的大量牧草，待休息时反刍，瘤胃有大量的能够分解消化食物的微生物；瓣胃黏膜形成新月状的瓣页，对食物起机械压榨作用；皱胃可分泌胃液，胃液主要成分是盐酸和胃蛋白酶，可对食物进行化学性消化。

小肠是山羊的主要消化器官，其细长而曲折，长度在17~34m之间，是其体长的25~30倍。当胃内容物进入小肠后，经各种消化液（胰液和肠液等）进行化学性消化，分解的营养物质被小肠吸收，未被消化吸收的食物，经小肠到达大肠。

大肠的直径比小肠小，长度比小肠短，长度在4~13m之间。大肠的主要功能是吸收水分和形成粪便。在小肠没有被消化的食物进入大肠后，在大肠微生物和由小肠带入大肠的各种酶的作用下，继续消化吸收，余下部分排出体外。

二 山羊消化生理特点

1. 反刍

反刍是指反刍草食动物在食物消化前把食团吐出经过再咀嚼和再咽下的活动。反刍是羊的重要消化生理特点，患病、过度疲劳或受外来强烈刺激时，都可导致反刍和瘤胃机能减弱或完全停止。一旦停止反刍，就会引起瘤胃胀气。

羔羊出生后约10天开始出现反刍行为。羔羊在哺乳期，早期补饲容易消化的植物性饲料，能够刺激前胃的发育，可提早出现反刍行为。反刍多发生在采食牧草之后，反刍中也可随时转入吃草；反刍姿势多为侧卧式，少数为站立式；正常情况下反刍时间与放牧采食时间的比值为0.8:1，与舍饲采食时间之比为1.6:1。一般情况下，每次反刍40~60min，有时可达1.5~2h。反刍次数的多少与时间的长短，与当日所食饲料种类相关。

2. 瘤胃微生物

瘤胃对粗纤维的消化能力达65%以上，起主要作用的是瘤胃中大量的微生物。瘤胃内存在大量细菌和原虫，原虫中主要是纤毛虫，其体积较大，是细菌的1000倍。瘤胃是一个复杂的生态系统，反刍家畜摄入大量的草料并将其转化为畜产品，主要靠瘤胃内复杂的消化代谢过程进行。

3. 羔羊消化特点

初生羔羊前三个胃的作用不大，对乳汁的消化吸收主要由第四个胃完成。由于初生羔羊的瘤胃微生物区系尚未形成，还不能像成年羊那样能正常利用大量的粗饲料。初生羔羊不能消化粗纤维，可在出生后7~10天进行诱食训练。

第二节 山羊的营养需要与饲养标准

一 山羊的营养需要与饲料

山羊所需营养物质全靠饲料提供。要获得好的经济效益和生产成绩，就必须给山羊提供全面均衡的营养。山羊需要的营养物质有碳水化合物、蛋白质、脂肪、矿物质、维生素和水。山羊的营养需要包括维持需要和生产需要等。山羊摄入的营养首先满足维持生命的需要，因此只有给山羊提供足够的营养物质，才能获得更好的生产效益。

1. 能量的需要

能量是机体进行各种活动的动力，羊生命过程中的全部机体活动，如维持体温、消化吸收、营养物质的代谢，以及生长、繁殖、泌乳等均需消耗能量才能完成。饲料中的碳水化合物、脂肪和蛋白质均可成为羊的能量来源。

2. 碳水化合物的需要

碳水化合物在山羊营养中具有重要的作用，在山羊日粮中占一半以上。碳水化合物包括可溶性无氮化合物和粗纤维两大类。可溶性无氮化合物包括单糖及其衍生物、寡糖、部分多糖（淀粉、糊精、糖原等）。粗纤维包括部分多糖（纤维素、半纤维素等）、木质素、角质组织等。碳水化合物在山羊瘤胃微生物作用下生成乙酸、丙酸、丁酸、异丁酸等挥发性脂肪酸，这些挥发性脂肪酸是山羊主要的能量来源。

3. 蛋白质的需要

蛋白质是山羊体细胞和羊奶的主要构成成分之一，山羊生命活动所必需的酶、激素、抗体等是蛋白质。由于山羊是反刍动物，瘤胃微生物可以利用饲料中的蛋白质或非蛋白质含氮化合物（如尿素、铵盐）合成各种氨基酸满足自身需要，而山羊通过消化利用菌体蛋白质满足自身需要。优质蛋白质源则需要通过包被等方式，保护蛋白质不被瘤胃细菌分解利用，提高过瘤胃蛋白率。也可在山羊的日粮内添加适量的尿素替代部分饲料蛋白质。当山羊日粮中蛋白质含量在6%～10%时，添加尿素的效果最佳。可按照山羊体重的0.02%～0.05%添加，成年羊按照每日13～18g添加，6月龄以上的羔羊按每日8～12g添加，溶于少量水中与精饲料拌匀后饲喂；也可将尿素加入到青贮饲料或与秸秆混合制成氨化秸秆饲喂。

【注意】 为防止尿素中毒，每日分2～3次饲喂，喂后不可立即饮水，不可和含油脂多的豆饼混合饲喂。

4. 脂肪的需要

脂肪是含能量最高的营养物质，是脂溶性维生素的溶剂和山羊产品的组成部分，是山羊主要的能量储存形式。饲料中的脂肪在山羊瘤胃内经过微生物消化，其质和量发生明显变化。大部分不饱和脂肪酸经微生物作用变成饱和脂肪酸，使必需脂肪酸减少。部分氢化的不饱和脂肪酸发生异构变化。脂肪酸中的甘油被大量转化为挥发性脂肪酸。支链脂肪酸和奇数碳原子脂肪酸增加。由于山羊消化道对脂类的消化损失较小，加之微生物脂类的合成，所以进入十二指肠的脂肪酸总量可能大于摄入量。

5. 矿物质的需要

矿物质是山羊正常生命活动的必需物质，是组成山羊机体组织、细胞、骨骼和体液的重要成分。矿物质参与机体所有的生理代谢过程，可调节体内渗透压和酸碱平衡，是参与三大有机营养物质代谢不可缺少的物质。按照矿物质在山羊体内含量的不同，可分为常量元素（0.01%以上）和微量元素（0.01%以下）两类，常量元素有钙、磷、钠、氯、硫、镁、钾等，微量元素有铁、铜、锰、锌、硒、钴、碘、铬等。

钙、磷参与机体的代谢活动，是骨骼的重要组成部分。若钙、磷缺乏，会出现骨骼发育不良，羔羊出现佝偻病，成年羊出现骨软症或骨质疏松等。

钠、钾、氯主要分布在山羊体液和软组织中，主要用于维持体液酸碱平衡和渗透压正常，调节机体水液平衡。山羊饲料中必须添加0.5%的食盐，对于钾盐不做另行补充。硫是保证瘤胃微生物最佳生长的重要成分，对含硫氨基酸（蛋氨酸和胱氨酸）、维生素 B_{12} 的合成有重要作用。碘是形成甲状腺素不可缺少的元素，参与物质的代谢过程。铁参与形成血红素和肌红蛋白，保证机体组织中氧的运输，植物性饲料可满足山羊对铁的需求。钴是山羊瘤胃微生物合成维生素 B_{12} 的原料，可促进母羊发情，增加公羊精子数。硒是山羊日粮中的必需元素，饲料中硒的含量必须达到0.1mg/kg才能满足山羊的营养需要。铜具有催化红细胞和血红素形成的作用，与羊毛生长关系密切。锰对山羊骨骼发育和繁殖具有一定作用。锌是多种酶的成分，可维持公羊的睾丸正常发育和精子形成，维持羊毛正常生长。

6. 维生素的需要

维生素对山羊的生长发育和繁殖均具有非常重要的影响，可分为脂溶性维生素（如维生素 A、维生素 D、维生素 E、维生素 K）和水溶性维生素（如 B 族维生素和维生素 C）两类。

维生素 A 具有多种生理作用，对山羊的生长、繁殖生理、骨骼发育等具有重要作用，青草、胡萝卜、黄玉米、鲜树叶、青干草内有大量的胡萝卜素，可在小肠内转化为维生素 A；维生素 D 可促进钙、磷吸收，代谢，山羊可通过太阳照射，将机体内的 7-脱氢胆固醇转化为维生素 D；维生素 E 可作为机体的生物催化剂，缺乏时可发生肌肉营养不良疾病，如白肌病和公羊睾丸萎缩，青草内含有丰富的维生素 E。

B 族维生素可作为细胞酶的辅酶，催化碳水化合物、脂肪和蛋白质代谢。瘤胃微生物可合成水溶性维生素（合成维生素 B_{12} 须钴元素不缺乏），羔羊则由于瘤胃微生物没有发育完善，需要在饲料中添加 B 族维生素。

7. 水的需要

水是最重要的营养元素，是山羊正常生理活动和生长的必需物质，亦是山羊组织的主要成分之一，必须有充足的水供应，才能保证山羊的正常生理活动和生长。水的主要功能为调节体温、散热、运输营养物质、促进消化吸收、排泄废物和促进新陈代谢等。若摄入蛋白质和盐类增多，则水的摄入也应增加。山羊夏季饮水量一般为冬季的 10 倍以上，处于妊娠期和哺乳期的羊也需要增加饮水量。

二 常用的山羊饲料原料

饲料可分为八大类，分别为粗饲料、青绿饲料、青贮饲料、能量饲料、蛋白质饲料、矿物质饲料、维生素饲料和饲料添加剂。

1. 粗饲料

粗饲料是指干物质中粗纤维含量在 18% 以上的一类，主要包括干草类、秸秆类、农副产品类以及干物质中粗纤维含量为 18% 以上的糟渣类、树叶类等。因粗纤维含量高，影响各类酶对细胞内容物的作用，所以各营养素消化率低。

干草是青草、栽培青饲料以及植物未结果前的地上部分，经干燥处理而制成的粗饲料。干草的营养价值与植物的种类、生长阶段、干燥方法有关。干草的蛋白质平均含量为7%～20%，粗纤维平均含量为20%～35%，但粗纤维消化率较高。其中矿物质含量丰富，豆科干草中钙的含量较高。

秸秕类，即秸秆和秕壳，是指农作物脱谷、收获籽实后所得的副产品。具有粗纤维含量高，其中木质素含量高，严重影响饲料能量价值的特点。同时，其粗蛋白质含量低，蛋白质品质极差，粗灰分含量高，但钙、磷等山羊需要的矿物质含量低。其维生素含量极低。但由于价格低廉、来源广泛，往往作为山羊冬、春饲喂之用。

2. 青绿饲料

青绿饲料是指自然水分含量在45%以上的一类饲料，包括牧草类、叶菜类、非淀粉质的根茎瓜果类、水草类等。青绿饲料通常是牧区山羊唯一的营养源。在农牧区、城市，青绿饲料是最基本、廉价的饲料。

青绿饲料具有含水量高，能量价值低，蛋白质含量较高，维生素、矿物质含量较丰富，口感好的优点，但营养物质含量不稳定，通常与土壤肥力、气候条件和收割时间有关。

牧草分为天然牧草和人工栽培的牧草两类。天然牧草中，数量占优势、饲用价值高的为豆科、禾本科牧草。禾本科牧草如野稗草、雀麦草、黑麦草、羊草、芦苇等；豆科牧草如苜蓿、三叶草、草木樨、沙打旺、胡枝子等。其次，菊科中的野艾蒿、苦蒿；莎草科中的莎草也可作为青绿饲料。另外，灰菜、苍耳、苋菜等也可作为青绿饲料。天然牧草具有粗纤维含量高，维生素、矿物质较丰富，钙、磷较平衡（优于谷类籽实）的特点。幼嫩青草（营养价值高）是天然的全面平衡饲料。随生长老化，天然牧草品质下降。人工栽培的牧草主要为豆科和禾本科牧草。豆科牧草应适时收割，以保证营养价值。开花后，茎秆迅速老化，粗纤维、木质素成分大增。且山羊在放牧和采食豆科牧草时应防止饲喂过量而产生瘤胃膨胀。

饲喂青绿饲料的注意事项：（1）防止亚硝酸中毒，尤其是叶类饲料中含有少量硝酸盐，在细菌作用下容易还原为亚硝酸盐而引起山羊中毒；（2）防止氢氰酸中毒，高粱苗、玉米苗、马铃薯幼芽、三叶草、木薯等饲料中含有氰苷配糖体，其易被水解或在瘤胃微生物作用下分解后释放出氢氰酸，引起山羊中毒；（3）防止农药中毒，草场、棉田、麦田等被喷洒农药后，导致山羊误食中毒。

3. 青贮饲料

青贮饲料是指用新鲜的天然植物性饲料，再加适量糠麸类或其他添加物的植物性饲料利用微生物发酵而制作成的饲料。青贮饲料是保证给山羊常年均衡供应青绿饲料的有效措施。青贮饲料气味酸香、柔软多汁、颜色黄绿、适口性好，为山羊冬、春季节的优良青绿饲料。青贮饲料具有可较好保存青绿饲料的营养特性，其消化率高、适口性好、保存时期长、单位容积内储藏量大、调制过程受天气影响较小等优点。常规青贮是利用原料、大气中的乳酸菌，密闭条件下在切碎的青绿饲料及其流出的汁液中进行厌氧发酵，将饲料中的糖转变为乳酸，增加饲料酸度，使青绿饲料的pH降到低于4.0，杀灭或抑制其他有害杂菌的活动，达到完好保存青绿饲料、供长期饲用的目的。

4. 能量饲料

能量饲料是指水分含量在45%以下，干物质中粗纤维含量在18%以下，粗蛋白质的含量在20%以下的一类饲料，主要包括谷实类、糠麸类、淀粉质的根茎瓜果类、液体能量饲料等。能量饲料是动物生产最重要的饲料。

谷实类饲料基本都属于禾本科植物成熟的种子。谷实类饲料具有的营养特点为：无氮浸出物含量高，其中主要是淀粉，而淀粉是这类饲料中最有饲用价值的养分；粗纤维含量低，因而消化利用率高，可利用能值高；蛋白质含量低，且品质差；矿物质含量不平衡，钙低磷高，且主要为利用率低的植酸磷；维生素含量不平衡。

糠麸类饲料是谷实类加工副产物，包括小麦麸、次粉、米糠和脱脂米糠。小麦麸的蛋白质含量较高，但品质仍较差；维生素含量丰富；矿物质含量丰富。虽然植酸磷含量高，但小麦麸中存在较高活性的植酸酶，因而所含磷元素可获得较好利用。米糠的脂肪含量高，粗纤维含量低，因此具有较高能值；含钙低而含磷高，但主要是植酸磷，利用率不高。米糠是能值最高的糠麸类饲料，新鲜米糠的适口性较好。但由于米糠脂肪含量高，且主要是不饱和脂肪酸，因此容易发生氧化酸败和水解酸败，易发热和霉变。变质的米糠适口性变差，易引起山羊严重腹泻甚至死亡。因而使用脱脂米糠比较安全。

淀粉质的根茎瓜果类，主要有胡萝卜、甘薯、木薯、饲用甜菜、马铃薯、南瓜等。这类饲料含水量较高，但从干物质营养价值来看，属于能量饲料。其具有粗纤维含量较低，特别是木质素含量低；无氮浸出物含量高，且主要是易消化的糖分、淀粉等，因而可利用能值高；蛋白质含量低；矿物质含量不均，钙、磷含量较少，含钾丰富；一般缺乏维生素的特点，因而本类饲料须同其他饲料配合使用。根茎瓜果类饲料在使用时还应防止饲料中毒。有黑斑病的红薯及其加工产品（薯干、薯皮、粉渣）以及煮黑斑病红薯的水都不可用于饲喂山羊。发芽或腐烂的马铃薯要去除掉芽及腐坏部位后经煮熟才能饲用，而煮马铃薯的水不能饲喂山羊。木薯须经去毒处理后才能饲喂；木薯加工后的残渣，含毒不多，可以直接饲喂。

液体能量饲料，包括油脂类饲料、糖蜜、乳清等。油脂类饲料是油与脂的总称。油脂具有能量价值高；为提供必需脂肪酸的重要来源之一；具有额外热能效应；促进色素和脂溶性维生素的吸收；热增耗低；改善饲料适口性；降低粉尘损失的特点。糖蜜是制糖工业压榨出的汁液，经制糖后所剩下的浓稠液体。糖蜜含有少量蛋白质，主要成分为糖类，矿物质含量较高，但钙、磷含量不高，维生素含量低，常常作为压块饲料的黏合剂。乳清是乳品加工厂生产乳制品的液体副产物，主要成分是乳糖，是哺乳期幼羊的良好调养饲料，是代乳料必不可少的组分。

5. 蛋白质饲料

蛋白质饲料是水分含量在 45% 以下，干物质中粗纤维含量在

18%以下，粗蛋白质含量在20%以上的一类饲料，主要包括植物性蛋白质饲料、动物性蛋白质饲料、单细胞蛋白质饲料、非蛋白氮饲料等。

植物性蛋白质饲料主要为豆科籽实、油料饼粕类和其他制造业的副产品。其营养特性为：蛋白质含量高，蛋白质品质高于谷蛋白，且利用率是谷类的数倍；脂肪含量变化大，因此该类饲料能量价值差异大；粗纤维含量一般不高；矿物质及维生素含量与谷物近似；大多数含有一些抗营养因子。大豆中存在多种抗营养因子，包括胰蛋白酶抑制因子、大豆凝集素、胃肠胀气因子、单宁、脲酶、大豆抗原、植酸、脂肪氧化酶等。因胰蛋白酶抑制因子、凝集素和脲酶等不耐热，因此通常经加热处理破坏这些抗营养因子。加热的方法有很多，如炒制、高压蒸煮、红外线加热、微波、膨化、蒸汽加热等。普通热处理并不能破坏大豆抗原，但膨化能降低大豆抗原的活性。豆饼和豆粕可直接饲喂。

动物性蛋白质饲料主要为水产品、畜禽加工副产品、乳品，如鱼粉、肉骨粉、血粉、乳清粉、羽毛粉、蚕蛹粉等。由于朊病毒被发现，奶制品类是唯一一种可以在山羊饲料中使用的动物性蛋白质产品。

单细胞蛋白质饲料为微生物制成的饲料，包括酵母、细菌、真菌和一些单细胞藻类。生产单细胞饲料具有原料丰富，容易生产，不与粮食生产争地，不受气候条件影响，变废为宝，生长周期快，蛋白质含量高的特点。但同时也存在致畸、致癌、致突变，有害微生物残留等安全性问题。因此，必须对致癌性多环芳香族化合物，重金属，真菌毒素及菌的病源性、感染性、遗传性等进行充分评估。

非蛋白氮饲料泛指供作饲料用的氨、铵盐、尿素、双缩脲及其他合成的简单含氮化合物。非蛋白氮可以被山羊瘤胃内微生物利用合成微生物蛋白质，微生物蛋白质再被山羊消化吸收用于合成自身蛋白质。

6. 矿物质饲料

矿物质饲料是指用于补充动物矿物质元素需要的饲料，包括人工合成的、天然单一的和多种混合的矿物质饲料。常用的矿物质饲料有食盐、骨粉、碳酸钙、磷酸氢钙、蛋壳粉、贝壳粉、硫酸铜、硫酸亚铁、硫酸锰、硫酸锌、碘化钾、氯化钴、亚硒酸钠等。

7. 维生素饲料

维生素饲料是指人工合成或提纯的单一维生素或复合维生素，但不包括某项维生素含量较多的天然饲料。通过在山羊日粮中添加维生素饲料满足山羊日粮中维生素需求。

8. 饲料添加剂

饲料添加剂指各种用于强化饲养效果，有利于配合饲料生产和储存的非营养性添加剂原料及其配制的产品。如各种抗生素、抗氧化剂、防霉剂、黏结剂、着色剂、增味剂以及保健与代谢调节剂等。

三 山羊的饲养标准

饲养标准是指依据动物的种类、性别、年龄、体重、生理状态、生产目的与生产水平，用生产实践中累积的经验结合科学实验（消化试验、平衡试验、饲养试验等）结果，进行归纳整理得到的每天供应给动物各种营养物质的量。

中国《肉羊饲养标准》（NY/T 816—2004）建议的山羊的营养需要量见表5-1～表5-8。

表5-1 生长育肥山羊羔羊每日营养需要量

体重/kg	日增重/kg	干物质采食量/kg	消化能/MJ	代谢能/MJ	粗蛋白质/g	钙/g	总磷/g	食用盐/g
1	0	0.12	0.55	0.46	3	0.1	0	0.6
1	0.02	0.12	0.71	0.60	9	0.8	0.5	0.6
1	0.04	0.12	0.89	0.75	14	1.5	1.0	0.6
2	0	0.13	0.90	0.76	5	0.1	0.1	0.7
2	0.02	0.13	1.08	0.91	11	0.8	0.6	0.7
2	0.04	0.13	1.26	1.06	16	1.6	1.0	0.7
2	0.06	0.13	1.43	1.20	22	2.3	1.5	0.7
4	0	0.18	1.64	1.38	9	0.3	0.2	0.9
4	0.02	0.18	1.93	1.62	16	1.0	0.7	0.9
4	0.04	0.18	2.20	1.85	22	1.7	1.1	0.9

（续）

体重/kg	日增重/kg	干物质采食量/kg	消化能/MJ	代谢能/MJ	粗蛋白质/g	钙/g	总磷/g	食用盐/g
4	0.06	0.18	2.48	2.08	29	2.4	1.6	0.9
4	0.08	0.18	2.76	2.32	35	3.1	2.1	0.9
6	0	0.27	2.29	1.88	11	0.4	0.3	1.3
6	0.02	0.27	2.32	1.90	22	1.1	0.7	1.3
6	0.04	0.27	3.06	2.51	33	1.8	1.2	1.3
6	0.06	0.27	3.79	3.11	44	2.5	1.7	1.3
6	0.08	0.27	4.54	3.72	55	3.3	2.2	1.3
6	0.10	0.27	5.27	4.32	67	4.0	2.6	1.3
8	0	0.33	1.96	1.61	13	0.5	0.4	1.7
8	0.02	0.33	3.05	2.50	24	1.2	0.8	1.7
8	0.04	0.33	4.11	3.37	36	2.0	1.3	1.7
8	0.06	0.33	5.18	4.25	47	2.7	1.8	1.7
8	0.08	0.33	6.26	5.13	58	3.4	2.3	1.7
8	0.10	0.33	7.33	6.01	69	4.1	2.7	1.7
10	0	0.46	2.33	1.91	16	0.7	0.4	2.3
10	0.02	0.48	3.73	3.06	27	1.4	0.9	2.4
10	0.04	0.50	5.15	4.22	38	2.1	1.4	2.5
10	0.06	0.52	6.55	5.37	49	2.8	1.9	2.6
10	0.08	0.54	7.96	6.53	60	3.5	2.3	2.7
10	0.10	0.56	9.38	7.69	72	4.2	2.8	2.8
12	0	0.48	2.67	2.19	18	0.8	0.5	2.4
12	0.02	0.50	4.41	3.62	29	1.5	1.0	2.5
12	0.04	0.52	6.16	5.05	40	2.2	1.5	2.6
12	0.06	0.54	7.90	6.48	52	2.9	2.0	2.7
12	0.08	0.56	9.65	7.91	63	3.7	2.4	2.8
12	0.10	0.58	11.40	9.35	74	4.4	2.9	2.9

（续）

体重/kg	日增重/kg	干物质采食量/kg	消化能/MJ	代谢能/MJ	粗蛋白质/g	钙/g	总磷/g	食用盐/g
14	0	0.50	2.99	2.45	20	0.9	0.6	2.5
14	0.02	0.52	5.07	4.16	31	1.6	1.1	2.6
14	0.04	0.54	7.16	5.87	43	2.4	1.6	2.7
14	0.06	0.56	9.24	7.58	54	3.1	2.0	2.8
14	0.08	0.58	11.33	9.29	65	3.8	2.5	2.9
14	0.10	0.60	13.40	10.99	76	4.5	3.0	3.0
16	0	0.52	3.30	2.71	22	1.1	0.7	2.6
16	0.02	0.54	5.73	4.70	34	1.8	1.2	2.7
16	0.04	0.56	8.15	6.68	45	2.5	1.7	2.8
16	0.06	0.58	10.56	8.66	56	3.2	2.1	2.9
16	0.08	0.60	12.99	10.65	67	3.9	2.6	3.0
16	0.10	0.62	15.43	12.65	78	4.6	3.1	3.1

注：1. 表中0～8kg体重阶段肉用山羊羔羊日粮干物质采食量（DMI）按每千克代谢体重0.07kg估算；体重大于10kg时，按中国农业科学院畜牧研究所2003年提供的如下公式计算获得：

$$DMI = (26.45 \times W^{0.75} + 0.99 \times ADG)/1000$$

式中，DMI是干物质采食量（kg/天）；W是体重（kg）；ADG是日增重（g/天）。

2. 表中代谢能（ME）、粗蛋白质（CP）数值参考自杨在宾等（1997）对青山羊数据资料。
3. 表中消化能（DE）需要量数据根据ME/0.82估算。
4. 表中钙需要量按表5-7中提供参数估算得到，总磷需要量根据钙、磷比为1.5∶1估算获得。
5. 日粮中添加的食用盐应符合《食用盐》（GB 5461—2000）中的规定。

表5-2　育肥山羊每日营养需要量

体重/kg	日增重/kg	干物质采食量/kg	消化能/MJ	代谢能/MJ	粗蛋白质/g	钙/g	总磷/g	食用盐/g
15	0	0.51	5.36	4.40	43	1.0	0.7	2.6
15	0.05	0.56	5.83	4.78	54	2.8	1.9	2.8
15	0.10	0.61	6.29	5.15	64	4.6	3.0	3.1

（续）

体重/kg	日增重/kg	干物质采食量/kg	消化能/MJ	代谢能/MJ	粗蛋白质/g	钙/g	总磷/g	食用盐/g
15	0.15	0.66	6.75	5.54	74	6.4	4.2	3.3
15	0.20	0.71	7.21	5.91	84	8.1	5.4	3.6
20	0	0.56	6.44	5.28	47	1.3	0.9	2.8
20	0.05	0.61	6.91	5.66	57	3.1	2.1	3.1
20	0.10	0.66	7.37	6.04	67	4.9	3.3	3.3
20	0.15	0.71	7.83	6.42	77	6.7	4.5	3.6
20	0.20	0.76	8.29	6.80	87	8.5	5.6	3.8
25	0	0.61	7.46	6.12	50	1.7	1.1	3.0
25	0.05	0.66	7.92	6.49	60	3.5	2.3	3.3
25	0.10	0.71	8.38	6.87	70	5.2	3.5	3.5
25	0.15	0.76	8.84	7.25	81	7.0	4.7	3.8
25	0.20	0.81	9.31	7.63	91	8.8	5.9	4.0
30	0	0.65	8.42	6.90	53	2.0	1.3	3.3
30	0.05	0.70	8.88	7.28	63	3.8	2.5	3.5
30	0.10	0.75	9.35	7.66	74	5.6	3.7	3.8
30	0.15	0.80	9.81	8.04	84	7.4	4.9	4.0
30	0.20	0.85	10.27	8.42	94	9.1	6.1	4.2

注：1. 表中干物质采食量（DMI）、消化能（DE）、代谢能（ME）、粗蛋白质（CP）数值来源于中国农业科学院畜牧所（2003），具体的计算公式如下：

$DMI = (26.45 \times W^{0.75} + 0.99 \times ADG)/1000$

$DE = 4.184 \times (140.61 \times LBW^{0.75} + 2.21 \times ADG + 210.3)/1000$

$ME = 4.184 \times (0.475 \times ADG + 95.19) \times LBW^{0.75}/1000$

$CP = 28.86 + 1.905 \times LBW^{0.75} + 0.2024 \times ADG$

式中，DMI是干物质采食量（kg/天）；DE是消化能（MJ/天）；ME是代谢能（MJ/天）；CP是粗蛋白质（g/天）；LBW是活体重（kg）；ADG是平均日增重（g/天）。

2. 表中钙需要量按表5-7中提供参数估算得到，总磷需要量根据钙、磷比为1.5∶1估算获得。

3. 日粮中添加的食用盐应符合《食用盐》（GB 5461—2000）中的规定。

表 5-3 后备公山羊每日营养需要量

体重/kg	日增重/kg	干物质采食量/kg	消化能/MJ	代谢能/MJ	粗蛋白质/g	钙/g	总磷/g	食用盐/g
12	0	0.48	3.78	3.10	24	0.8	0.5	2.4
12	0.02	0.50	4.10	3.36	32	1.5	1.0	2.5
12	0.04	0.52	4.43	3.63	40	2.2	1.5	2.6
12	0.06	0.54	4.74	3.89	49	2.9	2.0	2.7
12	0.08	0.56	5.06	4.15	57	3.7	2.4	2.8
12	0.10	0.58	5.38	4.41	66	4.4	2.9	2.9
15	0	0.51	4.48	3.67	28	1.0	0.7	2.6
15	0.02	0.53	5.28	4.33	36	1.7	1.1	2.7
15	0.04	0.55	6.10	5.00	45	2.4	1.6	2.8
15	0.06	0.57	5.70	4.67	53	3.1	2.1	2.9
15	0.08	0.59	7.72	6.33	61	3.9	2.6	3.0
15	0.10	0.61	8.54	7.00	70	4.6	3.0	3.1
18	0	0.54	5.12	4.20	32	1.2	0.8	2.7
18	0.02	0.56	6.44	5.28	40	1.9	1.3	2.8
18	0.04	0.58	7.74	6.35	49	2.6	1.8	2.9
18	0.06	0.60	9.05	7.42	57	3.3	2.2	3.0
18	0.08	0.62	10.35	8.49	66	4.1	2.7	3.1
18	0.10	0.64	11.66	9.56	74	4.8	3.2	3.2
21	0	0.57	5.76	4.72	36	1.4	0.9	2.9
21	0.02	0.59	7.56	6.20	44	2.1	1.4	3.0
21	0.04	0.61	9.35	7.67	53	2.8	1.9	3.1
21	0.06	0.63	11.16	9.15	61	3.5	2.4	3.2
21	0.08	0.65	12.96	10.63	70	4.3	2.8	3.3
21	0.10	0.67	14.76	12.10	78	5.0	3.3	3.4
24	0	0.60	6.37	5.22	40	1.6	1.1	3.0
24	0.02	0.62	8.66	7.10	48	2.3	1.5	3.1
24	0.04	0.64	10.95	8.98	56	3.0	2.0	3.2

（续）

体重/kg	日增重/kg	干物质采食量/kg	消化能/MJ	代谢能/MJ	粗蛋白质/g	钙/g	总磷/g	食用盐/g
24	0.06	0.66	13.27	10.88	65	3.7	2.5	3.3
24	0.08	0.68	15.54	12.74	73	4.5	3.0	3.4
24	0.10	0.70	17.83	14.62	82	5.2	3.4	3.5

注：日粮中添加的食用盐应符合《食用盐》（GB 5461—2000）中的规定。

表 5-4　妊娠期母山羊每日营养需要量

妊娠阶段	体重/kg	干物质采食量/kg	消化能/MJ	代谢能/MJ	粗蛋白质/g	钙/g	总磷/g	食用盐/g
空怀期	10	0.39	3.37	2.76	34	4.5	3.0	2.0
	15	0.53	4.54	3.72	43	4.8	3.2	2.7
	20	0.66	5.62	4.61	52	5.2	3.4	3.3
	25	0.78	6.63	5.44	60	5.5	3.7	3.9
	30	0.90	7.59	6.22	67	5.8	3.9	4.5
1~90 天	10	0.39	4.80	3.94	55	4.5	3.0	2.0
	15	0.53	6.82	5.59	65	4.8	3.2	2.7
	20	0.66	8.72	7.15	73	5.2	3.4	3.3
	25	0.78	10.56	8.66	81	5.5	3.7	3.9
	30	0.90	12.34	10.12	89	5.8	3.9	4.5
91~120 天	15	0.53	7.55	6.19	97	4.8	3.2	2.7
	20	0.66	9.51	7.80	105	5.2	3.4	3.3
	25	0.78	11.39	9.34	113	5.5	3.7	3.9
	30	0.90	13.20	10.82	121	5.8	3.9	4.5
120 天以上	15	0.53	8.54	7.00	124	4.8	3.2	2.7
	20	0.66	10.54	8.64	132	5.2	3.4	3.3
	25	0.78	12.43	10.19	140	5.5	3.7	3.9
	30	0.90	14.27	11.70	148	5.8	3.9	4.5

注：日粮中添加的食用盐应符合《食用盐》（GB 5461—2000）中的规定。

表 5-5　哺乳前期母山羊每日营养需要量

体重/kg	泌乳量/kg	干物质采食量/kg	消化能/MJ	代谢能/MJ	粗蛋白质/g	钙/g	总磷/g	食用盐/g
10	0	0.39	3.12	2.56	24	0.7	0.4	2.0
10	0.50	0.39	5.73	4.70	73	2.8	1.8	2.0
10	0.75	0.39	7.04	5.77	97	3.8	2.5	2.0
10	1.00	0.39	8.34	6.84	122	4.8	3.2	2.0
10	1.25	0.39	9.56	7.91	146	5.9	3.9	2.0
10	1.50	0.39	10.95	8.98	170	6.9	4.6	2.0
15	0	0.53	4.24	3.48	33	1.0	0.7	2.7
15	0.50	0.53	6.84	5.61	31	3.1	2.1	2.7
15	0.75	0.53	8.15	6.68	106	4.1	2.8	2.7
15	1.00	0.53	9.45	7.75	130	5.2	3.4	2.7
15	1.25	0.53	10.76	8.82	154	6.2	4.1	2.7
15	1.50	0.53	12.06	9.89	179	7.3	4.8	2.7
20	0	0.66	5.26	4.31	40	1.3	0.9	3.3
20	0.50	0.66	7.87	6.45	89	3.4	2.3	3.3
20	0.75	0.66	9.17	7.52	114	4.5	3.0	3.3
20	1.00	0.66	10.48	8.59	138	5.5	3.7	3.3
20	1.25	0.66	11.78	9.66	162	6.5	4.4	3.3
20	1.50	0.66	13.09	10.73	187	7.6	5.1	3.3
25	0	0.78	6.22	5.10	48	1.7	1.1	3.9
25	0.50	0.78	8.83	7.24	97	3.8	2.5	3.9
25	0.75	0.78	10.13	8.31	121	4.8	3.2	3.9
25	1.00	0.78	11.44	9.38	145	5.8	3.9	3.9
25	1.25	0.78	12.73	10.44	170	6.9	4.6	3.9
25	1.50	0.78	14.04	11.51	194	7.9	5.3	3.9
30	0	0.90	6.70	5.49	55	2.0	1.3	4.5
30	0.50	0.90	9.73	7.98	104	4.1	2.7	4.5
30	0.75	0.90	11.04	9.05	128	5.1	3.4	4.5

（续）

体重/kg	泌乳量/kg	干物质采食量/kg	消化能/MJ	代谢能/MJ	粗蛋白质/g	钙/g	总磷/g	食用盐/g
30	1.00	0.90	12.34	10.12	152	6.2	4.1	4.5
30	1.25	0.90	13.65	11.19	177	7.2	4.8	4.5
30	1.50	0.90	14.95	12.26	201	8.3	5.5	4.5

注：1. 哺乳前期指哺乳第1~30天。

2. 日粮中添加的食用盐应符合《食用盐》（GB 5461—2000）中的规定。

表5-6　哺乳后期母山羊每日营养需要量

体重/kg	泌乳量/kg	干物质采食量/kg	消化能/MJ	代谢能/MJ	粗蛋白质/g	钙/g	总磷/g	食用盐/g
10	0	0.39	3.71	3.04	22	0.7	0.4	2.0
10	0.15	0.39	4.67	3.83	48	1.3	0.9	2.0
10	0.25	0.39	5.30	4.35	65	1.7	1.1	2.0
10	0.50	0.39	6.90	5.66	108	2.8	1.8	2.0
10	0.75	0.39	8.50	6.37	151	3.8	2.5	2.0
10	1.00	0.39	10.10	8.28	194	4.8	3.2	2.0
15	0	0.53	5.02	4.12	30	1.0	0.7	2.7
15	0.15	0.53	5.99	4.91	55	1.6	1.1	2.7
15	0.25	0.53	6.62	5.43	73	2.0	1.4	2.7
15	0.50	0.53	8.22	6.74	116	3.1	2.1	2.7
15	0.75	0.53	9.82	8.05	159	4.1	2.8	2.7
15	1.00	0.53	11.41	9.36	201	5.2	3.4	2.7
20	0	0.66	6.24	5.12	37	1.3	0.9	3.3
20	0.15	0.66	7.20	5.90	63	2.0	1.3	3.3
20	0.25	0.66	7.84	6.43	80	2.4	1.6	3.3
20	0.50	0.66	9.44	7.74	123	3.4	2.3	3.3
20	0.75	0.66	11.04	9.05	166	4.5	3.0	3.3
20	1.00	0.66	12.63	10.36	209	5.5	3.7	3.3

（续）

体重/kg	泌乳量/kg	干物质采食量/kg	消化能/MJ	代谢能/MJ	粗蛋白质/g	钙/g	总磷/g	食用盐/g
25	0	0.78	7.38	6.05	44	1.7	1.1	3.9
25	0.15	0.78	8.34	6.84	69	2.3	1.5	3.9
25	0.25	0.78	8.98	7.36	87	2.7	1.8	3.9
25	0.50	0.78	10.57	8.67	129	3.8	2.5	3.9
25	0.75	0.78	12.17	9.98	172	4.8	3.2	3.9
25	1.00	0.78	13.77	11.29	215	5.8	3.9	3.9
30	0	0.90	8.46	6.94	50	2.0	1.3	4.5
30	0.15	0.90	9.41	7.72	76	2.6	1.8	4.5
30	0.25	0.90	10.06	8.25	93	3.0	2.0	4.5
30	0.50	0.90	11.66	9.56	136	4.1	2.7	4.5
30	0.75	0.90	13.24	10.86	179	5.1	3.4	4.5
30	1.00	0.90	14.85	12.18	222	6.2	4.1	4.5

注：1. 哺乳后期指哺乳第31～70天。

2. 日粮中添加的食用盐应符合《食用盐》（GB 5461—2000）中的规定。

表5-7　山羊对常量矿物质元素每日营养需要量参数

常量元素	维持/(mg/kg体重)	妊娠/(g/kg胎儿)	泌乳/(g/kg产奶)	生长/(g/kg)	吸收率（%）
钙（Ca）	20	11.5	1.25	10.2	30
总磷（P）	30	6.5	1.0	6.0	45
镁（Mg）	3.5	0.3	0.14	0.4	20
钾（K）	50	2.1	2.1	2.4	90
钠（Na）	15	1.7	0.4	1.6	80
硫（S）	0.16%～0.32%（以进食日粮干物质为基础）				

注：表中参数参考自Kossler（1991）和Haenlein（1987）资料信息。

表 5-8　山羊对微量矿物质元素需要量

微量元素	推荐量/(mg/kg)	微量元素	推荐量/(mg/kg)
铁（Fe）	30～40	锰（Mn）	60～120
铜（Cu）	10～20	锌（Zn）	50～80
钴（Co）	0.11～0.2	硒（Se）	0.05
碘（I）	0.15～2.0		

注：表中推荐值参考自 AFRC（1998），以进食日粮干物质为基础。

四　山羊的全价日粮选择

在实际饲养过程中，通常是根据饲养标准规定的各种营养物质需要量，选用适当的饲料为山羊配合成各种日粮，这一过程叫日粮配合。如果日粮中所包含的营养物质种类、数量（浓度）以及诸营养物质间的比例，能全面满足饲喂对象营养需要者，称之为平衡日粮或全价日粮。使用全价日粮饲喂山羊，能获得较优的生长性能，防止发生营养素缺乏症。

配合饲料时需要知道所饲喂的山羊所处的生理时期，以便选择对应的饲养标准，知道山羊的营养需要量。同时，需要知道所用饲料的营养物质含量，可以通过实验分析获得，也可以依据饲料成分营养价值表查出。基于降低成本的考虑，需要知道饲用原料的价格，以便配制质优价廉的饲料。

常用的山羊配合饲料种类有精饲料补充料、添加剂预混料。精饲料补充料是指为补充以青绿饲料、粗饲料为基础的草食动物的营养而用多种原料按一定比例配制的饲料。添加剂预混料是指由一种或多种饲料添加剂，包括矿物质添加剂、维生素添加剂及非营养性添加剂，与载体或稀释剂按一定比例配制的均匀混合物。应根据实际生产情况，选择适合的配合饲料进行饲喂。

第三节　山羊的放牧饲养

一　牧场规划

肉羊育肥的基本条件是有良好的草场。必须根据草场的地形、地势、水源、交通、牧草生长状况和羊群情况分别规划牧场。基本原则是生产性能越高的羊，要求牧场的质量越好。通常对种公羊和高产母羊要留有较好的牧草地，育成羊也要留出专用牧草地，离舍近的牧草地要留给冬季哺乳母羊和羔羊，羯羊和空怀羊可以在品质较差和路程远的草地放牧。育肥山羊宜选择灌木丛较多的山地草场，充分利用夏、秋季天然草场牧草和灌木枝叶生长茂盛、营养丰富的时期搞好放牧育肥。

二 羊群规模和组织

合理组织羊群有利于羊的放牧和管理，是保证羊吃饱草、快长膘和提高草场利用率的一个重要技术环节。

羊群的组织应根据羊的类型、品种、性别、年龄（如羔羊、育成羊、成年羊）、健康状况等综合考虑，也可根据生产的特殊需要组织羊群。在生产中，羊群一般可分为公羊群、母羊群、育成公羊群、育成母羊群、羔羊群（按性别分别组群）、羯羊群等。当羯羊数量很少时，可将其随成年母羊组群放牧。在羊的育种工作中，还可按选育性状组建核心育种群，即把育种过程中产生的理想型个体单独组群和放牧。

放牧规模与经济效益有密切的关系，放牧数量多，产品量大，出栏数多，劳动效率高，收益较大；但同时受草场及饲料来源、品种、市场、技术、管理水平等因素的制约，放牧数量的多少要根据劳动力、资金、草场、羊舍等条件以及市场销售等情况来确定。

采用自然交配时，配种前1个月左右将公羊按1:(25~30)的比例放入母羊群中饲养，在配种结束后公羊再单独组群放牧。在采用放牧与补饲相结合的饲养方式的地区，除组织羊群的一般要求外还必须考虑羊舍面积、补饲和饮水条件、牧工的劳动强度等因素，羊群的大小要有利于放牧和日常管理。

三 山羊放牧方式和方法

全年放牧的技术关键是要立足一个“膘”字，着眼一个“草”字，防范一个“病”字，狠抓一个“放”字。在放牧中，除应了解和熟悉草场的地形、牧草生长情况和气候特点外，还要做到两季慢

（春、秋两季放牧要慢）、三坚持（坚持跟群放牧、坚持早出晚归、坚持每日饮水）、三稳（放牧要稳、饮水要稳、出入羊圈要稳）、四防（防雨、防蚊蝇、防扎窝子、防兽害）。同时，要根据不同季节的气候特点，合理地调整放牧的时间和距离，以保证羊能吃饱、吃好。在南方地区，夏季气候炎热，应延长羊的早、晚放牧时间，午间将羊赶回羊舍或其他遮阴处休息。

放牧方式可分为自由放牧、固定放牧、围栏放牧、季节放牧、小区轮牧、农区散牧等方式。

（1）自由放牧　自由放牧是一种传统的放牧制度，通常是任由羊群自由运动，这种方式能大面积地利用草场。具体操作上若能按"春洼、夏岗、秋平、冬暖"的原则选择好四季牧场，也可取得良好的效果。

（2）固定放牧　固定放牧是羊群一年四季在一个特定区域内自由采食。

（3）围栏放牧　围栏放牧是根据地形把放牧场围起来，在一个围栏内，根据牧草供应状况，安排一定数量的羊放牧。

（4）季节放牧　季节放牧是根据四季牧场的划分，按季节轮流放牧。

（5）小区轮牧　小区轮牧是在划定季节牧场基础上，将牧场划分为若干个小区，根据牧草消长情况，每个小区放牧2～3天后再移到另一个小区放牧，使羊群能经常吃到鲜绿的牧草和枝叶，同时也使牧草和灌木有再生的机会，该种方式有利于提高产草量和牧草利用率。

（6）农区散牧　农区散牧是农区放牧的一种方式，主要特点是利用沟渠路边、地头林下或滩涂山坡的零星草场，采取牵、拴、赶等方法放牧羊只。此外，在我国南方广大的农区和半农半牧区，有适合小规模散养的简便、实用的山羊放牧方法，如：

1）赶着放。即放牧员跟在羊群后面进行放牧，适合于春、秋两季在平原或浅丘地区放牧，放牧时要注意控制羊群游走的方向和速度。

2）陪着放。在平坦牧地放牧时，放牧员应站在羊群一侧；在坡地放牧时，放牧员应站在羊群的中间；在田边放牧时，放牧员应站在地边。这种方法便于控制羊群，四季均可采用。

3）等着放。在丘陵山区，当牧地相对固定，且羊群对牧道熟悉时，可采用此法放牧。出牧时，放牧员将羊群赶上牧道后，自己应抄近路走到牧地等候羊群。采用这种方法放牧时，要求牧道附近无农田、无幼树、无兽害，一般在植被稀疏的低山草场或在枯草期采用。

4）牵牧。利用工余时间或老、弱人员用绳子牵引羊只，选择牧草生长较好的地块，让羊自由采食，在农区使用较多。

5）拴牧。即用一条长绳，一端系在羊的颈部，另一端拴在一根小木桩上，选择好牧地后将木桩打入地下固定，让羊在绳子长度控制的范围内自由采食。一天中可换几个地方放牧，既能使羊吃饱吃好，又能节省人力，该种方式多在农区采用。

四 四季放牧要点

提倡适时放牧和适度放牧，实行放牧与舍饲相结合的饲养方式。

1. 春季放牧

春季羊只瘦弱，也是母羊产羔和哺乳的时期，需要较多的营养。由于春季气候变化频繁，牧草青黄不接，储备的草料减少，是养羊生产最困难的时期，需加强春季放牧和管理。

春季放牧的主要任务是保膘保羔，恢复羊群体质。在放牧时选择避风多草的地方，先放阴坡，后放阳坡，或先放黄枯草，后放青草，做到“出门慢，上坡紧，中间等，归牧赶”。

由于山羊经历了冬、春枯草季节，羊只膘差、嘴馋，易贪青而造成下痢，或误食毒草中毒，或是青草胀（瘤胃臌气）。因此，春季放牧一要防止羊“跑青”；二要防止羊“臌胀”，常有“放羊拦住头，放得满肚油；放羊不拦头，跑成瘦马猴”的说法。

当羊放牧食青草以后，要每隔5~6天喂一次盐，喂时把盐炒至微黄时为好，加一些磨碎的清热、开胃的饲料和必需的添加剂，可帮助消化，增加食欲，补充营养。同时，每天至少要让羊群饮水一次。

2. 夏季放牧

夏季草地完全恢复，牧草茂密幼嫩，营养丰富，尤其是羊群经过晚春的放牧，体质较好，此时是放牧抓膘的大好时机，应选择高燥、凉爽、饮水方便、蚊蝇少的草场放牧，早出晚归，延长放牧时间，做到一日三饱，自由饮水。在中午烈日下，避免羊只“扎窝子”，安排羊只休息和反刍。

要因地制宜地利用放牧方法和放牧队形。多用领着放的放牧方法，如在草少的地方，用“一条鞭”队形，出、归牧时多用“一炷香”队形，在开阔的地方用“满天星”队形。雨后要放山梁和高岗地，早晚凉爽时放山沟。出牧和收羊时要慢速行进，以减少体力消耗。同时，夏季是羊群易于发病的时候，应注意羊群的防疫保健和卫生消毒工作。

3. 秋季放牧

秋季天高气爽、雨水少、地面干燥，牧草结籽，营养丰富，羊吃了含脂肪多、能量高、易消化的草籽后，能在体内储脂长膘，故秋季是抓膘的良好季节。

放牧应晚出晚归，初秋要多放阳坡少放阴坡，多放牧少休息。在野草结籽的牧坡，可尽量用“一条鞭”的队形和领着放的放牧方法，以防践踏使草籽脱落。中秋季节，要早出晚归，中午适当卧晌休息让羊反刍，使羊在下午多吃草，晚上羊群归来时，必须让羊群在舍外散发体热后再进入舍内。

秋末放牧重点是抢好刚刚收割的庄稼茬地，让羊群膘肥体壮，安全越冬，需注意防止羊啃食禾苗、低矮幼树、高粱苗、荞麦苗和蓖麻叶等引起中毒。同时可采用自然交配的方式，将公羊按1:(25～30）的比例放入母羊群中饲养，在配种结束后公羊再单独组群放牧，否则会影响山羊抓膘。

4. 冬季放牧

冬季气候寒冷，昼短夜长，牧草枯萎，母羊妊娠，保膘、保畜、保胎是饲养的中心任务。冬季养羊应注意以下技术要点：

(1) 合理放牧饲养 冬季放牧前，要先打开窗户0.5h，让羊舍内外气温大体平衡，以免羊群出舍吸潮受寒感冒。严防空腹饮水以免流产，待羊只吃半饱后再饮水为好。

冬季放牧一般应选择避风向阳、地势高燥、水源较好的阳坡低凹处。初冬要抓紧放牧，迟放早归，注意抓住晴天中午暖和的时间放牧，让山羊尽量多采食一些青草，但不要让山羊吃到霜冻的草和喝冰水，回栏后要进行补饲，深冬季节应进行舍饲。放牧时可以用等着放的放牧方法和“满天星”的队形。结冰季节，要减少食盐喂量，以免因多饮冰水和冷水，引起羊拉稀掉膘。有积雪时，上午气温低不要出牧，下午可出牧，放牧步履要稍快些，羊群不宜过大；在山区应把山凹、避风的牧草地留起来，以备大风雪天气放牧。

冬季放牧羊群对外界环境非常敏感，一旦有响动就容易惊群。所以，发现羊打响鼻（羊受惊表现）时要立刻喊住羊，以防羊群惊恐奔跑。冬季收牧后，应注意补草、补料和羊舍保温，给予温热水饮用。

（2）精心舍饲 冬季气候寒冷，山羊体热消耗大，母羊处于妊娠阶段，须注意加强饲养管理，除保证山羊青干草和秸秆类饲料外，还需补给山羊黄豆、玉米、麦麸等精饲料，并保持栏内干燥温暖。让羊在栏内设置的土堆或木制高台上吃草，晴天还应让羊外出运动，以增强体质，提高越冬活力。

（3）抓好保胎和冬配 冬季绝大多数母羊处于妊娠期，所以必须注意抓好保胎工作，公、母羊要分开饲养，放牧时不要让妊娠母羊吃到霜冻和有冰雪的草，防止因打架、冲撞、挤压、跌倒而引起流产。多给母羊喂精饲料和加盐的温水，并注意抓好空怀母羊的配种工作，以增加经济效益。

（4）抓好栏舍卫生和疫病防治 山羊厌潮湿，怕贼风。冬季栏舍要避风、干燥，保持山羊体表清洁卫生，做好防病灭病工作，经常对粪便进行生物熟处理，搞好山羊疾病的防治和驱虫工作，特别注意防治羊痢疾、大肠杆菌病、羊链球菌病以及感冒等病，并经常用驱虫药对山羊进行预防性驱虫，确保羊体健壮，抵抗寒冬侵袭。

无论在何种季节，都要保证羊群一日三饱。牧民的经验是“一天能吃三个饱，一年能下两茬羔；羊吃两个饱，一年一个羔；羊吃一个饱，性命也难保”。要在放牧当中，达到三饱要求，就需要放牧员多辛苦，使羊多吃少跑，并延长放牧时间，或进行夜牧。

第四节　不同山羊的饲养管理技术

一　种公羊的饲养管理

种公羊是发展养羊生产的重要生产资料，对羊群的生产水平、产品品质都有重要的影响，俗话说："公羊好，好一坡，母羊好，好一窝"。种公羊的饲养是常年保持其结实健壮的体质，达到中等以上的种用体况，并具有旺盛的性欲和良好的配种能力，精液品质好。

1. 种公羊的日粮特点和饲养原则

种公羊饲料要求营养价值高，有足量的蛋白质、维生素和矿物质，且易消化，适口性好。牧草有苜蓿草、三叶草、青燕麦草等；青绿饲料有胡萝卜、甜菜或青贮玉米等；精饲料有燕麦、大麦、豌豆、黑豆、玉米、高粱、豆饼、麦麸等。优质的禾本科和豆科混合干草为种公羊的主要饲料，一年四季应该尽量喂给。夏季补以半数青割草，冬季补以适量青贮饲料。日粮营养不足的，补充混合精饲料。精饲料中不可多用玉米或大麦，且麸皮、豌豆、大豆或饼渣类可补充蛋白质。在饲养种公羊中，主要原则有以下几条：

1）保证饲料的多样性。精、粗饲料合理搭配，尽可能保证青绿饲料全年较均衡地供给。在枯草期较长的地区，要准备较充足的青贮饲料。同时，要注意矿物质、维生素的补充。

2）日粮应保持较高的能量和粗蛋白质水平。即使在非配种期内，种公羊也不能单一饲喂粗饲料或青绿饲料，必须补饲一定的混合精饲料。

3）种公羊必须有适度的放牧和运动时间。对非配种期种公羊的饲养尤为重要，以免因过肥而影响配种能力。

2. 配种期的饲养

种公羊在配种期内要消耗大量的养分和体力，因配种任务或采精次数不同，个体之间对营养的需要量相差很大。配种任务繁重的优秀种公羊，每天应补饲1.5~3.0kg的混合精饲料，并在日粮中增加部分动物性蛋白质饲料（如鸡蛋等），以保持其良好的精液品质。

配种期种公羊的饲养管理要做到认真、细致，要经常观察羊的采食，饮水，运动及粪、尿排泄等情况。保持饲料、饮水的清洁卫生，如果有剩料应及时清除，以减少饲料的污染和浪费。青草或干草要放入草架饲喂。种公羊的放牧应选择高燥、凉爽的草场，尽可能充分利用早、晚进行放牧，中午将公羊赶回圈内休息。

种公羊舍要通风良好。种公羊舍应修成带漏缝地板的双层式楼圈或在羊舍中铺设羊床。在配种前1.5～2个月，逐渐调整种公羊的日粮，增加混合精饲料的比例，同时进行采精训练和精液品质检查。开始时每周采精检查一次，以后增至每周两次，并根据种公羊的体况和精液品质来调节日粮或增加运动。对精液稀薄的种公羊，应增加日粮中蛋白质饲料的比例；当精子活力差时，应加强种公羊的放牧和运动。种公羊的采精次数要根据种公羊的年龄、体况和种用价值来确定。

3. 非配种期的饲养

种公羊在非配种期的饲养以恢复和保持其良好的种用体况为目的。当配种结束后，种公羊的体况都有不同程度的下降，为使体况很快恢复，在配种刚结束的1～2个月内，种公羊的日粮应与配种期基本一致，增加日粮中优质青干草或青绿饲料的比例，并根据体况的恢复情况，逐渐转为饲喂非配种期的日粮。

在冬季，种公羊的饲养要保持较高的营养水平，每日一般补给精饲料0.5kg、干草3kg、胡萝卜0.5kg、食盐5～10g、骨粉5g。这样的营养水平既有利于种公羊体况恢复，又能保证其安全越冬度春。做到精、粗饲料合理搭配，补喂适量青绿饲料（或青贮饲料），在精饲料中应补充一定的矿物质微量元素。混合精饲料的用量不低于0.5kg，优质干草2～3kg。

在临近配种期的1个月左右，即配种预备期，应增加饲料量，按配种喂量的60%～70%给予，逐渐增加到配种期的精饲料给量。要加强饲养，加强运动，有条件时要进行放牧，为配种期奠定基础。

羊的繁殖季节可表现为春、秋两季，部分母羊可全年发情配种。因此，对种公羊全年均衡饲养尤为重要。除搞好放牧、运动外，每天应补饲0.5～1.0kg混合精饲料和一定的优质干草。

二 母羊的饲养管理

1. 配种期种母羊的饲养管理

母羊是羊群发展的基础。种母羊是否能够正常发情、配种、妊娠，实现多产羔且成活率高，体质健壮，取决于种母羊饲养管理的好坏。对繁殖母羊，要求保持普通的营养水平，实现多胎、多产、多成活的目的。

需要重视繁殖母羊空怀期的饲养和营养状况，因为其对母羊的发情、配种、受胎以及以后的胎儿发育都有很大关系。羊的配种集中在秋、春两季。为保持母羊良好的配种体况，应尽可能做到全年均衡饲养，尤其应搞好母羊的冬、春季补饲，即在配种前 1 ~ 1.5 个月要给予优质青草，或到茂盛牧草的牧地放牧，根据羊群及个体的营养情况，给以适量补饲，即每天单独补喂 0.3 ~ 0.5kg 混合精饲料，促使山羊在配种期内正常发情、受胎。

2. 妊娠羊的饲养管理

母羊妊娠期分为妊娠前期（前 3 个月）和妊娠后期（后 2 个月）两个时期。妊娠前期因胎儿发育较慢，一般放牧或给予足够的青草，适量补饲即可满足需要。胎儿初生重的 90% 都是在母羊妊娠后期增加的，在妊娠后期除放牧外，每只羊每天需补饲精饲料 450g、干草 1 ~ 1.5kg、青贮饲料 1.5kg、食盐 10g。在产前 1 周，要适当减少精饲料用量，以免胎儿体重过大而造成难产。

饲养管理上要特别精心，出牧、归牧、饮水、补饲都要有序慢稳，防止拥挤、滑跌，严防跳崖、跳沟，以防造成不应有的损失，应尽可能选平坦的牧地放牧。

> ⚠ **【注意事项】** 1. 不要无故捕捉、惊扰羊群。适当降低圈舍养殖密度，不能将母羊胡乱组群，避免母羊间发生角斗，以防造成流产；同期母羊群要远离公羊，避免爬跨和打斗，造成流产。母羊妊娠后期，尤其分娩前的管理要特别精心，不能远牧；产前 1 周左右，夜间应将母羊放于待产圈中饲养和护理。
>
> 2. 对于肷窝下陷、腹部下垂、乳房和阴门肿大、流出黏液、常独卧墙角、排尿频繁、举动不安、时起时卧、不停地回头望腹、发出鸣叫等的母羊，要做好分娩前的准备工作。

3. 哺乳期母羊的饲养管理

母羊哺乳期分为哺乳前期（1.5 ~ 2 个月）和哺乳后期（1.5 ~ 2

个月）两个时期，其管理重点应放在哺乳前期。母乳是羔羊生长发育所需营养的主要来源，特别是产后的前20～30天，母羊奶多，羔羊发育好，抗病力强，成活率高。母羊产羔后泌乳量逐渐上升，在4～6周内达到泌乳高峰，10周后逐渐下降。此时，随着泌乳量的增加，当草料所提供的养分不能满足泌乳需要时，母羊会大量动用体内储备的养分来弥补，造成泌乳性能好的母羊往往比较瘦弱。

在哺乳前期，为满足羔羊生长发育对养分的需要，保持母羊的高泌乳量是关键。带单羔的母羊，每天补喂混合精饲料0.3～0.5kg；带双羔或多羔的母羊，每天应补饲混合精饲料0.5～1.5kg。对体况较好的母羊，产后1～3天内可不补喂精饲料，以免造成消化不良或发生乳房炎。

产后母羊应给予易消化的优质干草，饮盐水、麸皮汤，可调节消化机能，促进恶露排出。产后3天逐渐增加精饲料的用量，同时饲喂一些优质青干草和青绿饲料，可促进母羊的泌乳机能。

哺乳后期，母羊泌乳能力逐渐下降，且羔羊能自己采食饲草和精饲料，不再依赖母乳生存，此时可降低补饲标准，补喂少量干草和青贮饲料，使母羊在下一个配种期到来时能保持良好的体况。一般精饲料可减至0.3～0.45kg、干草1～2kg、胡萝卜1kg。

母羊和羔羊放牧时，时间要由短到长，距离要由近到远，要特别注意天气变化，及时赶回羊圈。断奶前要减少供给母羊青绿饲料、青贮饲料和精饲料的喂量，防止乳房炎发生。母羊圈舍要勤换垫草，经常打扫，污物要及时清除，保持圈舍清洁干燥。

三 初生羔羊的护理

羔羊出生后，由母体内转为母体外，生活环境骤然发生改变，为使其逐渐适应外界环境，必须做好羔羊的护理。羔羊的日常护理做到三防（防冻、防饿、防病），四勤（勤检查、勤配奶、勤治疗、勤消毒）。

1. 三防

（1）防冻 在养羊生产中，新生羔羊体温过低是体弱、死亡的主要原因。羔羊的正常体温是39～40℃，一旦低于36℃或37℃时，若采取措施不及时羔羊会很快死亡。初生羔羊由母山羊舔干净身上的黏液，可用干净布块或干草迅速将羔羊抹干，以免羔羊受凉。羊舍应注意保暖，防潮，避风，防雨淋。保持舍内干燥、清洁，常换垫草。冬季及早春如果天气寒冷，应注意保温，同时初生羔羊应使其尽快吃到初乳，以增强其对寒冷的抵抗力。

【提示】羔羊体温过低原因：一是出生后5h之内全身未擦干，散热过多造成的；二是出生6h以后（多半在12～72h）因吃不足奶，导致饥饿而耗尽体内有限的能量储备，而自身又难以产生需要的热能。

（2）防饿 母羊产后5天以内的乳叫初乳，它是羔羊出生后唯一的全价天然食品。初乳中含有丰富的蛋白质（17%～23%）、脂肪（9%～16%）等营养物质和抗体，具有营养、抗病和轻泻作用。羔羊初生后及时吃到初乳，对增强体质、抵抗疾病和排出胎粪具有很重要的作用。因此，应让初生羔羊尽量早吃、多吃初乳，吃得越早，吃得越多，增重越快，体质越强，发病越少，成活率越高，故应将母山羊的乳房用温水洗净，挤出最初几滴初乳，帮助初生羔羊找到母羊乳头。

由于初生羔羊1次吮乳量有限，因此每隔2～3h应哺乳1次。生双羔羊的母羊，应同时让两只羔羊近前吮乳，可将母羊关进单间室内，放一桶温水和干草，让母羊安静1.5h左右，再将羔羊放进去，待母子自行相认哺乳。若母羊产羔后无奶，应给羔羊找产期相近且奶水充足的母羊作保姆羊。开始时需人工强迫母羊哺乳，以后逐渐锻炼保姆羊自己给羔羊哺乳。如果母羊产羔后不认羔，这时就需要人为地强迫母羊给羔羊哺乳，加强对羔羊的护理，待母羊认羔后再转到小母仔栏饲养。

【注意】母羊靠嗅觉来识别自己的羔羊，为了混淆母羊的嗅觉，可把保姆羊的乳汁或其产羔时的羊水涂在要寄养的羔羊身上；或将刚生下要寄养羔羊身上的羊水或尿抹在保姆羊的鼻端，使母羊不易识别。

母羊和羔羊在产羔栏中饲喂，褥草要经常更换。在常乳期（6～60天），奶是羔羊的主要食物，但同时应开始训练其吃料，在饲槽里放上用开水烫后的半湿料，待饲料温度与奶温相近后，引导羔羊去哺，反复数次羔羊就会吃了。在奶、草过渡期（2月龄至断奶），这时羔羊能采食饲料，要求饲料多样化，注意个体发育情况，随时进行调整，以促使羔羊正常发育。随着日龄的增加，可把羔羊赶到牧地上放牧。母仔分开放牧有利于增重、抓膘和预防寄生虫病，断奶的羔羊在转群或出售前要全部驱虫。

（3）防病 抓好羔羊疾病防治工作，初生羔羊生长快、营养需求量大、饲养管理要求高、疾病抵抗力差，应注重疾病的防治；同时做好适配母羊的驱虫和预防注射工作，在配种前1个月用盐酸左旋咪唑按每千克体重6~8mg内服，或丙硫咪唑按每千克体重5~15mg内服进行驱虫，还可以采用克虫星（伊维菌素）针剂按使用剂量进行肌内注射驱虫，驱虫后即可注射羊四联苗，可有效预防羔羊痢疾的发生。

抓好怀孕母羊的饲养管理，做到“母肥仔壮”。饮水以干净的温水为宜，水温不能低于20℃，圈舍要勤打扫，保持干燥、保温、避风。在产羔前应对圈舍、用具进行全面彻底的清理和消毒，对产羔围栏更新，更换垫草，铺撒草木灰。

在产羔期内定期消毒，更换垫草，保持良好卫生环境。对病羔设隔离圈单独饲养，并做到一畜一消毒、更换垫草。羔羊出生后要按时让其吃足母乳。对羔羊脐部用碘酊严格消毒，以防止感染，出生当天注射破伤风抗毒素1支。抓好羔羊断奶关，以羔羊60天断奶为宜，断奶时应逐步进行，使羔羊有一个适应过程，不能“一刀切”。对羔羊要每天进行仔细观察，发现病羔羊立即隔离治疗，并对病羔羊接触后的用具和场所进行彻底消毒，病羔羊用过的垫草应烧毁，对病死羔羊消毒后深埋。

2. 四勤

（1）勤检查 主要检查羔羊的精神状态和母羊的泌乳情况，以便及时处理，减少经济损失。发现羔羊营养不良，应注意辅助哺乳；对病羔羊，应及时隔离治疗；对死羔羊，应马上处理。

（2）勤配奶 对失去或找不到母羊的羔羊，可改用牛奶进行人工哺乳。应选择乳脂率高的牛奶，30日龄前不宜用乳脂少的鲜奶，最好选用其他羊的乳汁。奶温以30℃左右为宜。开始5天内1天喂5次，以后减为3次，20天后每天2次。喂量为1~7天200g牛奶，

7～15天300g牛奶，15～20天400～700g牛奶，20～30天700～900g牛奶（应注意羔羊的消化或腹胀、拉稀等症状）。

（3）勤治疗 对病羔羊做到早发现，及时采用抗生素或磺胺类药物对其进行治疗。对四肢瘫软、口鼻俱凉、呼吸微弱的濒死羔羊，应采用相应的方法治疗。

（4）勤消毒 注意圈舍卫生消毒和母羊乳房清洁卫生，可有效预防各种疾病的发生。

第五节 其他饲养管理技术

一 羊只编号

为了对羊群进行准确的选择、选配和淘汰，需要对育种群中每一个体的系谱和生产性能等记录资料，这就需要对羊只进行编号。羊只编号的方法较多，经常采用的有耳标法、墨刺法和剪耳法三种。现在更常用的是前两种方法。

1. 耳标法

耳标是固定在羊耳上的标牌，制作耳标的材料有铝片和塑料两种。耳标有圆形（多为铝制）和长方形（多为塑料制）两种（图5-1）。

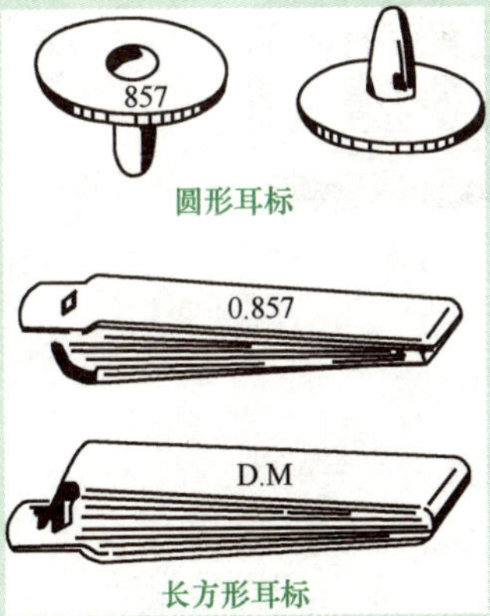

图5-1 山羊耳标

耳标的正面编号上应反映羊只的三种信息：出生年、性别和序号，因此，耳标的号码是由 2 ~ 5 位数字组成的。1 ~ 2 位数字表示出生年，其后为序号，最后一位数字表示性别：单号为公羊，双号为母羊。如果一个育种场饲养有不同的品种，或不同的杂交代数的个体，可在耳标背面编品种名，用品种名的英语首字母或汉语拼音声母的首字母代表；杂种羊可用 F1、B1、B2 等表示。

佩带耳标时，耳标钳打孔过程中应避开血管。若出现出血现象，应注意消毒以防感染。耳标脱落的个体应及时补戴，且注意不要有个体号相同的编号。

2. 墨刺法

墨刺法是用特制的墨刺钳和十字钉将所编号码刺在羊耳内面的编号方法。在墨刺钳上面排好（安装）应编的针刺号；选耳内毛较少的部位，用碘酒消毒，并将墨汁或油墨涂于该部位；然后用手将刺字钳均匀地刺破皮肤，随着染料渗入皮内，点线状的号码便在羊耳内形成。对号码不清的个体，应重新刺号（图 5-2）。

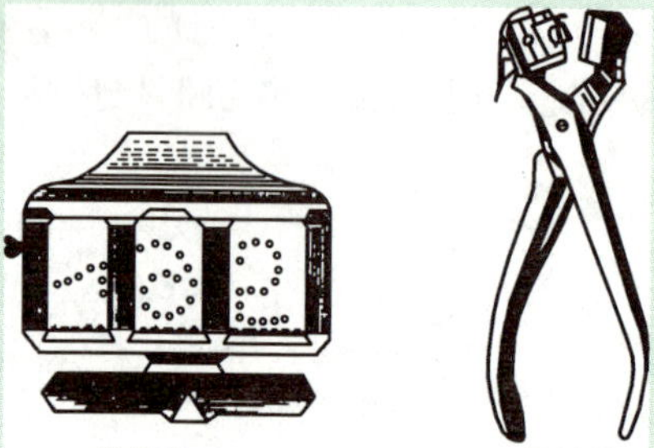

图 5-2　墨刺编号

二 抓羊、保定羊和导羊前进

在进行个体品质鉴定、称重、配种、防疫、检疫和买卖羊等时，都需要进行抓羊、保定羊和导羊前进等操作。

（1）抓羊　在抓羊时要尽量缩小其活动范围。抓羊的动作，一是要快，二是要准，出其不备，迅速抓住山羊的后肋或飞节上部。

因为胁部皮肤松弛、柔软，容易抓住，又不会使羊受伤。除此两部位，其他部位不能随意乱抓，以免伤害羊体。

（2）保定羊 一般是用两腿把羊颈夹在中间，抵住羊的肩部，使其不能前进，也不能后退，以便对羊只进行各种处理。另外，保定人也可站在羊的一侧，一手扶颈或下颌，一手扶住羊的后臀即可。

（3）导羊前进 抓住羊后，当需要移动羊时就须导羊前进。方法是一手扶在羊的颈下部，以掌握前进方向，另一手在尾根处搔痒，羊即短距离前进。喂过饲料的羊，可用饲料盆逗引前进。切忌扳羊角或抱头硬拉。

三 去角

去角的目的是防止由好斗带来伤亡和流产，可减少占地面积和易于管理。方法是将羊羔侧卧保定，用手摸到角基部，剪去角基部羊毛，在角基部周围抹上凡士林，以保护周围皮肤。然后将苛性钠（或钾）棒，一端用纸包好，作为手柄，另一端在角蕾部分旋转摩擦，直到有微量出血为止。摩擦时要注意时间不能太长，位置要准确，摩擦面与角基范围大小相同，术后敷上消炎止血粉。羔羊去角后半天内不应让其接近母羊，以免苛性钠烧伤母羊乳房。也可采取电烙器法，选择7～14日龄，且体况很好又健康无病的羔羊，经鉴定后确系无角再进行。当电烙器达到烧红（或极热）时，在每只角芽上保持约10s即可。注意灼烧时间过长会导致热原性脑膜炎；灼烧部位包括角芽周围约1cm的组织（但不要烧伤角基外的皮肤），以防止角根再生。

四 修蹄

山羊蹄壳不断生长，在粗糙地面上的羊只其羊蹄的磨损常造成畸形，故每年要定期修蹄2～3次。长期不为羊修蹄，不仅会影响其行走和放牧，还会引起腐蹄病，肢势变形等，种公羊甚至能降低或丧失种用价值。正确的修蹄方法是：先掏出趾间的脏物；用小刀或修蹄剪剪掉所有松动而多余的蹄甲，但要平行于蹄毛线修剪；再剪掉长在趾间的赘生物和削掉软的蹄踵组织，使蹄表面平坦。修蹄时间多在雨后进行。

五 去势

公山羊羔去势（又称阉割）的目的是减少初情期后性活动带来

的不利影响，以提高育肥效果。随着羔羊屠宰利用时间的提前，特别是一些晚熟品种或杂交种，若经济利用时间在初情期之前，去势是不必要的。去势主要有橡皮筋法和摘除睾丸法两种去势方法。

（1）橡皮筋法 主要适用于羔羊。用强力橡皮筋置于阴囊上，缠绕扎紧，以阻断睾丸和阴囊的血液供给；术后14天，阴囊和睾丸将一起脱落。

（2）摘除睾丸法 适用于成年羊公羊和14日龄的羔羊。操作方法是：先固定好羊只，通常把羔羊按在桌上或坐在助手膝上；用手术刀在消毒的阴囊底部做一切口，或用灭菌直剪剪掉阴囊下1/4的皮肤；手术者用手指挤拉出2个睾丸，刮断精索，尽量将精索留短一些（防止突出阴囊外而造成感染）；术后伤口做消毒处理，并任其敞开，但饲养羊只的圈舍要清洁卫生和无蚊蝇叮咬。

六 药浴

为驱羊体外寄生虫，预防疥癣等皮肤病的发生，每年要在春季放牧前和秋季舍饲前进行药浴。药浴的方法主要有池浴、大锅或大缸浴、喷淋式药浴等方法。具体选择哪种方法，要根据羊只数量和场内设施条件而定，一般在较大规模的羊场内采用药浴池药浴的较为普遍。

（1）药液配制 可选用0.5%～1.0%的精制敌百虫或0.05%的辛硫磷溶液，也可用石硫合剂溶液（其配方为生石灰7.5kg、硫黄粉12.5kg和水）。

辛硫磷溶液配制方法：使用50%的辛硫磷乳油50g加水100L，其有效浓度为0.05%，水温25～30℃，药浴1～2min，一般50g乳油配制成的药液可洗羊14只。

（2）注意事项 药浴最好隔1周再进行1次，药液要洒到羊舍内；药浴前8h停止放牧或饲喂，入浴前2～3h给羊饮足水，以免羊吞饮药液中毒；让健康的羊先浴，有疥癣等皮肤病的羊最后浴；凡妊娠2个月以上的母羊暂不进行药浴，以免流产；要注意羊头部的药浴，无论采用何种方法药浴，必须要把羊头浸入药液1～2次；药浴后的羊应收在凉棚或宽敞棚舍内，过6～8h后再放牧或入圈。

——第六章——

山羊高效育肥技术

山羊育肥是根据其本身的生长发育点，利用饲养和管理技术，用尽可能少的饲草、饲料获得尽可能多的增重，生产出大量优质的羊产品。

第一节　影响山羊高效育肥的因素

影响山羊育肥的主要因素有山羊品种，个体，饲草、饲料类型，营养水平，季节，育肥方式，饲养规模和技术的应用情况。

一　品种与个体

品种是影响山羊育肥的主要因素。一些专门肉羊品种，如波尔山羊的日增重可达400g，而我国的许多山羊品种的日增重仅100g左右；部分地方品种生长发育慢，体形小，产肉力差，不适应市场的需要。为提高南方山羊的产肉能力，必须利用国外优秀山羊品种，如波尔山羊进行杂交。杂交羊的日增重平均可比不杂交的提高60%以上。

同一品种（品系）内部，不同个体的产肉能力也大相径庭。不同性别、年龄，不同饲养方式的山羊育肥效果不同。由于雄性激素有促生长作用，在正常饲养情况下，公羊比母羊的增重快，相同年龄的公羊比母羊的增重高10%~50%。山羊年龄越小，生长强度越大，而且以骨骼和肌肉增长为主，饲料利用率高，育肥效果好。

二 饲草、饲料类型与营养水平

育肥要因地制宜，因此育肥时的饲草、饲料类型存在不同，有舍饲的精饲料型日粮、青贮饲料型日粮和粗饲料型日粮。一般以粗饲料为主进行育肥，日增重为100g左右；而以精饲料为主进行育肥的，日增重可达300g左右。

在放牧育肥中，草场的年产青干草量决定育肥效果。南方需2～5亩（1亩＝666.7m^2）草山坡、北方需要100余亩才能养一头羊；如果采用人工草场放牧，单位面积的载畜量要大得多，育肥效果也好。

三 季节

季节不同，育肥效果不同。秋、冬季适合育肥。羊肉的主要消费季节是秋、冬季节和早春，所以春季育肥的羊没有消费市场；同时育肥又要避开炎热的夏季。秋、冬季温度适宜，牧草和饲料丰富，适合育肥。

四 育肥方式

常用的育肥方式有3种，即放牧育肥、舍饲育肥和放牧与舍饲相结合的育肥方式。

（1）放牧育肥 是利用天然草场、人工草场或秋茬地放牧抓膘的一种育肥方式。在8～9月选择质量较好的草场放牧2～3个月，至11月，待羊体膘满时屠宰。

（2）舍饲育肥 在舍饲饲养条件下，充分利用农作物秸秆、干草及农副产品，并按饲养标准配制日粮，在较短的育肥期间供给羊只充足的营养物质，达到快速催肥的一种育肥方式。舍饲通常为75～100天，在良好的饲养管理条件下，一般可增重10～15kg。这是国内外羊肉生产特别是肥羔生产所采用的主要方式。

（3）放牧与舍饲相结合的育肥方式 即在放牧基础上补饲一定的精饲料，这种方式既能充分利用牧草的生长季节，又能取得一定的强度育肥效果。放牧加补饲的育肥羊群由同一牧工管理，每天放牧7～9h，同时分早、晚2次补饲草料。

精饲料由玉米、饼类、麦麸、食盐、尿素等组成，并补充矿物质添加剂。粗饲料主要利用农副产品，如秸秆、地瓜秧、花生秧等。精饲料每天喂200～400g，粗饲料不限量。混合育肥方式同样有赖于放牧条件，亦受季节的影响，可在有一定放牧条件的农区、山区、半农半牧区进行，是目前我国普遍采用的一种肉羊育肥方式。

五 饲养规模和羊群结构

1. 饲养规模

饲养规模不同，育肥效果也不同。饲养规模受资金投入、劳动力、放牧草场面积、羊只出栏率与出栏时体重、销售价格等因素影响。在各羊场具体的自然生态条件和社会经济条件下，确定适度的育肥规模。一些主要是利用天然草场放牧进行的育肥，草场地势平坦、草生密度大的，放牧羊群可大些。反之，如果山区地势起伏，牧草稀疏，牧道狭窄，或农区地势虽然平坦，但在牧道两侧都是庄稼，草场和草坡面积小的，放牧羊群的只数就应少些。

而在农区，主要靠田间杂草，加边隙地和大田套夹种牧草、蔬菜以及桑树地里夹种绿肥等作饲草来源，故羊群规模不宜过大。种公羊要求饲养管理精细，羊群只数要少些，母羊群则可大些。羯羊群对饲养管理要求低些、粗放些，羊群只数可更大些。如果母羊、育成母羊只数多，可按母羊等级编群更为理想。母羊群中各年龄母羊的比例要尽可能大致相同，以便在每年淘汰老龄羊和补充育成母羊时，使羊群的生产力变化较稳定。

2. 羊群结构

羊群结构是指各种用途和不同性别的羊只在群内所占的比例。一个羊场应包括母羊、种公羊、后备种公羊、育成母羊、当年羔羊和羯羊。羊群结构直接影响羊群育肥效果、羊群扩大再生产的能力和整个羊群生产的经济效益。

羊场羊群结构应分为两个部分，即一部分为纯种繁育群，其主要任务是提供杂交用的当地纯种母羊，羊群结构和纯种繁育的种羊场相似；另一部分为杂交育肥群，如果搞二元杂交，则 F_1 代公羔全部去势，而后羯羔和母羔一起进行育肥后屠宰。

确定合理的羊群结构的步骤：要进行科学的分群，羊场如果成年母羊只数较多，可再按母羊等级高低分别组群；根据羊场的生产方向与任务，以及羊场设备条件（羊舍、饲料的储备等）和有关技术指标，确定选留羊场各类羊的只数；进行各类羊的登记记录，确定承包人、承包生产任务和奖惩制度，进行分组，分群饲养管理。实行优质优饲、优质优配的饲养管理原则，不断提高羊群的品质和生产性能。

第二节　山羊高效育肥原则

一　利用专门化品种（系）

选择和利用优良专门化肉用品种，充分发挥羊只生长发育和繁殖性能方面的优势，进行育肥和羊肉生产。

肉用山羊的共同外形特点是：头短而宽，颈粗短；低身广躯，肌肉和皮下结缔组织发育良好；肩宽广，与躯体结合良好，没有明显凹陷；胸宽且深，背腰平直，宽广而多肉；后躯宽广丰满，肌肉一直延伸到飞节处；四肢粗短，距离较远，整个体形应成为长方形和圆桶形。同时，母羊性成熟早，全年发情，产羔率高，肉用性能好，经济价值高。常用的肉羊品种有波尔山羊、南江黄羊、简阳大耳羊、马头山羊等。

二　利用杂种优势

在羊肉生产中，充分利用杂种优势，是增加羊肉产量、改善羊肉品质和提高经济效益的有效措施。

1）合理开展经济杂交，把当地的地方品种母羊与肉用性能好的公羊进行杂交。

2）找出适合当地饲养条件、产肉性能高的杂交组合，并加以推广利用。杂交所得的羔羊除了具备早熟易育肥的优势以外，还要有抗病能力强、耐粗饲养等独特的生产性能。波尔山羊或南江黄羊与地方品种杂交，其后代作肉羊进行育肥，具有生长速度快、周期短、饲料转化率高的特点。

三　因地制宜利用饲草、饲料和科学日粮

根据各地情况合理利用牧草，进行放牧育肥，这是一种投入少、节省人力物力的育肥方式，能使山羊充分利用青草生长茂盛期迅速

增加体重，在当年体重达到最高时进行屠宰。

另外，根据育肥需要，收集和储备大量的青绿饲料、干草和秸秆，保证全年饲草的均衡供应。根据育肥前的状态，按着饲养标准和饲料营养价值配制羊的饲喂日粮，合理搭配精饲料；同时将秸秆饲料进行氨化处理，粮食籽实要粉碎，有条件的可加工成颗粒饲料，以提高饲料消化率和利用率。

四 掌握科学的育肥时间和方法

根据市场需要和山羊生物学特点，进行哺乳期羔羊育肥、早期断奶的强度育肥、当年羔羊育肥和成年羊的育肥等。在一些地区或养羊场可推行羔羊育肥，在当年屠宰，以增加羊肉产量，提高养羊业经济效益，也是对主要依靠宰杀老羯羊、病残羊、淘汰羊的传统羊肉生产经营方式的一个改革。但其所需要的技术含量高、操作烦琐，应因地制宜地选择育肥时间。

南方山羊的育肥方式：放牧育肥、半放牧半舍饲育肥和全舍饲育肥。采取全舍饲育肥的方式，虽然饲料的投入相对较高，但按着市场的需要实行大规模、集约化的养羊，房舍、设备和劳动力利用合理，劳动生产效率相对较高，从而也能降低一定成本。育肥期内羊的增重较快。

五 创造适宜的育肥环境

羊舍是肉羊舍饲育肥的主要基础建筑设施。在养羊生产水平较高的地区，其又是能满足羊的规模化生产的羊舍与设施，而在有些地区则尚处于游牧或半游牧式养羊生产方式的状态。虽然山羊是一种适宜放牧的家畜，能较好地适应游牧生活，但是为了迅速育肥，更好、更合理地去满足和保证羊只的生理要求，表现最好的生产性能，应考虑羊场建设及其相关设施，创造适宜的育肥环境。

六 合理利用饲料添加剂

饲料添加剂是指配合饲料中加入的各种微量成分，包括合成氨基酸、维生素制剂、微量元素、抗生素、酶制剂、激素、抗氧化剂、驱虫药物、防霉剂及着色剂等。这类饲料是随畜牧业集约化程度的提高和配合饲料工业的发展而发展起来的。其特点：一是用量小，作用大；二是保存条件要求较高，如维生素类、酶类、激素类一般不太稳定，保存温度较低；三是成本较高，使用时要精打细算，严防浪费。

1. 复合饲料添加剂

复合饲料添加剂是由微量元素（铁、铜、锰、锌、硒）、瘤胃代谢调节剂、生长促进剂等组成的。适用于当年羊及淘汰公羊、老弱成年羊育肥。据试验，放牧羊补喂混合料育肥90天，平均日增重为137g，能显著提高育肥效果及经济效益，缩短育肥期，节约饲料。具体用法：每只羊每天2.5～3.3g，均匀混于混合精饲料中饲喂。

2. 瘤胃素

瘤胃素又名莫能菌素钠或孟宁素，是不同链霉菌株产生的一类特殊抗生素。其中以莫能菌素应用较为广泛。其作用是减少瘤胃中甲烷的产生，增加过瘤胃蛋白质数量，从而提高肉羊的增重速度及饲料转化率。瘤胃素以饲料添加剂的形式均匀拌入饲料喂给，每千克日粮添加瘤胃素25～30mg，用量要先少后多或根据日粮组成适当调整。

3. 尿素

羊可以利用非蛋白氮中的氮素，尿素属于非蛋白氮中的一种。其目的是补充饲料中蛋白质的不足，按1.5%～2.0%的比例拌和于精饲料中饲喂，每天饲喂的数量占羊体重的0.02%，即成年母羊日喂量10～15g，6月龄以上青年羊日喂量6～8g，首次喂量只能按规定量的1/10喂给，以后逐渐增加。至10天以后可加到规定量。为防止尿素中毒，尿素不可单独喂，也不可溶于水中饮用，且喂后半小时内不要饮水。对病羊、弱羊少喂或不喂，万一发现中毒羊只，用0.5%的食醋200～500mL或1～2kg酸奶灌服即可解救。

4. 磷酸脲

其商品名为牛羊乐。其可为反刍动物补充氮和磷，是一种新型的非蛋白氮饲料添加剂，能促进羊的生理代谢，增强对氮、磷、钙的吸收作用。与尿素相比，其在瘤胃中的水解速度明显降低，使用时安全性（减少氨中毒）更高。据报道，平均体重为14.5kg的育成羊，每天每只添加10g磷酸脲，平均日增重可提高26.7%。

5. 杆菌肽锌

杆菌肽锌对革兰氏阳性菌有强大的抗菌力，对阴性菌、螺旋体、放线菌也有效，无药物残留，毒性低。其对畜禽有促生长作用，有利于养分在肠道内的消化吸收，可改善饲料利用率，提高增重效果。羔羊用量，每千克混合饲料中添加 10～20mg，混合均匀后饲喂。

第三节 羔羊高效育肥技术

一 羔羊育肥及其特点

根据我国情况，羔羊育肥主要是指 1 岁以内羔羊的育肥。羔羊育肥充分利用了羔羊生长快、饲料报酬高、生长周期短、饲养成本低的优势而进行的育肥。

1. 羔羊育肥的特点

1）羔羊生长快，饲料报酬高，成本低，收益高。羔羊育肥可以充分利用羔羊生长快的优势，提高饲草利用率，降低草肉比。羔羊肉具有鲜嫩、多汁、精肉多、脂肪少、味道美、易消化及膻味轻等优点。在国际市场上羔羊肉比成年羊肉的价格高 30%～50%。

2）羔羊当年屠宰，加快了羊群周转，缩短了生产周期，提高了出栏率及出肉率。羔羊当年育肥，当年屠宰，可增加羊肉产量，提高养羊业经济效益，改革主要依靠宰杀老羯羊、病残羊、淘汰羊的传统羊肉生产经营方式。

3）羔羊当年屠宰，减轻了越冬度春的人力和物力消耗，避免了冬季掉膘，甚至死亡损失。我国南方大部分地区夏、秋两季的牧草、粗饲料资源丰盛，而冬、春缺乏，因而造成“夏饱、秋肥、冬瘦、春乏”现象，采用羔羊育肥的措施，可以改变这种现象。

4）由于不养或少养羯羊，从而改变了羊群结构，大幅度地增加了母羊比例，有利于扩大再生产。

5）进行羔羊育肥，可提前断奶，缩短母羊哺乳期，母羊可以迅速发情配种，增加年产羔数。

2. 羔羊育肥的种类

包括哺乳羔羊育肥、早期断奶羔羊强度育肥、断奶羔羊育肥和当年羔羊育肥4类。

1）哺乳羔羊育肥是指在羔羊断奶前，利用其生长发育快、胴体组成部分增加大于非胴体部分（如头、蹄、毛、内脏等）、脂肪沉积少、瘤胃利用精饲料能力强等特点，使羔羊在哺乳的同时再喂充足的精饲料，使之能够生长、增重、上膘更快的一种羔羊育肥方式。在我国适合这种育肥方式的山羊品种很少。

2）早期断奶羔羊强度育肥是指羔羊经过45～60天哺乳期，断奶后继续在圈内饲养，到120～150日龄活重达15kg时屠宰的育肥方式。

3）断奶羔羊育肥是指羔羊按常规时间和方法断奶，断奶后饲喂育肥日粮，当活重达15～20kg时屠宰的育肥方式。

4）当年羔羊育肥是指羔羊断奶后利用草地放牧一段时间，然后进入舍饲育肥或断奶后一直在优良的草地上放牧，当活重达15kg以上时屠宰的育肥方式，该方式是我国生产羔羊肉的主要方式。

二 哺乳羔羊隔栏补饲技术

羔羊隔栏补饲是指在母羊活动集中的地方设置羔羊补饲栏，是羔羊早龄开食补料的一项技术，也是集约化肉羊生产的重要组成部分。其目的在于加快羔羊生长速度，提高育肥效果。

1. 选羊

选择早熟和个体较大的品种或个体。一般个体较大的品种断奶重较大，育肥结束时的体重也就大。早熟的品种幼龄时生长强度较大，只需要较短的时间就可以达到胴体要求。在同一品种内部，出生重大、母羊泌乳能力强、体格较大、早熟性好的公羔能最先达到出栏标准。

2. 开始隔栏补饲的时间

规模较大的羊群一般在羔羊出生后17～21天开始补料。若产羔期持续时间较长，羔羊出生不集中，可以按羔羊大小分批进行。规模较小的户养羊群，可在发现羔羊有舔舐饲料动作时开始，最早的可提前到10日龄。

3. 隔栏补饲羔羊的配料

羔羊补饲的粗饲料以青干草和优质青草为好，用草架或吊把让羔羊自由采食；精饲料主要是玉米、豆饼、麸皮等，1月龄前的羔羊补喂的玉米以大碎粒为宜，此后则以整粒玉米为好。现介绍三个饲料配方供生产中选用。

【配方1】玉米60%，燕麦20%，麸皮10%，豆饼10%。每10kg混合料中加金霉素或土霉素0.4g，骨粉少量。以上原料整粒拌匀喂羊。此方适于不具备饲料加工条件的地区。

【配方2】玉米20%，燕麦20%，豆饼10%，骨粉10%，麸皮10%，糖蜜30%。每10kg精饲料加金霉素或土霉素0.4g。将以上原料混合制成颗粒料，直径以0.4～0.6cm为宜。

【配方3】主型日粮中，玉米85.0%、豆饼13.0%、氯化铵0.5%、碳酸钙1.5%，每千克日粮另加维生素A 1100国际单位，维生素E 20国际单位；副型日粮中，豆饼86.7%、氯化铵3.3%、碳酸钙10.0%、每千克日粮另加维生素A 11000国际单位，维生素E200国际单位。

4. 隔栏补饲的饲养管理

1）隔栏面积按每只羔羊0.15m²计算，进出口宽约20cm，高度38～46cm，以不挤压羔羊为宜。经常对隔栏进行清洁与消毒。

2）饲喂技术。开始补饲时，白天在饲槽内放些玉米和豆饼，量要少而精。每天不管羔羊吃净与否，全部换成新料。待羔羊学会吃料后，每天再按日进食量投料。日进食量一般最初为每只40～50g，30日龄达到每只70g，后期达到每只300～350g，全期消耗混合料8～10kg。投料时，每天早上或晚上放料一次，以30min内吃净为佳。另外，要保证矿物质和维生素添加剂、食盐、饮水的需要。饲喂中，若发现羔羊对饲料不适应，可以更换饲料种类。但要保证断奶前后饲料的相对稳定，同时变换日粮时要逐渐过渡。

母仔应同时加强补饲。母羊哺乳期间每天喂足量的优质豆科牧草，另加500g精饲料，目的是使母羊泌乳量增加。

3）及时出栏。经过4～5周育肥，在羔羊4月龄左右时止，挑出羔羊群中达到15～20kg及以上的羔羊出栏上市。剩余羊只断奶后再转入舍饲育肥群，进行短期强度育肥；不作育肥用的羔羊，可优先转入繁殖群饲养。

三 早期断奶羔羊强度育肥技术

1. 羔羊早期断奶技术

羔羊早期断奶是在羔羊出生45～50日龄时进行，断奶后除饲喂优质青绿饲料或放牧以外，适当补喂混合精饲料的技术，可以控制母羊哺育期，缩短母羊产羔间隔和控制繁殖周期，达到一年产两胎或两年产三胎的一项重要技术措施。羔羊吃足初乳和进行早期隔栏补饲是此项技术成功的关键。吃足初乳可以增强羔羊的抗病力；搞好羔羊早期补饲，使羔羊到1月龄左右已能习惯大量采食精饲料，具体技术见上。

2. 设立育肥过渡期

育肥过渡期，也叫预饲期，是指断奶羔羊进入育肥圈后的一个适应育肥环境的过渡期，也是正式育肥前的准备时间。一般为10～15天，若羔羊整齐、膘情中等，预饲期可缩短为7天。

（1）羔羊分组 将断奶羔羊转入育肥舍，供足饮水，并喂给易消化的青干草，全面驱虫和预防注射。按羔羊体格大小分组，再按组配合日粮。体格大的羔羊优先供给精饲料型日粮，通过短期强度育肥，提前出栏上市；而对体格小的羔羊先喂给粗饲料比例较大的日粮，干草比例可占日粮的60%～70%，待复原后再进入育肥期。

（2）饲喂技术 经过2～3天的初步环境适应，羔羊可开始使用预饲日粮每天喂料两次，每次投料量以30～45min内吃净为佳，不够再添，量多则要清扫。料槽位置要适当，满足采食需要。饮水不间断。加大喂料量或变换饲料配方都应至少有3天的适应期。

预饲期前所用日粮配方：玉米粒25%，干草64%，糖蜜5%，油饼5%，食盐1%，抗生素40mg。此配方含粗蛋白质12.9%，钙0.78%，磷0.24%，精、粗比为36∶64。

预饲期后期所用日粮配方：玉米粒39%，干草50%，糖蜜5%，油饼5%，食盐1%，抗生素30mg。此配方含粗蛋白质12.2%，钙0.62%，磷0.26%，精、粗比为50∶50。

3. 正式育肥期的饲养管理

过渡期结束后即转入正式育肥期。此期应根据育肥计划、当地条件和增重要求，选择日粮类型——全精饲料型、粗饲料型和青贮饲料型，并在饲养管理上分别对待。

（1）全精饲料型日粮育肥

1）日粮配制。建议日粮配方为玉米粒96%，蛋白质平衡剂4%，矿物质自由采食。其中蛋白质平衡剂的成分为上等苜蓿62%、尿素31%、粘固剂4%、磷酸氢钙3%，经粉碎后混合均匀，制成直径为0.6cm的颗粒；矿物质的成分为石灰石粉50%，氯化钾15%，硫酸钾5%，微量元素盐28%，土霉素50g加预混料454g占2%。矿物质中的微量元素盐成分是在日常喂盐、钙、磷之外，再加入两倍食盐量的骨粉，具体比例为食盐占32%，骨粉占65%，多种微量元素占3%。本日粮配方的营养水平为每千克风干饲料含蛋白质12.5%，总消化养分85%。

2）饲养管理要点。应保证羔羊每天每只食入粗饲草45～90g，可以单独喂给少量秸秆当垫草来满足，但垫草需每天更换。进圈羊只活重应较大，山羊20kg左右，羊只进圈后休息3～5天后注射快疫、猝殂和肠毒血症三联苗，重点预防肠毒血症，再隔14～15天注射一次。保证充足饮水，对从外地购进的羊只在水中加抗生素，连服5天；如果怀疑或发现有内寄生虫，应及时驱虫。在使用自动饲槽时，要保持槽内饲料不出现间断，每只羔羊应占有7～8cm的槽位。在羔羊改用自动饲槽之前应至少有10天的适应期。

（2）粗饲料型日粮育肥 此法按投料方式分为普通饲槽用的自动饲槽用两种，前者是把精饲料和粗饲料分开喂给，后者则是把精、粗饲料混合在一起的全日粮饲料。为了减少饲料浪费，建议大中型规模的集约化羊饲养场采用自动饲槽，用粗饲料型日粮，故此处仅介绍自动饲槽用日粮。

1）日粮配制现介绍四个饲料配方，前两个为中等能量水平，后两个为低能量水平，供生产中参考。

【配方1】玉米58.75%，干草20%，黄豆饼20.25%，另加抗生素1.00%。此配方风干饲料中含粗蛋白质11.37%，总消化养分67.10%，钙0.46%，磷0.26%，精、粗比为60∶40。

【配方2】全株玉米65%，干草20%，蛋白质补充剂10%，糖蜜5%。此配方中，蛋白质补充剂成分为黄豆饼50%，麸皮33%，稀糖蜜5%，尿素3%，石灰石粉3%，磷酸氢钙5%，微量元素加食盐1%。此外，每千克补充剂中加维生素A 33000国际单位，维生素D 3300国际单位，维生素E 330国际单位。本配方风干饲料中含粗蛋白质11.12%，总消化养分66.9%，钙0.61%，磷0.36%，精、粗比为67∶33。

【配方3】玉米粒53.00%，干草47.00%。此配方日粮风干饲料中含粗蛋白质11.29%，总消化养分64.9%，钙0.61%，磷0.36%，精、粗比为53∶47。根据需要可按配方日粮的1%另加抗生素。

【配方4】全株玉米58.75%，干草28.75%，蛋白质补充剂7.50%，糖蜜5.00%。其中，蛋白质补充剂成分同配方二。本配方风干饲料中含粗蛋白质11.00%，总消化养分64.00%，钙6.4%，磷0.32%，精、粗比为59∶41。

2）饲养管理要点。日粮用干草应以豆科牧草为主，其粗蛋白质含量不低于14%；配制出的日粮在成色上要一致，尤其是带穗玉米必须碾碎，以羔羊难以从中挑出玉米粒为准，常用的筛孔为0.65cm。按照渐加慢换的原则，让羔羊逐步转入育肥日粮的全喂量，每只羔羊日喂量按1.5kg计。利用自动饲槽省力省工的特点，每天投料一次即在自动饲槽内装足一天的用量。要注意饲槽的数量要适宜。

（3）青贮饲料型日粮育肥 此法以玉米青贮饲料为主，可占到日粮的2/3～3/4。一般青贮方法难以适用育肥初期羔羊和短期强度育肥羔羊；但若选择豆科牧草、全株玉米、糖蜜、甜菜渣等原料青贮，并适当降低其在日粮中的比例，也可用于强度育肥，但羔羊育肥期将大为缩短，育肥期日增重能达到160g以上。

1）日粮配方现介绍两个配方，仅供参考。

【配方1】碎玉米粒27%，青贮玉米67.5%，黄豆饼5.0%，石灰石粉0.5%，维生素A和维生素D分别为1100国际单位和110国际单位，抗生素11mg。此配方风干饲料中，含粗蛋白质11.31%，总消化养分70.9%，钙0.47%，磷0.29%，精、粗比为67∶33。

【配方2】碎玉米粒8.75%，青贮玉米87.5%，蛋白质补充料3.5%，石灰石粉0.25%，维生素A和维生素D分别为825国际单位和83国际单位，抗生素11mg。此配方风干饲料中，含粗蛋白质

11.31%，总消化养分 63.0%，钙 0.45%，磷 0.21%，精、粗比为 33∶67。

2）饲养管理要点。羔羊应先喂 10 天左右预饲期日粮，再转入青贮饲料型育肥日粮。开始时，适当控制喂量，逐日增加，7 天左右达到全喂量。应严格按日粮配方配合操作，混合必须均匀，尤其是石灰石粉不可缺少。羔羊日进食量应在 2.5kg 以上，饲料要过磅称重，不能估计重量。

四 断奶羔羊强度育肥技术

1. 育肥前的准备

（1）羊舍与饲养设施的准备 育肥羔羊舍的总体要求为：①通风干燥；②每只羔羊占舍面积 0.6 ~ 0.8m^2；③要配置运动场，面积为羊舍总面积的 2 ~ 3 倍；④要设置饲槽、水槽和草架，每只羔羊占饲槽位 20 ~ 25cm。

（2）羊舍消毒 羊只入舍前要对羊舍进行彻底清扫和消毒。

（3）羊只选择与分组 参加育肥的羔羊以符合下列条件最好：①年龄为断奶后 3 ~ 5 月龄；②发育良好，膘情中等以上；③体格较大，体重在 15kg 以上；④健康无病，被毛光顺，机警灵敏。

羊只进舍后，采用打耳标法对羊只标号。空腹称重，按羊只体重、体格、膘情等进行分组，相近的分为一组，每组 15 ~ 20 只，并登记造册。

（4）免疫前驱虫 检查羊只免疫卡，凡未进行常用疫苗免疫的一律要进行免疫。育肥期羔羊应接种的常用疫苗有羊三联四防苗、羊痘疫苗、山羊传染性胸膜肺炎菌苗、羔羊大肠杆菌苗等。育肥前对羊只统一进行一次驱虫。

（5）饲草与饲料 饲草、饲料选择与制备的总体要求：①无腐烂、无霉变；②直接饲喂的干草要柔软，质地较硬的豆秸要揉搓；③青贮饲料品质要达到中等以上；④混合精饲料以颗粒饲料为最好；⑤粗饲料要选择营养价值中等以上的。

配置各种晒干的牧草与秸秆，干草与秸秆要铡短（3 ~ 5cm）混匀。

2. 羔羊育肥混合精饲料配方

【配方1】玉米30%、豆饼（粕）5%、优质牧草粉62%、食盐1%、骨粉1%、羊用添加剂（预混料）1%。

【配方2】玉米65%、麸皮12%、豆饼（粕）10%、优质牧草粉10%、食盐1%、骨粉1%、羊用添加剂（预混料）1%。

【配方3】玉米90%、麸皮6%、食盐1%、骨粉2%、羊用添加剂（预混料）1%。

3. 育肥方案

采用混合粗饲料和混合精饲料饲喂，先粗饲料后精饲料，自由饮水。育肥期60天，分三个阶段。具体饲喂育肥方案如下：

（1）第一阶段（1~15天）

1）1~3天为适应期。仅饲喂营养价值高或较好的优质干草或秸秆，自由采食。

2）4~7天为饲料过渡期。用混合粗饲料逐步替代干草饲喂，并逐日添加混合精饲料Ⅰ，直至达到设定的饲喂量。

3）8~15天为日粮稳定期。用混合粗饲料和混合精饲料Ⅰ饲喂。基本饲喂标准：每只羊每日饲喂混合粗饲料约1.5kg，混合精饲料Ⅰ0.25kg。

（2）第二阶段（16~45天）

1）16~18天逐步由饲喂混合精饲料Ⅰ过渡到混合精饲料Ⅱ，混合粗饲料不变。

2）19~45天为日粮稳定期。基本饲喂标准：每只羊每日饲喂混合粗饲料1.5kg，混合精饲料Ⅱ0.25kg。

（3）第三阶段（46~60天）

1）46~48天逐步由饲喂混合精饲料Ⅱ过渡到混合精饲料Ⅲ，混合粗饲料不变。

2）49~60天为日粮稳定期。基本饲喂标准：每只羊每日饲喂混合粗饲料1.5kg，混合精饲料Ⅲ0.25kg。

4. 技术要点

1）混合精饲料可以自配，也可购置专业的商品饲料，但以颗粒饲料为最好。若为粉料，应调制成湿料饲喂。

2）玉米在饲喂时以压扁最好，其次为整粒，不宜加工成玉米粉饲喂。

3）若喂青绿饲料时，宜晾干，减少水分。每4kg青绿饲料相当于1kg混合粗饲料。

4）高强度育肥时，可提高混合精饲料的饲喂量。随着精饲料饲喂量的提高，粗饲料的摄食量将逐渐降低。

5）羊饲喂时要定时定量，每天2~3次，其中晚上必须饲喂1次。

6）羊出栏时若体重达不到要求，可适当延长育肥时间1周左右。

五 当年羔羊育肥技术

1. 羔羊品种的选择

充分利用杂交优势，以波尔山羊、南江黄羊杂交当地山羊所产的后代，体重在10kg以上的均可选为育肥羔羊，这些杂种羔羊具有母本羊的耐粗饲、抗病力强，父本羊的生长速度快、产肉多、肉质好、饲料利用率高的特点，所以12月龄羔羊体重可达30~40kg。

2. 羔羊哺乳期的培育

最好采用自繁自育一条龙的快速育肥方法。以免引种、购运等不利环境的影响。

1）及时补喂初乳。羔羊生后2~3h内让其尽快哺足初乳。因为初乳营养丰富，容易吸收，蛋白质含量为常乳的4倍，并含有较多的抗体，既有清理胃肠道的作用，又有抑制消化道内杂菌的繁殖，增强羔羊抵抗疾病的能力。

2）早期补足草料。羔羊生后30天，母羊的泌乳量远远不能满足羔羊的需要，因此，羔羊必须早期开食。一般羔羊生后15~20天，就应训练吃一些营养丰富、品质好、易消化的优质饲料，如胡萝卜等。25日龄后补喂玉米、豆粕、糠麸等混合饲料，以促进消化器官的发育。每只羔羊日补精饲料60g、食盐5g。

3）羔羊断奶。羔羊4月龄必须断奶。多采用一次断奶法，即母、羔分开，把母羊赶走，羔羊留在原圈，使羔羊保持原来的饲养环境。断奶羔羊每天应补喂精饲料0.3~0.4kg，优质青干草1~

1.5kg，1周后精饲料可增加到0.5kg、食盐8~10g。

4）驱虫。羔羊4月龄断奶前应进行驱虫和健胃。用阿维菌素片驱虫，每只羔羊的剂量为5mg（1片），间隔7日后再服1次；健胃，用人工盐1次内服5~15g。

3. 羔羊育肥的准备

羔羊要进行断奶和采食训练。在育肥开始前训练羔羊采食饲料，每天空腹时让羊采食或者用人工的方法强行往嘴里塞料，饲料要粉碎，要配入适口性好的玉米、豆饼等，并加入适量的食盐，经训练一周后羔羊渐渐地可以采食饲料，并做好羔羊的驱虫、药浴、防疫注射以及羔羊的去势与合群性培养，为羔羊的单独组群做准备。

4. 育肥

羔羊育肥分为三个阶段，即育肥前期、育肥中期和育肥后期。如果育肥期为60天，即育肥前、中、后期各为20天。

基本原则：育肥前期管理的重点是观察羔羊对育肥管理是否习惯，有无病态羊，羔羊的采食是否正常，根据采食情况调整补饲标准、饲料配方等。育肥中期加大补饲量，增加蛋白质饲料比例，注重饲料中营养的平衡和质量。育肥后期在加大补饲量的同时，增加饲料的能量，适当减少蛋白质的比例，以增加羊的肥度，提高羊肉的品质。补饲量的确定应根据体重的大小，参考饲养标准补饲，并适当提前补饲，以期达到应有的增重效果，并根据羊群的健康状态和增重效果，随时改变育肥方案和技术措施。育肥饲料用豆饼、麦麸、玉米粉碎后配制成混合精饲料，根据不同的育肥时期，配制比例有所不同。常用饲料配方比例：育肥前期豆饼占30%、麦麸占15%、玉米占55%；育肥中期豆饼占25%，麦麸占15%、玉米占60%；育肥后期豆饼占20%、麦麸占15%、玉米占65%。

育肥期间除了喂食精饲料外，每天还要喂一定的粗饲料。育肥用粗饲料最好选用苜蓿干草，喂前先粉碎，长短在3cm左右。育肥羔羊每天的粗饲料食用量要按比例搭配，育肥前期精饲料为0.2~0.6kg、粗饲料为0.7kg、食盐7g；育肥后期精饲料为0.6~0.8kg、粗饲料为0.6kg、食盐8g。

以下饲料配方可供参考：

【配方1】玉米75kg，豆饼15~20kg，苜蓿草粉和尿素等蛋白质的平衡剂3.5~8.5kg，食盐、矿物质元素1.5kg，每只羔羊每天的饲喂量为350~800g。

【配方2】玉米0.38kg、豆饼0.22kg、贝壳粉5g、食盐5g、饲草0.64kg，作为每只羔羊每天的饲料供给量。

6月龄肥羔日粮组成：前期30天，玉米60%、麸皮17%、豆饼20%、预混料3%；中期30天，玉米65%、麸皮17%、豆饼15%、预混料3%；后期30天、玉米70%、麸皮15%、豆饼12%、预混料3%。预混料可到饲料商店购买。配合饲料日用量：前期每只羔羊喂0.2kg；中期0.3kg；后期0.5kg。如果采用舍饲圈养，每只补喂草粉2~3kg。

8月龄肥羔日粮组成：前期30天，玉米67%、豆粕10%、麸皮20%、预混料3%；中期30天，玉米70%、豆粕7%、麸皮20%、预混料3%；后期30天，玉米72%、豆粕5%、麸皮20%、预混料3%。配合饲料日用量：前期每只羔羊喂0.2kg；中期喂0.3kg；后期喂0.4kg。粗饲料以放牧为主。要求放牧场草茂盛，适宜羔羊采食青草。

整个育肥期间，要有一个相对固定的饲喂程序：精饲料1天喂2次，上午10：00 1次，下午6：00 1次；粗饲料要少喂勤添，1天至少喂5~8次。

5. 育肥技术要求

（1）育肥方式 农区可采用舍饲圈养育肥法；草原地区或半农半牧区可采取放牧加补饲育肥方法。其方式：舍饲圈养育肥每天喂3次，草粉混入精饲料投喂；放牧加补饲育肥时，在归牧后补给精饲料。

（2）适时出栏 羔羊3月龄断奶，育肥期至6月龄出栏，经济效益最佳。5月龄羔羊育肥90天至8月龄出栏，效果也很好。成年羊育肥时应按品种、体重和预期增重等主要指标确定育肥方式和日粮标准。育肥方式可根据羊只来源和牧草生长季节来选择，目前主要的育肥方式有放牧与补饲混合型和颗粒饲料型两种。但无论采用何种育肥方式，放牧是降低成本和利用天然饲草、饲料资源的有效方法，也适用于成年羊快速育肥。

第四节　成年羊高效育肥技术

成年羊是指1岁以上的山羊公羊、母羊和羯羊。这些羊体重较大，体质相对较差，肉质相对较老。为了改善成年羊肉的品质，提高其肉产量和经济效益，在出栏前应对这部分羊群进行短期育肥，称为成年羊高效育肥。

一　育肥前的准备

1. 选羊与分群

首先要使育肥羊处于非生产状态。母羊应停止配种、妊娠或哺乳；公羊应停止配种、试情，并进行去势。

同时根据膘情、身体状况、牙齿的好坏、体重大小进行分群。分群得当，既可为不同类型的山羊制订并实施增重计划，安排放牧地，确定日粮和饲养方法，又便于放牧和舍饲管理，使同一群山羊生长均衡，增重趋于一致。在育肥前可按山羊的品种、年（月）龄、性别、体重、膘情、强弱等情况分别组群，分圈饲养。生产中一般将育肥山羊分成羯羊群、淘汰母羊群等。如果同一类型的羊群数量大，又可按膘情、体重、强弱再进一步细致分群，对不同类型的羊群给予不同的日粮，分别采取相应的饲养管理方法，避免混群饲养造成育肥效果参差不齐。育肥开始后1～2周内要勤观察、勤检查，每天巡视2～3次，掌握羊只的神态、采食、粪便、合群等情况，挑出伤、病羊单独饲养。

2. 防疫、药浴和驱虫

检查羊只免疫卡，凡未进行常用疫苗免疫的一律要进行免疫。应接种的常用疫苗有羊三联四防苗、羊痘疫苗、山羊传染性胸膜肺炎菌苗、羔羊大肠杆菌苗等。育肥前对羊只统一进行一次驱虫。对羊进行药浴或局部涂擦药物灭癣；在育肥开始前应对羊群用阿维菌素等药物驱虫；有条件的服健胃药。在圈内设置足够的水槽和料槽，并进行环境（羊舍及运动场）清洁与消毒。

二 成年羊育肥方式

1. 放牧育肥

这是最常见、最经济的育肥方法，也是目前山羊育肥的传统方法。它是利用天然草场、人工草场和秋茬地放牧、抓膘的一种育肥方式。常在牧草生长旺盛的夏、秋季节将育肥羊每天放牧8h以上，饲喂3～6个月出栏。放牧当中要保证羊只充足的食盐与饮水。

2. 放牧加补料育肥

指放牧与舍饲相结合的一种育肥方法，即在放牧的基础上，同时补饲一些精饲料或秸秆氨化饲料。一般育肥40～60天即可上市。实践证明，这种育肥方式要根据牧草生长情况和羊只采食情况，采取分批舍饲与上市的方式，效果较好。

3. 舍饲育肥（或称强制育肥）

这种方法是为了调节羊肉的供求市场，充分利用粮食加工副产品，按照饲养标准配制日粮，并以较短的育肥期和适当的投入获得羊肉的一种育肥方式。

舍饲育肥要充分利用农作物秸秆、牧草及农副产品，其精饲料可占到日粮的45%～60%。每只羊每天补0.3～0.4kg精饲料，再以青贮饲料、优质干草、氨化饲料等喂饱。

有饲料加工条件的地区，饲养肉用成年羊或羯羊可利用颗粒饲料。颗粒饲料中，秸秆和干草粉可占55%～60%，精饲料35%～40%。现推荐配方如下：

【配方1】草粉35.0%，秸秆44.5%，精饲料20.0%，磷酸氢钙0.5%。此配方饲料中含干物质86%，粗蛋白质7.2%，钙0.48%，磷0.24%，每千克代谢能6.897MJ。

【配方2】禾本科草粉30.0%，秸秆44.5%，精饲料25.0%，磷酸氢钙0.5%。此配方饲料中含干物质86%，粗蛋白质7.4%，钙0.49%，磷0.25%，每千克代谢能为7.106MJ。

三 成年羊高效育肥的技术要领

1. 育肥周期

育肥周期一般以60～80天为宜。底膘好的成年羊育肥期可以为

40天，即育肥前期10天、中期20天、后期10天；底膘中等的成年羊育肥期可以为60天，即育肥前、中、后期各为20天；底膘差的成年羊育肥期可以为80天，即育肥前期20天、中、后期各为30天。

饲喂精、粗饲料量要求：育肥前期每天精饲料为0.4～0.7kg、粗饲料为1.2kg、食盐5g；育肥中期每天精饲料为0.6～1kg、粗饲料为1.0kg、食盐10g；育肥后期每天精饲料为1.2～1.5kg、粗饲料为0.8kg、食盐10g。经过一个育肥期的饲养，育肥羊平均日增重可达165g，屠宰率可达45%以上。成年羊可增重10～15kg。

2. 根据气候变化调节棚舍内温度

有围栏和饲槽而无棚舍的敞圈，适合温暖地区使用，虽然其生产成本低，但饲养环境的温度不好调节。利用棚圈和羊舍养羊的，其舍内温度可以调节，育肥效果优于敞圈育肥，其调节方法为：冬季加强保温，防御严寒；夏季加强通风换气，屋顶铺草隔热，并使用电风扇、水帘降温。南方地区应尽量建造高床漏缝生态羊舍。

3. 掌握适宜的饲养密度

在舍饲育肥情况下，肉用山羊的饲养密度要适宜。饲养密度为：羔羊0.5～0.8m^2/只；成年羊1～1.5m^2/只。饲槽长度也应与羊只数相匹配，一般羔羊20～30cm/只，成年羊35～50cm/只。

4. 饲料多样化，因地制宜巧配日粮

配制山羊育肥期日粮，要达到营养全面、饲料易得、价格低廉的目的。

首先，饲料应该多样化，以利降低成本，并且要适口性好。尽可能多地使用来源广泛、数量充足的本地饲料。秋后可利用秋茬地放牧。在放牧育肥过程中，要让羊喝足水，且保证食盐的供给。

其次，要根据饲养标准和育肥方案，设计育肥羊饲料配方，保证日粮的全价性。蛋白质不足的可考虑选用棉籽饼、菜籽饼、豆饼、豌豆饼等植物性蛋白质饲料，还可添加尿素等非蛋白氮饲料，但为使氮硫比和钙磷比分别达到10∶1和2∶1，可在日粮中添加0.5%氯化铵或硫酸铵，并将多种草料合理搭配饲喂，以降低饲料成本。

再次，根据育肥强度的变化调整日粮组成。育肥羊日粮中粗饲料与精饲料的最佳比例为55∶45。育肥强度越大，精饲料比例越大；

育肥强度越小，粗饲料比例越大。即使进行短期高强度育肥时，也必须保证一定比例的粗饲料，因为粗饲料对山羊的消化代谢是不可缺少的。为达到预定的育肥效果，提高日增重，还可在日粮中加入生长促进剂。

5. 采取科学的放牧方法

科学放牧体现在放牧时机的把握和草场的合理利用上。夏、秋季节牧草丰茂、鲜嫩多汁、营养性好，对放牧育肥山羊来说，应采用早出牧、晚归牧和适当夜牧等措施，以延长有效放牧时间。南方夏天气候炎热，要采取早晚两头放牧，中午及其前后将羊赶到树阴下休息，避开高温时间。在草场的使用上，尽量选择草质好的草场放牧，如果草场有好有差时，育肥前期应在草质稍差的草场上放牧，育肥后期转入草质好的草场放牧。秋后可利用秋茬地放牧。在放牧育肥过程中，要让羊喝足水，且保证食盐的供给。放牧方法有以下几种：

1）赶着放。即放牧员跟在羊群后面进行放牧，适合于春、秋两季在平原或浅丘地区放牧，放牧时要注意控制羊群游走的方向和速度。

2）陪着放。在平坦牧地放牧时，放牧员应站在羊群一侧；在坡地放牧时，放牧员应站在羊群的中间；在田边放牧时，放牧员应站在地边。这种方法便于控制羊群，四季均可采用。

3）等着放。在丘陵山区，当牧地相对固定，且羊群对牧道熟悉时，可采用此法。出牧时，放牧员将羊群赶上牧道后，自己抄近路走到牧地等候羊群。采用这种方法放牧的，要求牧道附近无农田、无幼树、无兽害，一般在植被稀疏的低山草场或在枯草期采用。

4）牵牧。利用工余时间或老、弱人员用绳子牵引羊只，选择牧草生长较好的地块，让羊自由采食，在农区使用较多。

5）拴牧。即用一条长绳，一端系在羊的颈部，另一端拴在一根小木桩上，选择好牧地后将木桩打入地下固定，让羊在绳子长度控制的范围内自由采食。一天中可换几个地方放牧，这种方式既能使羊吃饱吃好，又能节省人力，多在农区采用。

6. 进行合理的饲喂管理

1）料型和喂量。日粮中的草和料可分开饲喂育肥羊，也可以混合喂给。青干草和饲草要铡短，块根块茎类饲料要切成片，均采取少给勤添的饲喂方法。精饲料每天投喂2次。使用青贮、氨化、秸秆饲料代替牧草时，喂量应由少到多、逐步增加，让羊有一个适应过程，且用量要适当控制，每只成年山羊每天饲喂的青贮饲料为1.5~2.5kg，氨化秸秆饲料为1.0~1.5kg。将精、粗饲料混合制成粉粒状或颗粒状饲料饲喂，山羊不会挑食。粉粒状混合料中粗饲料应加以粉碎，粒径不超过10~15mm，用量占20%~30%，饲喂时拌成干湿料。颗粒料的粒径和粗饲料比例因羊而异，用于羔羊的粒径为10~13mm，用于成年羊的为18~20mm；粗饲料在颗粒料中的比例，羔羊为20%以内，成年羊不超过60%。喂料量以吃完不剩最为理想。

2）饮水。每天供给充足清洁的饮水，有利于羊只消化吸收营养物质，排泄废物，减少消化疾病、尿结石等疾病的发生。育肥山羊的日饮水量随气温变化而增减，气温在20℃时羊的饮水量比在15℃时约增加30%，气温在25℃时羊的饮水量比在20℃时约增加50%。最好采用自动饮水器饮水。

3）放牧—舍饲过渡期。育肥山羊由放牧转换到舍饲要有过渡期，切不可急剧转换，以免引起山羊消化系统疾病。一般在3~5天内只喂饲草和饮水，不给精饲料，5~7天精饲料喂量逐渐增加，经10天左右即可实现完全过渡。

4）饲料变换期。在山羊育肥过程中，有时需要变换饲料种类和饲粮类型，应采取渐进式转换的办法。如果以一种饲料取代另一种饲料，可每隔2~3天替换1/3，直至全部替换。如果用粗饲料替换精饲料，则替换期应更长一些，为10~14天，可让羊更好地适应新的饲料条件。

5）饲料品质。所喂饲料应新鲜、干净、卫生，品质良好，禁喂霉烂、腐败、变质及有毒有害饲料。

7. 适时出栏屠宰

一般来说，较好的宰前体重能获得较大的胴体重和净肉率。但如果育肥时间过长，不仅饲料报酬降低，增大饲养成本，而且肉羊脂肪沉积过厚，反而使肉质变粗，膻味增高，降低肉品品质。根据各地羊群、饲草饲料情况及消费习惯，一般本地羊育肥体重达到

25～30kg、杂交羊体重达到30～40kg时可出栏。育肥羊只要达到中等偏上的膘情即可出栏，以确保理想的饲料报酬和胴体品质。我国大多数地区肉用山羊都在每年的秋末冬初出栏屠宰，这时羊的膘情最好，且山羊收购、宰杀也进入高峰期，市场价格最高。为加快羊群周转，提高养羊效益，肉用山羊饲养场（户）应制订育肥计划，适时上市。

第二篇

山羊常见疾病防治技术

第七章 羊病临床诊治及防疫技术

第一节 羊病临床诊治技术

一 羊的保定

1. 站立保定法

一般检查时，可用两臂在羊的胸前及股后围抱即可固定；也可用两手握住两角或两耳，使头部固定，或者用两膝夹住羊颈部或背部加以固定。站立保定法常用于临床检查和灌药治疗。

2. 倒卧保定法

用两手抓住羊前腿和对侧后腿使其横卧，再用绳捆住四肢进行固定。倒卧保定法用于治疗或者手术时的保定。

二 羊的临床诊查

1. 羊群的临床检查与诊断

观察羊群的运动、休息和采食饮水等，利用观察、听诊、触诊及视诊、体温测定等临床检查技术，确定羊群的健康状况。

观察羊的精神状态及运动状态。正常羊精神活泼，步态平稳，不离群和掉队。病羊精神沉郁或兴奋不安，步态踉跄，跛行，甚至倒地抽搐等。健康羊鼻镜湿润，外观整洁干净；患病羊鼻镜干燥，鼻孔流出分泌物，眼角有脓性分泌物等。

观察羊站立和躺卧姿态。健康羊饱食后多成群卧地休息，反刍正常，对外界刺激反应灵敏。病羊则呆立或离群，反刍减少或停止，懒动，且被毛逆乱，皮肤有伤口，可听到咳嗽声、喘息声等。放牧时，健康羊行走灵敏，主动采食，多迅速奔向饮水处喝水。病羊则多掉队，食欲下降或者废绝，离群呆立，饮水减少或增多等。

2. 羊只个体检查与诊断

可通过问诊、望诊、嗅诊、切诊（触、叩诊）、听诊，对羊只个体进行临床检查和诊断。

（1）问诊 通过询问饲养员，了解羊只发病时间，发病只数，发病前后的临床表现、病史、治疗用药情况及疫苗免疫情况，及饲养管理状况等。

（2）望诊 观察病羊的肥瘦、姿势、运动、被毛、皮肤、黏膜、粪尿等状况。急性病羊身体一般较健壮；慢性病羊常较瘦弱。观察病羊运动姿势，了解发病部位。健康羊步伐活泼而稳定；病羊则行动不稳，懒动或跛行。

健康羊被毛平整光滑；病羊被毛杂乱蓬松，常有被毛脱落现象，皮肤有蹭痕和擦伤等。健康羊可视黏膜为粉红色；若可视黏膜潮红，多为体温升高；苍白色，多为贫血；黄色，多为黄疸；发绀，则多为呼吸系统疾病或心血管疾病。若羊的采食、饮水减少或停止，须检查羊口腔有无异物、溃疡等；若羊反刍减少或停止，常为前胃疾病。

若粪便干结，多为缺水和肠弛缓；粪便稀薄的，多为肠机能亢进；混有黏液过多或纤维素性膜的，则为肠炎；含有完整饲料且呈酸臭味的，则为消化不良；若有寄生虫或节片的，则为寄生虫感染；排尿困难、失禁的，则为泌尿系统发生炎症、结石等。呼吸次数增多的，常为急性病、热性病、呼吸系统疾病及贫血等；呼吸次数减少的，则多为中毒及代谢障碍性疾病。

（3）嗅诊 通过嗅觉了解羊群的分泌物、排泄物、气体及口腔气味。如果发生肺炎时，鼻液带有腐败性恶臭；发生胃肠炎时，粪便腥臭或恶臭；羊只消化不良时，呼气酸臭，粪便亦为酸臭味。

（4）触诊 用手感触羊只被检查的部位，以确定各组织器官是否正常。可采用体温计测量羊只体温，羊的正常体温为38～39.5℃，羔羊高出约0.5℃；可用手指触摸每分钟跳动次数和强弱等，山羊的脉搏一般是70～80次/min。当羊发生结核病、伪结核病、羊链球菌病时，体表淋巴结往往肿大，其形状、硬度、温度、敏感性及活动性等都会发生变化。

【注意】 羊的体温在直肠内测定。测定前必须将体温计的水银柱甩至35℃以下，用消毒棉擦拭并涂以润滑剂，然后把体温计缓慢插入肛门内，保持3~5min后取出，擦净体温计上的粪便并查看读数。剧烈运动或经暴晒的病羊，须休息半小时后再测温。

（5）听诊

1）心脏：心音增强的，见于热性病的初期；心音减弱的，见于心脏机能障碍的后期或患有渗出性胸膜炎、心包炎；第二心音增强时，见于肺气肿、肺水肿、肾炎等病理过程中。若有其他杂音，多为瓣膜疾病、创伤性心包炎、胸膜炎等。

2）肺脏：主要通过听诊器听取山羊肺部声音变化，确定山羊发病情况。肺泡呼吸音过强的，多为支气管炎；过弱的，则多为肺泡肿胀、肺泡气肿、渗出性胸膜炎等。支气管呼吸音多为肺炎的肝变期，如羊传染性胸膜肺炎等。

3）啰音：干啰音者多见于慢性支气管炎、慢性肺气肿、肺结核等；湿啰音者多为肺水肿、肺充血、肺出血、慢性肺炎等；捻发音多见于慢性肺炎、肺水肿等；摩擦音多见于纤维素性胸膜炎、胸膜结核等。

4）腹部听诊：主要听取腹部胃肠运动的声音。山羊瘤胃蠕动次数为1~1.5次/min。瘤胃蠕动音减弱或消失的，多为前胃弛缓或发热性疾病；肠音亢进的，多见于肠炎初期；肠音消失的，多为便秘。

（6）叩诊 叩诊胸廓为清音，则为健康羊；若为水平浊音界，则为胸腔积液；半浊音的，则为支气管肺炎；叩诊瘤胃呈鼓音的，则见于瘤胃臌气。

三 羊病的实验室诊断

实验室诊断包括细菌学检查、病毒学检查、免疫学检查及寄生虫学检查等方式。

(1) 细菌学检查 通过将病原菌涂片、染色、镜检，可做出初步诊断，同时对病原菌进行分离培养和生化特性及致病力鉴定。

(2) 病毒学检查 通过细胞培养或鸡胚培养，分离获得病毒，进行镜检、血清学试验和动物试验进行鉴定。

(3) 免疫学检查 利用各种免疫反应对病原进行诊断和确诊的方法。

(4) 寄生虫检查 通过对羊粪便、虫体等进行镜检检验，确定感染寄生虫类型。

四 羊的临床给药方法

根据临床病情、药物特点、羊群规模、羊群结构组成、数量等确定羊群投药方式。

1. 群体给药法

群体给药方式为拌料饲喂和饮水给药。前者将药物均匀混入饲料中，适合长期投药，且给药方便；后者是将药物溶解于饮水中，方便羊群饮用，适合不能采食但能饮水的羊群。

2. 个体给药法

(1) 口服给药法 可将片剂、粉剂或膏剂等药物装入投药器中，从口腔伸入到羊舌根处，将药物放入；或者将药物用水溶解后，用长颈瓶、塑料瓶将药物从羊嘴角部灌入。

(2) 灌肠法 将药物配成液体，直接灌入羊只的直肠内。

(3) 灌胃法 先将胃管插入鼻孔内，沿下鼻道慢慢送入咽部，也可经过口腔插入胃管，经食道插入胃内，将用水溶解的药物经胃管灌入胃内。

(4) 皮肤涂药法 将药物直接涂抹于羊只皮肤表面的病变部位。用于羊只患有疥癣、皮肤外伤、口疮等疾病的治疗。

(5) 注射法 羊只的临床疾病常需注射药物治疗，包括皮下注射、肌内注射、静脉注射、气管注射和腹腔注射等。注射前需将注射器和针头清洗洁净，煮沸 30min 后才可使用。有条件者，可使用一次性注射器。

1）皮下注射：把药液注射到羊的颈部或者大腿内侧的皮肤和肌肉之间。凡易于溶解又无刺激性的药物及疫苗等，均可进行皮下注射。

2）肌内注射：将灭菌的药液注入羊颈部肌肉比较多的部位。刺激性小、吸收缓慢的药液，可采用肌内注射。

3）静脉注射：将灭菌的药液直接注射到羊颈静脉内，使药液随血流很快分布到全身，迅速发生药效。一般用于输液，药物刺激性大，不宜皮下或肌内注射的药物，可采用静脉注射。

4）气管注射：将药液直接注入气管内。一般用于治疗气管、支气管和肺部疾病的药物治疗。

5）腹腔注射：将药物或者营养液通过羊右肷部刺入长针头，再连接上注射器或输液器，将药物输入即可。一般用于补充体液营养物质，以治疗内脏疾病或者补液。

（6）瘤胃穿刺给药法 在羊右肷部最高处，将套管针垂直刺入羊瘤胃内，放出瘤胃气体，然后将药物注射入瘤胃内。常用于进行瘤胃放气后，防止胃内容物继续发酵产气者，注入止酵剂及有关药液。

瘤胃穿刺放气技术要领：瘤胃臌气时，穿刺部位是左肷窝中央臌气最高处，局部剪毛，用碘酒涂擦消毒，将皮肤向上移，将套管针垂直朝右侧肘头方向刺入皮肤及瘤胃内，可放出气体。放气时需间断放气，放完后注入相应药物，然后左手指压紧皮肤，右手迅速拔出针头，穿刺部涂擦碘酒消毒。

第二节 羊场的消毒防疫技术

一 羊场的消毒技术

羊场消毒的目的是消灭传染源散播于外界环境中的病原微生物，切断传播途径，阻止疫病继续蔓延。羊场应建立切实可行的消毒制度，定期对羊舍、地面土壤、粪便、污水、皮毛等进行消毒。

1. 羊舍消毒

羊舍除保持干燥通风、冬暖夏凉以外，须进行定期清洁消毒。先进行机械清扫，再用消毒液进行圈舍消毒。羊舍及运动场应每周消毒1次，整个羊舍用2%～4%氢氧化钠消毒或用1:（1800～3000）

的百毒杀带羊消毒。

2. 入场消毒

进入羊场设置消毒通道，通道室内两侧、顶壁设紫外线灯和消毒液喷雾消毒器，地面设消毒池，用塑料地垫浸4%氢氧化钠溶液，入场人员要更换鞋，穿专用工作服，消毒液应浸没工作鞋底面，所有进入人员须在消毒池经过紫外线照射20min后，方可进入场地，同时做好进出人员的登记工作。

羊场大门设置消毒池，经常喷4%氢氧化钠溶液或3%过氧乙酸等。将消毒液盛于喷雾器，喷洒天花板、墙壁、地面，再开门窗通风，用清水刷洗饲槽、用具，将消毒药味除去。若羊舍可做到密闭，可进行福尔马林熏蒸消毒。羊舍消毒每周1次，每年再进行2次彻底消毒。

产房消毒：在产羔前消毒1次，产羔高峰时进行多次消毒，产羔结束后再进行1次消毒。在病羊舍、隔离舍的出入口处应放置浸有4%氢氧化钠或百毒杀溶液的塑料地垫，以防止病原的交叉感染和传播。

福尔马林熏蒸消毒方法：如果羊舍有密闭条件，须先将舍内羊只全部转移出去后，关闭门窗。提前将羊舍内温度升至25℃，湿度为60%～70%，按照每立方米消毒空间福尔马林（40%甲醛溶液）42mL，高锰酸钾21g，将高锰酸钾与福尔马林放入陶瓷缸内进行混合。迅速离开现场，关好门窗，密闭羊舍熏蒸消毒12～24h，然后开窗通风24h。

3. 地面消毒

羊场运动场的土壤表面可用10%漂白粉溶液、4%福尔马林或10%氢氧化钠溶液进行消毒。

4. 粪便消毒

羊的粪便消毒最常用的是生物热消毒法。在距羊场100～200m以外的地方修建水泥堆粪场，将羊粪堆积起来，喷少量水，上面覆盖湿泥或塑料布封严，堆放发酵30天以上，利用生物热将粪便内病原微生物及寄生虫等杀灭，即可作肥料。

5. 污水消毒

将污水引入处理池，加入化学消毒剂（如漂白粉或其他氯制剂）

进行消毒，按照1L污水用2～5g漂白粉的比例进行。

二 羊病防疫技术

每年进行春、秋两次防疫注射，做好日常疫苗注射工作，结合日常消毒防疫和定期驱虫工作，可实现有效的羊病防疫。

1. 疫苗免疫接种方法

1）肌内注射：适用于接种弱毒苗或灭活疫苗，在臀部或两侧颈部进行肌内注射，一般使用16～20号灭菌针头。

2）皮下注射：适用于接种弱毒苗或灭活疫苗，在股内侧或肘后进行皮下注射。

3）皮内注射：在羊只尾根皮肤内注射，可采用16～24号针头。目前此法一般适用于羊痘弱毒疫苗等少数疫苗。

4）口服：将疫苗混入饮水中，应按羊只数和每只羊的平均饮水量，准确计算疫苗用量和用水量。

【注意】 口服疫苗免疫技巧：免疫前羊群应停饮或停喂半天；疫苗稀释用水为纯净冷水；混合饮水的温度，不宜超过室温；疫苗混入饮水后须迅速口服，不宜超过2～3h，最好在清晨气温适宜时饮喂，须注意避免阳光暴晒；疫苗须为高效苗。

【技巧】>>>>

尾根皮内注射技巧：将羊只尾根翻转固定后，以左手拇指和食指将尾根皮肤绷紧，以16～24号针头平行于皮肤缓慢刺入皮内，注入疫苗至出现一个黄豆大液泡，即注射成功。

2. 疫苗接种注意事项

1）接种疫苗前须全面调查羊群的年龄、妊娠、泌乳及健康状况，体弱或患病羊应进行隔离饲养和治疗，暂时不打预防针，待恢复健康后再进行疫苗注射。

2）怀孕超过三个月的妊娠母羊，须暂停疫苗接种，防止发生流产。

3）凡15日龄内羔羊，除紧急免疫外，一般不予疫苗接种，防止降低母源抗体水平。

4）慎重选择疫苗，仔细检查疫苗有效期、批号、保存条件，并进行详细记录，以备复查。

5）根据本地区和本场羊病流行特点，制定适宜本场的羊病防疫程序，同时仔细阅读疫苗使用方法，严格按照疫苗使用说明进行疫苗接种。

6）注射过程中严格无菌操作，做到一只羊一个无菌针头，做好注射部位的消毒，减少不必要的交叉感染和免疫失败。

3. 羊群常用免疫程序

各地各场羊群免疫程序不尽相同，可根据本场情况，有选择地进行疫苗免疫。表7-1～表7-3的羊群免疫程序可供参考。

表7-1　羔羊免疫程序

接种时间	疫　苗	接种方式	免疫期
7日龄	羊传染性脓疱皮炎灭活苗	口唇黏膜注射	12个月
15日龄	山羊传染性胸膜肺炎灭活苗	皮下注射	12个月
2月龄	山羊痘灭活苗	尾根皮内注射	12个月
2.5月龄	牛O-Asia Ⅰ型口蹄疫灭活苗	肌内注射	6个月
3月龄	羊梭菌病三联四防灭活苗	皮下或肌内注射（第一次）	6个月
	气肿疽灭活苗	皮下注射（第一次）	7个月
3.5月龄	羊梭菌病三联四防灭活苗、 Ⅱ号炭疽芽孢菌	皮下或肌内注射（第二次） 皮下注射	6个月
	气肿疽灭活苗	皮下注射（第二次）	7个月
4月龄	羊链球菌灭活苗	皮下注射	6个月
5月龄	布鲁氏菌病灭活苗（猪2号）	肌内注射或口服	36个月
7月龄	牛O-Asia Ⅰ型口蹄疫灭活苗	肌内注射	6个月

表7-2　成年母羊免疫程序

接种时间	疫　苗	接种方法	免疫期
配种前2周	牛O-Asia Ⅰ型口蹄疫灭活苗	肌内注射	6个月
	羊梭菌病三联四防灭活苗	皮下或肌内注射	6个月

（续）

接种时间	疫苗	接种方法	免疫期
配种前1周	羊链球菌灭活苗	皮下注射	6个月
	Ⅱ号炭疽芽孢苗	皮下注射	6个月
产后1个月	牛O-Asia Ⅰ型口蹄疫灭活苗	肌内注射	6个月
	羊梭菌病三联四防灭活苗	皮下或肌内注射	6个月
	Ⅱ号炭疽芽孢菌	皮下注射	6个月
产后1.5个月	羊链球菌灭活苗	皮下注射	6个月
	山羊传染性脑膜肺炎灭活苗	皮下注射	12个月
	布鲁氏菌病灭活苗（猪2号）	肌内注射或口服	36个月
	山羊痘灭活苗	尾根皮内注射	12个月

表7-3　成年公羊免疫程序

接种时间	疫苗	接种方法	免疫期
配种前2周	牛O-Asia Ⅰ型口蹄疫灭活苗	肌内注射	6个月
	羊梭菌病三联四防灭活苗	皮下或肌内注射	6个月
配种前1周	羊链球菌灭活苗	皮下注射	6个月
	Ⅱ号炭疽芽孢苗	皮下注射	6个月

三　羊群定期驱虫工作

寄生虫对养羊业的危害巨大，需要重视羊群寄生虫疾病的防治工作。根据当地寄生虫病流行规律，有计划地对羊群进行全群预防性驱虫。目前多采用春、秋两次或每年三次进行全群驱虫工作。

（1）外寄生虫　药浴或淋浴是防治羊外寄生虫病，特别是螨病的有效防治方法。常用的药物有螨净、巴胺磷、溴氢菊酯等，可配制成药液在药浴池内进行。需要选择天气暖和时进行药浴，结束后要注意防风避寒，防止羊群感冒。

（2）内寄生虫　一般选在春季放牧前和秋季转入舍饲后，在羊圈内对羊群进行全群给药驱虫。驱虫间隔期一般为3个月，注意选用合适的药物，给予合理给药期及给药方式。驱虫工作后一周内羊群的粪尿等要集中进行堆积发酵，消灭虫卵，并对圈舍进行彻底消毒，结合寄生虫传播媒介的清理工作，避免羊群的二次感染。

第八章

山羊常见传染病

第一节　山羊细菌性传染病

一　炭疽

炭疽是由炭疽杆菌引起人畜共患的一种急性、热性、败血性传染病。易感动物为牛、马、羊、驴等草食动物。由于炭疽杆菌在接触空气后能形成芽孢，可长期存在于自然界而散播传染，对人畜危害极大。

1. 诊断

【临床症状】潜伏期一般为 1 ~5 天，最长为 14 天。临床表现有最急性型、急性型和亚急性型三种类型，多为最急性型。个别羊可能突然昏迷、全身痉挛、很快倒地死亡。病程稍缓者可能在数小时前仍健康，死前体温升高达 42℃，精神不振或兴奋不安、食欲减退、反刍停止、全身痉挛、呼吸困难、可视黏膜发绀，呈蓝紫色或有小出血点。随即出现体温下降、气喘、昏迷、虚脱而死。死后可见血液凝固不良，口腔、鼻孔、肛门、阴门流血，胃肠迅速膨胀，尸僵不全。病程短者几小时，长者 1 ~2 天。

【流行特点】绵羊和山羊都易感此病，绵羊易感性相对较高。传染源为患病羊及其尸体，该病分布于世界各地，多为散发，有时呈地方流行。四季均可发生，其中以夏季多雨、洪水泛滥、吸血昆虫活动时更为常见。有不少地区暴发该病是因从疫区输入患病动物产品，如肉类、血粉、骨粉、皮革、屠宰下脚料、羊毛等而引起的。

【病理剖检】一般严禁剖检，如果需剖检时，应严格避免污染，并做好彻底的消毒工作。主要病理变化是病死羊尸僵不全，腹部膨胀，天然孔流出带泡沫的黑红色血液，血液凝固不良，呈暗红色煤焦油样。病程短者除脾、淋巴结有轻度肿胀外，其他组织无明显眼观变化。病程稍长者表现为全身多发性出血，皮下、肌间、浆膜下胶冻样水肿。脾肿大2~5倍，脾软化如糊状、切面呈樱桃红色，有出血。

【诊断要点】根据患病羊的临床表现及流行特点特征，可做出炭疽疑似诊断，在未排除炭疽前不得剖检死亡羊只，防止炭疽杆菌遇空气后形成芽孢，此时应采集发病羊的血液送检，可通过涂片镜检、分离培养、动物接种等方法进行诊断，还可通过Ascoli反应、荧光抗体法、血清学方法诊断。

【鉴别诊断】需考虑与气肿疽、巴氏杆菌病的区别。

2. 防治措施

【治疗措施】对可疑羊进行药物防治，可选用的药物有青霉素、土霉素、链霉素及磺胺类药物等。

对病程稍缓和的病羊在严格的隔离条件下进行治疗，采用特异性血清结合药物疗法：病羊皮下或静脉注射抗炭疽血清50~100mL，12h后体温如果不下降，再注射一次，同时肌内注射青霉素每千克体重5万~10万单位，每隔4~6h注射一次。磺胺类药物对炭疽也有一定效果，以磺胺嘧啶为最好，每天用量按每千克体重0.1~0.2g计算，分3~4次灌服。或用10%~20%磺胺嘧啶钠溶液静脉或肌内注射，每次20~30mL。

【预防措施】由于炭疽的疫源地一旦形成难以在短期内根除，对炭疽疫区内的羊，每年应定期进行预防接种。常用疫苗有无毒炭疽芽孢苗（山羊0.5mL，皮下注射）和二号炭疽芽孢苗（山羊1mL，皮下注射），接种后14天产生免疫力，免疫期为1年。应用时应严格按照疫苗使用说明操作，并要认真执行兽医卫生制度。

当某地区或饲养场发生炭疽时，应立即上报疫情划定疫区，封锁发病场所，禁止羊及其产品和草料出入疫区，禁止食用患病羊肉等产品，并合理处理患病羊及其尸体。死亡羊只尸体应依法进行焚烧或覆盖生石灰或20%漂白粉后深埋，周围假定健康羊群立即进行紧急预防接种。

全场进行彻底消毒，污染的地面连同15～20cm厚的表层土一起取下，加入20%漂白粉溶液混合后深埋。污染的饲料、垫料、粪便焚烧处理。羊圈的地面和墙壁可用20%漂白粉溶液或10%烧碱水喷洒3次，每次间隔1h，最后认真冲洗，干燥后火焰消毒。

解除封锁应在最后1头羊死亡或痊愈14天后，若无新病例出现时报请有关部门批准，并经终末消毒后可解除封锁。

二 破伤风

破伤风又名“强直症”“锁口风”，是由破伤风梭菌经伤口深部感染后产生外毒素，侵害神经组织所引起的一种急性、中毒性人畜共患传染病。以全身肌肉持续性或阵发性痉挛以及对外界刺激反射兴奋性增高为特征。

1. 诊断

【临床症状】潜伏期一般为4～6天，长的可达40天。潜伏期长短与感染创伤的性质、部位及侵入的芽孢数量等有关。

患病羊初期症状不明显，往往出现掉群，行动迟缓，头颈活动不灵活，采食、吞咽困难，常因急性胃肠炎而引起腹泻。随着病情的加重，出现卧立困难，不能自由卧下或立起，运步困难，四肢逐渐强直；两眼呆滞，耳朵直硬，牙关紧咬，口流白色泡沫，角弓反张，尾直，常发生轻度肠臌胀；易受到惊吓，突然的声响等外界刺激有可能使病羊骨骼肌发生痉挛而瞬间倒地。病情继续发展，出现四肢僵硬，呈“木马”状，不能采食和饮水，反刍停止，反射兴奋性增高，受触摸、声响、强光等外界刺激，痉挛状况加重，最后患羊因呼吸功能障碍、系统功能衰竭而死，死亡率较高，一般发病后1～3天死亡。病羊体温一般正常，死前可升高到42℃。

【流行特点】不同年龄、品种和性别的羊均可感染发病，多见于羔羊和产后母羊。羊常因各种创伤，如断脐、断尾、去势、剪毛、断角、钉伤及产后等感染。有些发病羊见不到伤口，可能是伤口已愈合或经子宫、消化道黏膜损伤而感染。本病无季节性，常表现为零星散发。羔羊易感性更高。

【病理剖检】一般无明显病理变化。窒息死亡的病羊，通常多见血液呈暗红色且凝固不良，黏膜及浆膜上有小出血点，肺脏充血、高度水肿。感染部位的外周神经有小出血点及浆液性浸润。心肌呈脂肪变性，肌间结缔组织呈浆液性浸润并伴有出血点。

【诊断要点】根据患羊的创伤史和典型破伤风的特征性全身强直及特征性神经反射兴奋症状（如体温正常、神志清醒、反射兴奋增强、呈“木马”姿势、强直性举尾等），结合外伤、外科手术等创伤病史，排除类似症状后，即可确诊。必要时可进行细菌分离和鉴定，并结合动物试验进行诊断。该菌对青霉素敏感，磺胺药次之，链霉素无效。

【鉴别诊断】应与马钱子中毒、脑膜炎、狂犬病相区别。

2. 防治措施

【治疗措施】

西药治疗：加强护理，清创、抗菌、解毒、解痉和对症治疗。

将病羊放入清洁、干燥、僻静、较黑暗的房舍，使病羊保持安静，避免声响刺激，减少痉挛发生次数，同时给予易消化的饲料和充足的饮水。对便秘、臌气的病羊，须用镇静药物及时处理，可用温水灌肠或投服盐类泻剂。

对伤口，要及时扩创，彻底清除伤口内的坏死组织，可用3%过氧化氢或1%高锰酸钾或5%～10%碘酊进行消毒处理，然后用青霉素、链霉素或破伤风抗毒素做创周注射，以清除破伤风梭菌。

发病初期可先静脉注射4%乌洛托品5～10mL，再用破伤风抗毒素5万～10万单位，肌内或皮下注射，每天1次，以中和毒素。缓解肌内痉挛，可用盐酸氯丙嗪注射液肌内注射，剂量按1～2mg/kg体重，或用25%硫酸镁注射液5～20mL，肌内注射，并配合5%碳酸氢钠100mL，静脉注射。

病羊牙关紧闭时，用2%普鲁卡因5mL和0.1%肾上腺素0.2～0.5mL混合后，注入两侧咬肌；如果病羊不能采食，可进行补糖、补液治疗；用青霉素40万～80万单位，链霉素40万～80万单位，肌内注射，每天2次，连用5～7天。如果胃肠机能紊乱，可内服健胃剂；心脏出现衰竭时，可注射安钠咖溶液。

中药治疗：乌蛇、全蝎、天麻、天南星、川芎、羌活、独活、荆芥、薄荷、蝉蜕、僵蚕各9g，防风12g，当归15g，将以上各药共煎为水，分成3次灌服，每8h灌服1次，直到痉挛消失为止。还可用蝉蜕60g煎水，加黄酒60mL，每天1次灌服，连用3~5天。

【预防措施】加强饲养管理，防止发生外伤。一旦因去势或处理羔羊脐带而发生外伤时，要用2%~5%碘酊及时进行严格消毒。如果是较大较深的创伤，除及时严格进行外科处理外，还应肌内注射破伤风抗血清5000~10000单位。在创口小而深、创口内有坏死、创口被污物覆盖、组织损伤严重的情况下，应在24h内紧急皮下注射破伤风类毒素1mL。为了预防该病的发生，在该病常发地区，羊只发生创伤后或对羊只进行手术前，应注射青霉素。

在本病常发地区，每年定期给羊接种精制破伤风类毒素，皮下注射1mL，羔羊减半。接种后21天产生免疫力，免疫期为1年，第二年再注射1次，免疫期可达4年。

三 气肿疽

气肿疽又称鸣疽，俗名黑腿病，是气肿疽梭菌引起羊的一种急性、热性、败血性传染病。该病主要呈散发或地方性流行，其临床特征是突然发病，股、臀、腰、肩和胸部等肌肉丰满处发生炎性、气性肿胀，按压有捻发音，并多伴发跛行。

1. 诊断

【临床症状】该病的潜伏期为1~3天。突然发病，病羊体温升高至41~42℃，初期兴奋不安，满圈狂奔不止；耳角发热，眼结膜潮红充血；呼吸、脉搏次数增加；步态僵硬，背部软弱，呈现跛行；口角流有含血泡沫的唾涎。后期食欲废绝，呆立不动；在股、肩、腰、背等处的肌肉出现气性肿胀，尤其以四肢最为明显，触诊敏感疼痛，用指压留痕，并可以听到捻发音；切开肿胀处，从切口流出暗红色带有泡沫并有酸臭气味的液体。随着病情的发展，肿胀部较凉且无知觉；皮肤干燥呈紫黑色，捻发音更明显，最后体温下降，呼吸困难，心力衰竭而死亡。

【流行特点】山羊对该菌的易感性不强，自然病例并不多见。患病羊及处理不当的尸体或其排泄物、分泌物中的细菌芽孢污染土壤后，病原菌可长期存活，成为持久的传染来源，污染的饲料和饮水经口感染健康羊。气肿疽梭菌常存在于土壤中，消化道感染是主要的传播途径。外伤和吸血昆虫叮咬的也可传播此病。该病多为散发，有一定的地区性和季节性，多发生于天气炎热的多雨季节以及洪水泛滥时；夏季干旱酷热，昆虫活动时也易发生。

【病理剖检】病死羊因皮下结缔组织气肿及瘤胃臌气而显著肿胀，尸体迅速腐败，由于瘤胃胀气，直肠突出。尸体的口、鼻、肛门流出带泡沫的暗红色液体。

剖检见皮下组织有出血性或黄色胶样浸润，肌肉丰满处肌肉组织呈海绵状，触之有捻发音，这种肿胀可向周围肌肉组织扩散；中心变黑色，其周围色泽变浅，有乳酪臭味。病变处切面间隔出现污红色或灰红色、浅黄色或黑色液体，外观呈斑驳状。淋巴结肿胀、出血并有浆液性浸润。胸腔、腹腔和心包积液，色浅红或黄色；胸腔、腹膜常有纤维蛋白或胶冻状物质，心内膜及外膜有出血斑，心肌脆弱。肺充血、出血、间质水肿。肝充血呈暗黑色，稍肿大，实质有核桃大的坏死灶。脾不肿大。网膜、肠浆膜出血。

【诊断要点】气肿疽为土壤源性疫病，多散发，具有地区性和一定的季节性。临床上根据病羊高热、跛行，肌肉丰满处皮肤肿胀紧张，触诊有捻发音，叩诊发鼓音；剖检可见局部呈黑色，肌肉干燥呈海绵样，病变肌肉和正常肌肉相间等表现，结合流行特点常可做出初步诊断。

【鉴别诊断】气肿疽易与恶性水肿、炭疽以及羊巴氏杆菌病相混淆，应注意鉴别。确诊要进行细菌分离和鉴定。

2. 防治措施

【治疗措施】由于此病发病急、病程短，在发现病畜后，应立即大剂量地使用抗菌药物进行全身治疗，可有效地控制疫情的发展。

早期：可在肿胀部位的周围，皮下或肌内分点注射1%~2%高锰酸钾溶液或0.1%甲醛溶液；如果肿胀位于腿的中部，可用带子扎紧肿胀部位的上方，以免沿循环途径向上蔓延。肌内注射青霉素每次80万单位，每天2次，连用5天；静脉滴注庆大霉素120万单位或四环素1g加入葡萄糖溶液中，每天1次，连用5天。

后期：实施强心、补液，以提高治疗的效果。5%碳酸氢钠注射液500mL、1%地塞米松注射液3mL、10%安钠咖注射液30mL、5%葡萄糖生理盐水300mL，1次静脉注射，碳酸氢钠与安钠咖分开注射，每天1次，直至病情解除。

【预防措施】加强饲养管理：减少各种应激因素对羊群的刺激，采取保持羊舍清洁、卫生、干燥、宽敞、通风、保暖、饲喂富含营养的饲料等措施，以增强羊只的抵抗力。污染牧场及低湿地区，都不宜放牧羊只。

疫区及受气肿疽威胁的地区，应通过接种气肿疽菌苗来进行预防。一旦发病，立即对病羊和可疑羊就地隔离治疗。严禁剥皮食用病死羊。对其污染的粪、尿、垫草等连同尸体一起深埋或焚烧处理。被污染的场地用25%漂白粉溶液或3%福尔马林溶液进行彻底消毒，以防止形成气肿疽疫源地。

在本病流行地区及其周围，可接种气肿疽甲醛灭活菌苗，近年来已研制出气肿疽、巴氏杆菌二联苗，对两种病的免疫期为1年。

四 结核病

结核病是由结核分枝杆菌引起人和动物共患的一种慢性传染病。绵羊和山羊结核病较少见。

1. 诊断方法

【临床症状】山羊结核症状与牛相似。轻度病羊没有临床症状，病重时食欲减退、全身消瘦、皮毛干燥、精神不振。常排出黄色稠鼻涕，甚至含有血丝，呼吸带痰音（呼噜作响），发生湿性咳嗽，肺部听诊有显著啰音。有的病羊前肢或腕关节发生慢性水肿。乳上淋巴结发硬、肿大，乳房有结节状溃疡。每当饲养管理不良时，即见食欲减退、迅速消瘦。尤其在天气炎热的时候，易引起体温波动，症状亦加剧。后期表现贫血、呼吸带臭味、磨牙、喜吃土，常因痰咳不出而高声叫唤。体温上升达40~41℃，死前2天左右体温下降。当贫血严重时，乳房皮肤浅黄色，粪球变为浅黄褐色，最后消瘦衰竭而死亡，死前高声惨叫。

【流行特点】呈散发或地方性流行，环境卫生差、通风不良会促进该病发生和传播。严重病羊或其他病畜的痰液、粪尿、奶、泌尿生殖道分泌物及体表溃疡分泌物中都含有结核杆菌，可通过消化道、呼吸道和生殖道发生传播。母羊乳腺结核可垂直传给羔羊。人结核病也可传给羊。

【病理剖检】喉头和气管黏膜有溃疡。有的全肺脏表面密布粟粒样的硬结节。肺脏的表面有粟粒大、枣子大至胡桃大的浅黄色脓肿，周围呈紫红色，最大的直径为3cm，深度达4cm，压之感软，切开时见其内充满豆渣样内容物。支气管及小支气管充有不同量的白色泡沫。纵隔淋巴结肿大而发硬，前后连成一长条，内含黏稠肿液。胸膜常有大片发炎，尤其与肺部严重病变区接触之处更为明显，发炎区域有胶样渗出物附着，发炎区之肋骨间有炎性结节，可见胸水呈浅红色，量增多。心包膜内夹有粟粒大到枣子大的结节，内含豆渣样内容物。肝脏表面有大小不等脓肿，或者聚集成片的小结节，常含豆渣样内容物，或硬如砂粒（因钙化）。乳上淋巴结肿胀。

【诊断要点】当羊发生不明原因的渐进性消瘦、咳嗽、肺部异常、慢性乳腺炎、顽固性下痢、体表淋巴结慢性肿胀等，可作为疑似本病的数据。羊死后可根据特异性结核病变，做出诊断，必要时进行微生物学检验和结核菌素变态反应诊断。

2. 防治措施

【治疗措施】本菌对磺胺类药物、青霉素及其他广谱类抗生素均不敏感，但对链霉素、异烟肼、对氨基水杨酸和环丝氨酸等药物敏感。对于有价值的奶羊和优良品种的绵羊，可以采用链霉素、异烟肼（雷米封）、对氨水杨酸钠或盐酸黄连素治疗轻型病例。对于临床症状明显的病例，不必治疗，应该坚决捕杀，以防后患。

【预防措施】加强引进羊的检疫，防止引进带菌羊；将阳性反应的羊严格隔离，禁止其与健康羊群发生任何直接或间接的接触。放牧时应避免走同一牧道及利用同一牧场；病羊所产的羔羊，立刻用3%克辽林或1%来苏儿溶液洗涤消毒，运往羔羊舍，用健康羊奶实行人工哺乳，禁止哺吮病羊奶；禁止将生奶出售或运往健康羊场进行消毒；若病羊为数不多，可以全部宰杀，以免增加管理上的麻烦及威胁健康羊群；如果要增添新羊，必须先做结核菌素试验，呈现阴性反应的才可引进。

五 副结核病

副结核病又称副结核性肠炎，是由副结核分枝杆菌引起山羊的一种慢性、接触性传染病。本病分布广泛，在青黄不接、草料供应不上、羊只体质不良时，发病率上升。转入青草期，病羊症状减轻，病情好转。

1. 诊断方法

【临床症状】潜伏期数月至数年。病羊体重逐渐减轻，间断性或持续性腹泻，粪便呈稀粥状，体温正常或略有升高。发病数月后，病羊消瘦、衰弱、脱毛、卧地，患病末期可并发肺炎，多数归于死亡。

【流行特点】病原菌主要存在于病羊的肠道黏膜和肠系膜淋巴结中，通过粪便排出，污染饲料、饮水等，经过消化道感染健康羊。该病潜伏期长，多数羊在幼龄时感染，经过很长的潜伏期，到成年时才表现出临床症状。

本病发展缓慢，发病率不高，病死率极高，并且一旦在羊群中出现则很难根除。在污染羊群中病羊数目通常不多，各个病例的发生和死亡间隔较长，因此本病表面上看似呈散发性，实际上为一种地方流行性疾病。

【病理剖检】病羊尸体极度消瘦，空肠、回肠和结肠前段，尤其是回肠，其浆膜和肠系膜显著水肿，肠黏膜增厚3～20倍，并形成明显的皱褶。黏膜呈黄色或灰黄色，皱褶突起处常呈充血状，并附有黏稠而混浊的黏液，肠壁明显增厚。浆膜下淋巴管和肠系膜淋巴管肿大呈索状，淋巴结切面湿润，表面有黄白色病灶，有时则有干酪样病变。

【诊断要点】根据该病的流行特点、临床症状和病理变化，一般不难做出初步诊断。

【鉴别诊断】其他顽固性腹泻和渐进性消瘦病，如冬痢、沙门氏菌病、内寄生虫病、肝脓肿、肾盂肾炎、创伤性网胃炎、铅中毒、营养不良等，也有类似症状。因此，必须进行实验室鉴别诊断。

2. 防治措施

【扑灭措施】本病尚无特效的药物治疗方法，扑灭本病必须采取综合性防治措施。发现病羊和可疑羊，应及时隔离饲养，经实验室检查确诊后及时宰杀处理。

对病羊污染的羊舍、羊栏、饲槽、用具、运动场等要用石炭酸等消毒药进行消毒。粪便应堆积，经生物发酵后方可利用。对假定健康羊群，每年要进行 2 次变态反应和粪便检查，连续 2 次检疫为阴性的，可视为健康羊群。当场内羊群患有本病时，应特别注意防止交叉感染，严禁牛、羊混牧。被病畜粪便污染的草场，要确保至少 1 年内不在这种草场放牧。

【预防措施】预防本病重在加强饲养管理，改善环境卫生条件上。产羔圈应保持清洁、干燥，勤换垫草和定期消毒。羊群中出现进行性消瘦和衰竭的病羊，应认真查明原因。不要从疫区引进种羊，必须引进时，要进行隔离检疫，通过变态反应或对粪便进行检菌操作，确认健康方可混群。

六 羔羊大肠杆菌病

大肠杆菌病是由致病性大肠杆菌引起的多种动物和人的一种肠道性共患传染病，主要侵害幼畜（禽），亦称新生羔羊腹泻或羔羊白痢，其特征主要为病羊呈现剧烈的腹泻和败血症。

1. 诊断

【临床症状】潜伏期数小时至 1 ~ 2 天。在临床上可分为败血型和肠型两类。

败血型：多发生于 2 ~ 6 周龄羔羊。病羔体温升高达 41.5 ~ 42℃，精神委顿，结膜充血潮红，呼吸浅表，脉搏快而弱，四肢僵硬，运步失调，头常弯向一侧，视力障碍，继之卧地、磨牙。随着病情的发展，病羊头向后仰，四肢做划水动作。口流清涎，四肢冰凉，最后昏迷。有些病羔羊关节肿胀，腹痛。继发肺炎后呼吸困难。很少或无腹泻，常于发病 4 ~ 12h 死亡，发病急，死亡率高。

肠型：主要发生于 7 日龄内的羔羊，病初体温升高达 41.5 ~

42℃，出现下痢，其后体温下降或略升高。临床上以排黄色、灰白色、带有气泡或混有血液的稀便为主要特征。病羔腹痛、拱背、咩叫、努责、虚弱卧地，后期病羔极度消瘦、衰竭，如果不及时治疗，经24~36h死亡，死亡率达15%~75%。有时可见化脓性纤维素性关节炎。

【流行特点】多发生于数日龄至6周龄的羔羊，偶有3~8月龄的羊发病，以2~6周龄的羔羊最易感，呈地方性流行或散发。病羊和带菌者为主要传染源，被本菌污染的饲料、饮水、垫草等物品均可成为污染物。通过消化道感染，直接接触和间接接触均可传染。羔羊先天性发育不良或后天性营养不良，羊舍阴暗潮湿、污秽、通风不良等条件，均能促使本病的发生。冬、春季舍饲期间多发，而放牧季节则很少发病。

【病理剖检】

败血型：主要是在胸腔、腹腔和心包腔内见大量积液，内有纤维素。关节肿大，尤其是肘和腕关节肿大，滑液浑浊，内含纤维素性脓性絮片。脑充血，有许多小出血点，大脑沟常含有大量脓性渗出物。

肠型：剖检可见尸体严重脱水，皱胃、小肠和大肠内容物呈黄灰色半液状。主要为急性胃肠炎变化，胃内乳凝块发酵，肠黏膜充血、出血和水肿，肠内混有血液和气泡，肠系膜淋巴结肿胀，切面多汁或充血。有的肺呈小叶性肺炎变化。

【诊断要点】根据流行特点、临床症状、剖检变化，可做出初步诊断。确诊需进行细菌学检查。

【鉴别诊断】本病应与B型产气荚膜梭菌引起的初生羔羊下痢（羔羊痢疾）相区别。

2. 防治措施

【治疗措施】

西药治疗：大肠杆菌对土霉素、新霉素、庆大霉素、卡那霉素、丁胺卡那霉素、磺胺类药物均具有敏感性，生产实际中应根据药敏试验选取敏感抗生素，同时配合护理和对症治疗。可用氟苯尼考（氟甲砜霉素）或土霉素0.2~0.5g、胃蛋白酶2g、稀盐酸3mL，加水 20mL，1 次灌服，每天 1 次，连用 3～5 天；磺胺脒，第一次 1g，以后每隔 6h 内服 0.5g。

对新生羔羊可同时加胃蛋白酶 0.2～0.3g 内服；心脏衰弱者可注射强心剂；脱水严重者可适当补充生理盐水或葡萄糖盐水，必要时还可加入碳酸氢钠或乳酸钠，以防止全身酸中毒；对于有兴奋症状的病羊，可内服水合氯醛 0.1～0.2g（加水内服）。

中药治疗：本病属于中兽医湿热痢范畴，当以清热化湿、凉血止痢为治法。

方 1（白龙散）：白头翁 15g、地榆 15g、黄连 12g、胆草 12g、萹蓄 12g，粉碎后水煎 3 次，候温灌服，连用 3 天。

方 2：大蒜酊（大蒜 100g、95% 酒精 100mL，浸泡 15 天，过滤即成）2～3mL，加适量温水 1 次灌服；或用杨树花（雄株花絮）制成 50% 煎剂，羔羊每次口服 10～30mL，连用 3～5 天。

方 3：白头翁、秦皮、黄连、炒神曲、炒山楂各 15g，当归、木香、杭芍各 20g，车前子、黄柏各 30g，加水 500mL，煎至 100mL，每次灌服 5～10mL，每天 2 次，连用数天。

针灸可选用后海、脾俞、后三里穴，毫针针刺、或水针、或埋线、或激光照射。也可施血针山根、涌泉、尾尖等穴；如果病情好转，可用微生态制剂，如促菌生、调痢生、乳康生等，加速胃肠功能的恢复，但不能与抗生素同用。

【预防措施】对妊娠母羊加强饲养管理，对孕羊进行配合日粮的饲喂。注意羔羊防寒保暖，保证羔羊尽早吃到初乳，以增强羔羊的体质和抗病力。改善羊舍的环境卫生，保持圈舍干燥通风、阳光充足，消灭蝇虫，做到定期消毒。对病羔要隔离治疗，对所污染的环境、物品可用 3%～5% 来苏儿溶液消毒。预防羔羊大肠杆菌病，可用氢氧化铝苗预防注射。也可用当地菌株制成多价活苗或灭活苗，或注射高免血清，均可防治本病。

七 弯杆菌病

羊弯杆菌病原名羊弧菌病，由弯杆菌属中的胎儿弯杆菌诸亚种引起怀孕母羊流产的一种传染病，其特征主要是羊暂时性不育、流产、胎儿死亡、早产和乳房炎。

1. 诊断

【临床症状】母羊病初阴道黏液分泌增多，可持续 1～2 个月，黏液常清澈，偶尔稍混浊。母羊生殖道病变导致配体早期死亡并被吸收，从而不断虚情，不少羊发情期不规则和延长。如果母羊怀孕的胎儿死亡较迟，则发生流产。病母羊流产多发生于怀孕后的第三个月，分娩出死胎、死羔或弱羔。开始时，羊群中流产数不多，一周后迅速增加，流产率平均为 5%～20%。多数流产的母羊无先兆症状。大多数流产母羊很快痊愈，少数母羊由于死胎滞留而发生子宫炎、腹膜炎或子宫脓毒症，最后死亡，病死率约为 5%。羊经第一次感染痊愈后，一般对感染具有抵抗力。

【流行特点】该病通过消化道、生殖道感染，以直接或间接的方式传播本病。病母羊和带菌母羊为主要传染源，病原除存在于流产胎盘及胎儿胃内容物之外，尚可存在于感染人和动物的血液、肠内容物及胆汁之中，并能在人、羊肠道和胆囊里生长繁殖。病母羊在流产时或流产后，病菌只局限于胆囊而成为带菌者，也是传染源之一。本病多呈地方性流行，在传染过程中，常具有在一个地区流行 1～2 年或更长一段时间后，停息 1～2 年又重新发病的规律。

【病理剖检】病理剖检可见，阴道呈卡他性炎、黏膜发红，特别是子宫颈部分，可见子宫内膜炎、子宫蓄脓、腹膜炎。流产胎儿的腹部皮下组织呈红色水肿，胸腹腔内有多量深红色的液体，胃内有多量浅红色的胶状物。肝稍肿大，可见肝表面 1～5 分硬币样圆形溃疡，少数病例可见瘀血斑，肾脏深红色。淋巴结稍肿大，偶见心冠部斑状出血，肺脏覆有灰黄色伪膜，有的可见斑状瘀血。胎衣水肿，绒毛叶充血，有时可见坏死灶。

【诊断要点】根据妊娠羊流产以及产出弱胎或死胎、流产胎儿皮下水肿、肝脏坏死、子宫蓄脓等临床症状及病理变化可做初步诊断，确诊需进行细菌的分离鉴定。

【鉴别诊断】应与羊布鲁氏菌病、羊衣原体病和羊沙门氏菌病等类似疾病进行鉴别诊断。

2. 防治措施

【治疗措施】发病羊用内服四环素和氟苯尼考治疗。四环素，按每千克体重每天服 20～50mg，分 2～3 次服完。氟苯尼考，每千克体重 20～30mg，肌内注射，每天 2 次，连用 3～5 天。

庆大霉素每千克体重 0.5 万单位，5% 葡萄糖氯化钠注射液 500mL，静脉注射。也可用甲硝唑注射液每千克体重 10mg，静脉注射，每天 1 次，连用 3 天。

流产母羊发生全身症状者，宜输液强心，解除自体中毒，可用 10% 葡萄糖溶液 250mL、10% 氯化钙溶液 10mL、10% 樟脑磺酸钠 3mL，1 次静脉注射。用 10% 氯化钠溶液 100mL，冲洗子宫，然后子宫灌注青霉素 160 万单位、链霉素 100 万单位，每天 1 次，连用 3 天。

【预防措施】由于羊弯杆菌病主要在分娩时散播，因此产羔季节要实行一般的卫生防疫措施。加强妊娠母羊的放牧管理，特别注意饲草、饲料和饮水的清洁卫生，细心观察羊群动态，流产母羊应严格隔离并进行治疗，一般隔离 15～20 天；对流产的胎儿、胎衣及污物要深埋或焚烧；粪便、垫草等要及时清除并进行无害化处理；流产地点及时消毒除害。禁止出售病羊，避免病原扩散。本病流行区可用当地分离的菌株制备弯杆菌多价灭活疫苗，对绵羊进行免疫接种，可有效预防流产。

八 巴氏杆菌病

羊巴氏杆菌病是由多杀性巴氏杆菌引起的一种传染病。急性病例主要以败血症和炎性出血为特征，故过去又称为出血性败血症，简称“出败”。慢性型常表现为皮下结缔组织、关节及各脏器的化脓性病灶，并多与其他疾病混合感染或继发。本病分布广泛，世界各地均有发生，是一种急性、热性传染病。

1. 诊断

【临床症状】羊巴氏杆菌病多发于羔羊，潜伏期一般为 2～5 天，根据病程长短，可分为最急性、急性和慢性三种。

最急性型：多发于哺乳羔羊。突然发病，表现为虚弱、寒战、呼吸困难，往往呈一过性发作，在数分钟或数小时内死亡。

急性型：病初体温升高至 41～42℃，病羊精神沉郁，食欲废绝；呼吸急促，咳嗽，鼻孔常有出血或混有血液的黏性分泌物；眼结膜潮红，有黏性分泌物；初期便秘，后期腹泻，严重时粪便全部变为血水；颈部和胸下部有时发生水肿；病羊常在严重腹泻后虚脱而死，病期2~5天。该型以羔羊多见。

慢性型： 主要见于成年山羊。病羊食欲减退，渐进性消瘦，不思饮食；呼吸困难，咳嗽，鼻腔流出脓性分泌物。有时颈部和胸下部发生水肿。部分病羊出现角膜炎，舌头有大小不等、颜色深浅不一的青紫块。病羊腹泻，粪便恶臭。濒死前机体极度衰弱，四肢厥冷，体温下降。病程可达21天。

【流行特点】多种动物对多杀性巴氏杆菌均有易感性。绵羊多发，山羊发病较少，羔羊比成年羊更易感，羔羊与幼龄羊多发，成年羊较少发病。病羊和健康带菌羊是传染源，病原随分泌物和排泄物排出体外，经呼吸道、消化道，也可通过吸血昆虫和损伤的皮肤、黏膜而感染。本病发病率达40%，死亡率达10%~40%。

一般无明显的季节性，但以冷热交替、气候剧变、闷热、潮湿、多雨的时期发生较多。体温失调，抵抗力降低，是本病主要的发病诱因之一。当发生饲养环境不佳、气候剧变、寒冷、闷热、潮湿、拥挤、圈舍通风不良、营养缺乏、饲料突变、寄生虫病等诱发因素时，机体抵抗力降低，易使羊只发病。本病多为散发，有时呈地方性流行。

【病理剖检】

最急性型： 病羔的黏膜和浆膜及内脏出血，淋巴结急性肿大。

急性型： 颈部和胸部皮下胶样水肿，出血；咽喉和淋巴结水肿、出血，周围组织水肿。上呼吸道黏膜充血、出血，并含有浅红色泡沫状液体。肺脏瘀血、水肿，可见出血（彩图8-1和图8-2）。肝脏有散在的灰黄色病灶，其周围有红晕（彩图8-3）。胃肠道黏膜出血、浆膜斑点状出血。

慢性型： 病羊消瘦，贫血，皮下胶冻样浸润，可见到多发性关节炎、心外膜炎、脑膜炎等。胸腔内有黄色渗出物，常见纤维素性胸膜肺炎和心包炎，肺胸膜变厚、粘连，肺常肝变，呈灰红色，偶见有黄豆至胡桃大的坏死灶或坏死化脓灶。肝有坏死灶。

【诊断要点】根据流行特点、临床症状和剖检变化，可初步做出诊断，确诊需要细菌学检查和动物试验。需与肺炎链球菌病和羊肠毒血症进行鉴别诊断。

2. 防治措施

【治疗措施】

西药治疗：氟甲砜霉素、庆大霉素、四环素以及磺胺类药物对本病都有良好的治疗效果。氟甲砜霉素按每千克体重10~30mg，或庆大霉素按每千克体重1000~1500单位，或20%磺胺嘧啶钠5~10mL，均肌内注射，每天2次。每千克体重用复方新诺明片10mg，内服，每天2次，直到体温下降、食欲恢复为止。可每只羊注射青霉素320万单位、链霉素200万单位、地塞米松磷酸钠15mg，对体温高的加30%安乃近注射液10mL，效果良好。对有神经症状的病羊同时应用维生素B_1注射液进行注射，每天1次，连用3天。当心脏衰弱时，用安钠咖或樟脑等强心。当呼吸困难时，可行气管切开术。

中药治疗：①冰片、硼砂等份，研成细末，吹入病羊喉内。或用蟾酥10g、麝香10g、螳螂4个（焙干）研成细末，拌匀吹入喉内，同时用山豆根20g，金银花、元参、山栀子各10g，射干、连翘、牛蒡子各10g，黄连10g，煎水灌服。②贝母、白芷、苍术、细辛、茯苓各12g，半夏、知母、芫荑、川芎、天花粉各14g，共研细末，每次30g，加生姜6g、酒10g灌服。③射干、连翘、金银花、山栀子、板蓝根各15g，款冬花、瓜蒌、知母、杏仁、贝母各14g，蝉蜕、甘草各12g，煎水灌服（高热稽留时比较适用）。④兰花白根草、山栀子、射干、山豆根各15g，水煎，萝卜籽、橘皮各12g，加水捣烂，混合灌服。⑤金银花、蒲公英、瓜子金、十大功劳、薄荷、天胡荽、石胡、瓜蒌各15g，水煎，灌服。⑥元参、大青叶、忍冬藤、鱼腥草、麦冬各15g，水煎，灌服。⑦白药（金钱吊蛤蟆）20g，研末，明矾15g、食盐10g，水冲，灌服。

【预防措施】羊巴氏杆菌病预防应平时注意饲养管理，搞好环境卫生，增强机体抵抗力，避免羊只受寒、拥挤等。长途运输时，防止过度劳累。定期消毒，每年定期进行预防接种，用羊巴氏杆菌组织灭活疫苗对羊群进行紧急免疫接种，可收到良好的免疫效果。

发生羊巴氏杆菌病时，应将病羊隔离，严密消毒，发病羊群还应实行封锁。同群的假定健康羊，可用高免血清进行紧急预防注射，隔离观察1周后，如果无新病例出现，再注射疫苗。如果无高免血清，也可用疫苗进行紧急预防接种，但应做好潜伏期病羊发病的紧急抢救准备。发病后用5%漂白粉液或10%石灰乳等彻底消毒圈舍、用具。

九 布鲁氏菌病

羊布鲁氏菌病是由布鲁氏菌所引起的人兽共患慢性传染病，简称“布病”。在家畜中，牛、羊、猪最常发生该病，且可传染给人和其他家畜。布鲁氏菌属有6个种，即马耳他布鲁氏菌、流产布鲁氏菌、猪布鲁氏菌、沙林鼠布鲁氏菌、绵羊布鲁氏菌和犬布鲁氏菌。

1. 诊断

【临床症状】山羊布鲁氏菌病潜伏期为14～180天。其主要表现是流产，山羊流产率有时高达40%～90%。山羊流产前体温升高、精神沉郁、食欲减退、口渴，由阴道排出黏液或带血的黏液性分泌物，有时掺杂血液。流产的胎儿多数死亡，成活的则极度衰弱、发育不良（彩图8-4）。流产胎儿呈败血症变化，浆膜和黏膜有出血斑点，皮下出血、水肿。

产后母羊子宫增大，黏膜充血和水肿，质地松弛，肉阜明显增大出血，周围被黄褐色黏液性物质所包围，表面松软污秽，出现慢性子宫炎的表现，致使病羊不孕。有的病羊发生慢性关节炎及黏液囊炎，病羊跛行，重症病例可呈现后躯麻痹、卧地不起，常因采食不足、饥饿而死。

公羊除发生关节炎外，有时发生睾丸炎、附睾炎，睾丸肿大（彩图8-5），触诊局部发热，有痛感。乳山羊早期有乳房炎症状，触之乳房乳腺有小的硬结节，泌乳量减少，乳汁内有小的凝块。少部分病羊发生角膜炎和支气管炎。

【流行特点】病羊是主要传染源，山羊最易感，母羊比公羊易感，产羔期最易感染，成年羊比幼龄羊易感。病羊和带菌羊为本病的主要传染源。病公羊的精液中也含有大量的病原菌，随配种而传播。羊群感染后，开始少数妊娠羊流产，以后逐渐增多，严重时可达半数以上，多数病羊只流产一次。第一次妊娠的羊流产多，占50%以上，多数病羊很少发生第二次流产。

在疫区发生流产少，而发生子宫炎、乳房炎、关节炎，局部脓肿以及胎衣停滞。交配不当、圈舍拥挤、光线不足、通风不良、寒冷潮湿、饲料供给不足或品质不佳、机体抵抗力下降等因素可促使本病的发生和流行。

【病理剖检】多发生在生殖器官，可见胎膜呈浅黄色的胶冻样浸润，有些部位覆有纤维素絮状脓液，有的增厚且有出血点。绒毛叶贫血呈苍黄色，或覆有灰色或黄绿色纤维蛋白絮片，或覆有脂肪渗出物；胎儿脐带呈浆液性浸润、肥厚。胎儿的胃特别是第四胃中有浅黄色或灰白色絮状物，肠胃和膀胱的浆膜下可见点状出血或线状出血；皮下呈出血性浆液性浸润；胎儿和新生羔可见有肺炎；淋巴结、脾脏和肝脏有不同程度的肿胀，有的呈现局灶性坏死（彩图8-6）；部分病羊有化脓性或卡他性的子宫内膜炎、脓肿、输卵管炎及卵巢炎（彩图8-7）。病公羊的精囊有出血点和坏死灶，在睾丸和附睾内有榛子大的炎性坏死灶和化脓灶，甚至坏死。慢性病例的睾丸和附睾可见结缔组织增生。

【诊断要点】根据流行特点、流产胎儿胎衣等病理变化，可怀疑为本病。以细菌学检查、血清学检查和变态反应进行确诊。

【鉴别诊断】临床需与山羊衣原体病、羊弯杆菌病及沙门氏菌病进行鉴别诊断。

2. 防治措施

【治疗措施】

西药治疗：目前尚无理想的治疗药物。若一定要治疗时，一旦发现病羊，应隔离，并用链霉素肌内注射，按每日每千克体重10mg，每天2次。四环素肌内注射，每天每千克体重5～10mg，每天2次，连用3～5天。在治疗过程中要避免消化道给药。氟甲砜霉素（氟苯尼考）肌内注射，每千克体重10～30mg，每天2次。

中药治疗：若为热毒壅盛型子宫内膜炎时，当以活血化瘀、清热解毒为治法，宜益母散加减主之。

方1：益母草25g、当归10g、川芎10g、白芍10g、熟地10g、

白术10g、黄芩15g、双花10g、连翘10g，共为末，开水冲调，候温灌服；可灌服宣脾汤或三仁汤，每个疗程15天（其中服药10天，休息5天）。

方2（宣脾汤）：防己15g、杏仁10g、滑石10g、连翘8g、山栀子6g、半夏6g、薏仁8g、蚕沙8g、姜黄6g、海桐皮6g，其为一只羊的剂量。加水煎成200mL，每天1次灌服。

方3（三仁汤）：杏仁15g、滑石15g、通草7g、竹叶10g、半夏15g、厚朴7g、薏仁15g，加水，煎成200~300mL，每天1次灌服。

【预防措施】本菌对消毒剂抵抗力不强，1%~3%石炭酸、2%~3%煤酚皂液、0.1%升汞、2%苛性钠溶液，可在1h内杀死本菌；1%~2%甲醛溶液3h或5%新鲜石灰溶液2h也可杀死本菌，1%新洁尔灭5min内可将其杀死。山羊布鲁氏菌病以预防为主，一般不予治疗。对羊群每年应定期进行布鲁氏杆菌病的血清学检查，对阳性或可疑羊只扑杀淘汰，以淘汰屠宰为宜，必要时隔离治疗，严禁与假定健康羊接触。对圈舍、饲具等要彻底消毒，流产胎儿、胎衣、羊水和生殖道分泌物应深埋。饲养人员注意做好防护工作，以防感染。主要使用布鲁氏菌猪型2号弱毒活菌苗和马耳他布鲁氏菌5号弱毒活苗。弱毒活苗仍有一定的剩余毒力，须做好工作人员的自身保护。

十 沙门氏菌病

羊沙门氏菌病又名副伤寒，俗称血痢、黑痢，是由羊流产沙门氏菌、鼠沙门氏菌和都柏林沙门氏菌引起的一种传染病。其临床特征为羔羊发生败血症和肠炎，妊娠母羊发生流产。本病遍发于世界各地，对山羊的繁殖和羔羊的健康带来严重的威胁。沙门氏菌的许多血清型可使人感染，发生食物中毒和败血症等，其是重要的人畜共患病病原体。

1. 诊断

【临床症状】根据临床表现可分为下痢型和流产型两类。

下痢型：多见于15~20日龄的羔羊，体温升高达40~41℃，食欲减退，腹泻，排黏性带血稀粪，有恶臭。精神沉郁、虚弱、低头拱背，继而卧地、昏迷，最终因衰竭而死亡。病程1~5天，有的经2周后可恢复。发病率一般为30%，死亡率为25%。

流产型：怀孕母羊于怀孕的最后1/3期间发生流产或死产。病羊体温升至40～41℃，厌食，精神抑郁，部分羊有腹泻症状，阴道常排出有黏性带有血丝或血块的分泌物。病羊产下的活羔，表现衰弱、委顿、卧地，稀粪混有未消化饲料，粪便恶臭，多数羔羊拒食，常于1～7天死亡。发病母羊也可在流产后或无流产的情况下死亡。羊群暴发1次，一般可持续10～15天，流产率与病死率均可达60%，其他羔羊的病死率可达10%。

【流行特点】本病四季均可发生，呈散发性或地方流行性。育成期羔羊常于夏季和早秋发病，孕羊则在晚冬、早春季节发生流产。不同性别、年龄、品种的羊均易感，羔羊易感性较成年羊高，其中以断奶或断奶不久的羊最易感。病羊和带菌羊是本病的主要传染源。病原菌可通过羊的粪便、尿液、乳汁、流产胎儿、胎衣和羊水污染的饲料、工具和饮水等，经消化道感染健康羊。病羊与健康羊交配或用病公羊的精液人工授精可发生感染。一般羊舍卫生条件恶劣、潮湿，饲养密度过大、羊群拥挤，饲料和饮水缺乏，长途运输，母羊奶水不足等因素均可诱发本病。

【病理剖检】下痢型羊尸体后躯常被稀粪污染，大多数组织脱水，心内、外膜有小出血点。病羊的真胃和小肠空虚，内容物稀薄，常含有血块。肠黏膜充血，肠道和胆囊黏膜水肿（彩图8-8和彩图8-9）。肠系膜淋巴结肿大、充血。流产或死产的胎儿以及产后一周内死亡的羔羊，常表现败血病变。组织水肿、充血。肝脏、脾脏肿大，有灰色病灶。胎盘水肿、出血。死亡母羊呈急性子宫炎症状，其子宫肿胀，常内含坏死组织、浆液性渗出物和滞留的胎盘。

【诊断要点】根据流行特点、临床症状和病理变化，可做出初步诊断，确诊需依靠实验室诊断结果。

【鉴别诊断】应注意与引起羔羊痢疾的B型产气荚膜梭菌和引起羔羊下痢的大肠杆菌进行鉴别诊断。

2. 防治措施

【治疗措施】

西药治疗：羊沙门氏菌病的病羊病初应用抗血清有效，也可选用抗生素或呋喃类药物治疗。首选药物为氟甲砜霉素（氟苯尼考），其次是新霉素、土霉素和呋喃唑酮（痢特灵）等。

氟甲砜霉素（氟苯尼考），羔羊按每天每千克体重 30～50mg，分 3 次内服；成年羊按每次每千克体重 10～30mg，肌内或静脉注射，每天 2 次。连续用药不得超过 2 周，并配合护理及时对症治疗。

青霉素 80 万～160 万单位，肌内注射，每天 2 次，连用 2～3 天。20% 磺胺嘧啶钠 5～10mL，肌内注射，每天 2 次。磺胺嘧啶 5～6g、碳酸氢钠 1～2g，内服，每天 2 次，连用 3～4 次。以上用量羔羊减半。

中药治疗：

方 1：用大蒜酊（大蒜 100g，95% 酒精 100mL，浸泡 5～7 天），喂服。

方 2：白头翁、秦皮、黄连、炒神曲、炒山楂各 15g，当归、木香、杭菊各 25g，车前子、黄柏各 12g，加水 500mL，煎至 100mL，每次 3～5mL 灌服，每天 2 次，连用 3～5 天。

方 3：加减承气汤：大黄 14g、朴硝 15g（另包）、酒黄芩 10g、焦山栀 10g、甘草 10g、枳实 10g、厚朴 10g、青皮 10g，将上药（除朴硝外）捣碎，加水 400mL，煎至 100mL，然后加入朴硝。病初羔羊服 20～30mL，用胃管服，只服 1 次，如果已拉稀 2～3 天，则可服第二方。

方 4：加减乌梅散：乌梅（去核）10g、诃子肉 15g、炒黄连 10g、黄芩 10g、郁金 10g、干柿饼（切细）1 个、黑焦楂 15g、炙甘草 10g、神曲 20g、猪苓 10g、泽泻 10g，捣碎后加水 400mL，红糖 50g 为引，灌服，一次服 30mL。如果拉稀不止，可重灌 1～2 次。

方 5：秦皮 15g、白头翁 15g、苦参 20g、黄芩 10g、黄柏 12g、黄连 15g、陈皮 15g、茯苓 12g、炒白芍 12g、甘草 10g、竹叶 5g、灯心草 5g，将上药碾碎，加水煎汤去渣，10 只羊 1 日分 3 次灌完（热痢有效）。

【预防措施】加强饲养管理。保持圈舍清洁卫生，防止饲料和饮水被病原污染。羔羊在出生后应及早哺喂初乳，并注意保暖。发现病羊应及时隔离、治疗。被污染的圈栏要彻底消毒，发病羊群进行药物预防。对流产母羊及时隔离治疗，流产的胎儿、胎衣及污染物进行销毁，流产场地全面彻底进行消毒处理。对可能受传染威胁的羊群，注射相应疫苗进行预防。

十一 链球菌病

羊链球菌病是由羊溶血性链球菌引起的一种急性、热性、败血性传染病。其主要发生于绵羊、山羊。因其咽喉部及下颌淋巴结肿胀，俗称“嗓喉病”；又由于常继发大叶性肺炎、呼吸异常困难、各脏器出血、胆囊肿大，故有些地区又叫“大胆病”。其特征是全身出血性败血症及浆液性肺炎与纤维素性胸膜肺炎，胆囊肿大。

1. 诊断

【临床症状】羊链球菌病人工感染时的潜伏期为3～10天，最急性的病程在24h内死亡，急性的病程多为2～3天，很少病程达到5天以上的。自然病例感染的潜伏期为2～7天，少数可长达10天。死亡率达80%。临床上将本病分为四型。

最急性型：病羊发病初期临诊症状不明显，常于24h内死亡，或在清晨检查圈舍时发现其死于圈内。

急性型：病羊病初体温升高到41℃以上，全身症状明显，起卧频繁、精神委顿、垂头、闭目、弓背、呆立、不愿走动、居于一隅。饮食减退或废绝，停止反刍。眼结膜充血、流泪，随后出现浆液性分泌物；鼻腔流出浆液性脓性鼻汁；咽喉肿胀，咽喉和下颌淋巴结肿大，呼吸困难，流涎、咳嗽；粪便有时带有黏液或血液。孕羊阴门红肿，多发生流产。最后衰竭倒地，多数窒息死亡。临死前出现磨牙、抽搐、惊厥等症状。病程为2～3天。

亚急性型：体温升高，食欲减退。流黏液性透明鼻液，咳嗽，呼吸困难。粪便稀软带有黏液或血液。嗜卧，不愿走动，走时步态不稳。病程为1～2周。

慢性型：一般轻度发热，消瘦、食欲不振、腹围缩小、步态僵硬。有的羊咳嗽，有的羊出现关节炎。排如蛋清样的黏液，逐渐混有血液，少数病例的黏液中混有粪便，肛门及尾根周围附着黏液性污垢。病程为1个月左右，最终死亡。

【流行特点】羊链球菌病多发于羔羊。病羊和带菌羊是本病的主要传染源，病原多存在于鼻液、鼻腔、气管和肺部，通过分泌物排出体外造成传染。主要通过呼吸道途径，损伤皮肤、黏膜以及羊虱蝇等吸血昆虫叮咬传播。本病一般于冬、春季节，碰到气候剧变、气候寒冷、闷热、潮湿、通风不良、空气干燥、草质不良、羊群过大、大小混养、运输等因素时，羊机体抵抗力降低，可诱发本病。

【病理剖检】病理变化以败血性变化为主，尸僵不显著或不明显。最突出的病变是各脏器的广泛出血，淋巴结肿大、出血。咽喉部黏膜极度水肿（彩图8-10），鼻、咽喉、气管黏膜出血，其中有浅红色泡沫状液体。肺脏水肿、气肿，肺实质出血、肝变，呈大叶性肺炎症状（彩图8-11）。胸、腹腔及心包有积液。心内、外膜都有点状出血，心肌浑浊。肝肿大，呈泥土色，边缘钝厚，表面有出血点。胆囊肿大2~4倍，其黏膜充血、出血、水肿，胆汁呈浅绿色或因出血而似酱油状。肾脏质地变脆、变软，肿胀、梗死，被膜不易剥离。胃肠黏膜肿胀，有的部分脱落，第三胃内容物干如石灰，第四胃内容物稀薄，黏膜充血、出血。幽门充血及出血。十二指肠内变成黄色，回盲瓣区域间有充血及出血。膀胱内膜有出血点。各脏器浆膜面常覆有黏稠、丝状的纤维素样物质。

【诊断要点】根据临床症状和剖检变化，结合流行特点可进行初步诊断，确诊需进行实验室检查。

【鉴别诊断】应与炭疽、羊梭菌性痢疾、羊巴氏杆菌病相鉴别。

2. 防治措施

【治疗措施】发病初期用青霉素或磺胺类药物进行治疗。青霉素80万~160万单位肌内注射，每天2次，连用2~3天。20%磺胺嘧啶钠5~10mL，肌内注射，每天2次，或磺胺嘧啶5~6g、碳酸氢钠1~2g，内服，每天2次，连用3~4次。以上用量羔羊减半。

重症羊可先肌内注射尼可刹米，以缓解呼吸困难，再用盐酸林可霉素或壮观霉素注射液按0.1~0.2mL/kg剂量肌内注射，每天1次，连用5~7天。同时用特效先锋霉素50万~150万国际单位，加地塞米松2~5mg，0.5%盐水250~500mL，维生素C 5~10mL，维生素B_{12} 5~10mL，混合1次缓慢静脉注射，每天2次，连用2天，症状减轻后改为每天1次，连用2天。

局部治疗：先将下颌、关节及脐部等处局部脓肿切开，清除脓汁。然后清洗消毒，涂抗生素软膏。

【预防措施】加强饲养管理，增加营养，提高机体抵抗力。未发病地区勿从疫区引入种羊。购进羊肉或皮毛产品时，应加强防疫检疫工作。做好夏秋抓膘、冬春保镖、防寒保温工作。发病后，及时隔离病羊，粪便堆积发酵处理。在发病羊群周围的水源、牧场、圈舍等环境中撒布草木灰、生石灰消毒；羊圈可用含1%有效氯的漂白粉、10%石灰乳、3%来苏儿等消毒液消毒。加强清洁工作，清除牧场或圈舍遗留的皮毛和尸骨，进行深埋或焚烧。

在本病流行区，羊群要固定草场、牧场放牧，避免与未发病羊群接触。常发病地区坚持免疫接种，每年发病季节到来之前，用羊链球菌氢氧化铝甲醛疫苗进行预防接种。6月龄以上羊5mL/只，6月龄以下羊3mL/只，3月龄以下羔羊2～3周后重复接种1次。免疫期可维持6个月以上。对未发病羊提前注射青霉素或抗羊链球菌血清有良好的预防效果。

十二 羊猝狙

羊猝狙是由C型产气荚膜梭菌的毒素引起绵羊发病的一种急性传染病，以溃疡性肠炎和腹膜炎为特征。羊猝狙和羊快疫可混合感染，此病能造成急性死亡，对养羊业危害很大。

1. 诊断方法

【临床症状】羊猝狙的病程短促，常未见到临诊症状即死亡，如晚间归圈时正常，次日早上发现死于圈内。白天放牧时，有时发现病羊掉队、卧地，表现不安、衰弱、痉挛、眼球突出等症状后在数小时内死亡。羊快疫及羊猝狙常混合感染。根据在我国观察所见，有最急性型和急性型两种临床表现。

最急性型：一般见于流行初期。病羊突然停止采食，精神不振。四肢分开，弓腰，头向上。行走时后躯摇摆。喜伏卧，头颈向后弯曲。磨牙，不安，有腹痛表现。眼羞明流泪，结膜潮红，呼吸促迫。从口鼻流出泡沫，有时带有血色。随后呼吸愈加困难，痉挛倒地，四肢做游泳状，迅速死亡。从出现症状到死亡通常为几分钟至6h。

急性型：一般见于流行后期。病羊食欲减退，行走不稳，排粪困难，有里急后重表现。喜卧地，牙关紧闭，易惊厥。粪团变大，色黑而软，混有炎症产物或脱落黏膜；或排油黑色或深绿色的稀粪，有时带有血丝；一般体温不升高。从出现症状到死亡通常为 1 天左右，也有少数病例延长到数天的。发病率为 6%～25%，个别羊群高达 97%。山羊发病率一般比绵羊低。发病羊几乎 100% 归于死亡。

【流行特点】羊猝狙发生于成年羊，以 1～2 岁羊发病最多。病羊和带菌羊是该病的主要传染源，主要是食入被该菌污染的饲草、饲料及饮水等，经消化道感染。常见于低洼、沼泽地区，多发生于冬、春季节，常呈地方流行性。

【病理剖检】主要见于循环系统和消化道。胸腔、腹腔和心包有大量积液，心包积液暴露于空气后，可形成纤维素絮块。浆膜上有小点状出血。病羊刚死时骨骼肌表现正常，但在死后 8h 内，细菌在骨骼肌里增殖，使肌间积聚血液液体，肌肉出血，有气性裂孔，骨骼肌的这种变化与气肿疽的病理变化十分相似。十二指肠和空肠黏膜严重充血、糜烂，有的肠段可见大小不等的溃疡。肠系膜淋巴结有出血性炎症。

混合感染羊快疫和羊猝狙死亡的羊，营养多在中等以上。尸体迅速腐败，腹围迅速胀大，可视黏膜充血，血液凝固不良，口鼻等处常见有白色或血色泡沫。全身淋巴结水肿，颌下、颈前淋巴结充血、出血及浆液浸润。肌肉出血，肩前、股前、尾底部等处皮下有红黄色胶样浸润，在淋巴结及其附近尤其明显。部分病例胸腔有浅红色浑浊液体，心包内充满透明或血染液体，心脏扩大，心外膜有出血斑点。

肺呈深红色或紫红色，气管内常有血色泡沫。大多数病例出现血色腹水，肝脏多呈水煮色，混浊、肿大、质脆，被膜下常见有大小不一的出血斑，切开后流出含气泡的血液，多呈土黄色，胆囊胀大，胆汁浓稠呈深绿色。脾多正常，少数瘀血。

肾脏在病程短促或死后不久的病例，多无肉眼可见变化；病程稍长或死后时间较久的，可见有软化现象，肾盂常储积白色尿液。膀胱积尿，量多少不等，呈乳白色。

最急性的病例为胃黏膜皱襞水肿，增厚数倍，黏膜上有紫红斑，十二指肠充血、出血。急性病例前三胃的黏膜有自溶脱落现象，真胃黏膜坏死脱落，黏膜水肿，有大小不一的紫红斑，甚至形成溃疡；小肠黏膜水肿、充血，黏膜面常附有糠皮样坏死物，肠壁增厚，结肠和直肠有条状溃疡，有条状、点状出血斑点，小肠内容物呈糊状，其中混有许多气泡，并常混有血液。

【诊断要点】本病病程急速，生前诊断比较困难。如果羊突然发病死亡，死后又发现胸腔、腹腔、心包有积水，肝肿胀而色浅，第四胃及十二指肠等处有急性炎症，肠内容物中有许多小气泡等变化时，应怀疑可能为该病。确诊需进行微生物学和毒素检查。

2. 防治措施

由于本病的病程短促，往往来不及治疗，因此，必须加强平时的防疫措施。发生本病时，将病羊隔离，对病程较长的病例试行对症治疗。当本病发生严重时，转移牧地，可收到减少和停止发病的效果。将所有未发病羊只，转移到高燥地区放牧，加强饲养管理，防止受寒感冒，避免羊只采食冰冻饲料，早晨出牧不要太早。

同时用菌苗进行紧急接种。在本病常发地区，每年可定期注射1~2次羊快疫、羊猝狙二联菌苗或快疫、猝狙、肠毒血症三联干粉菌苗。由于吃奶羔羊产生的主动免疫力较差，故在羔羊经常发病的羊场，应对怀孕母羊在产前进行两次免疫，第一次在产前1~1.5个月，第二次在产前15~30天，但在发病季节，羔羊也应接种菌苗。

十三 羊黑疫

羊黑疫又名传染性坏死性肝炎，是由B型诺维氏梭菌引起的绵羊和山羊的一种急性高度致死性毒血症。其特征是突然发病，病程短促，皮肤发黑，肝实质发生坏死病灶。

1. 诊断

【临床症状】羊黑疫在临床上与羊快疫、肠毒血症等极其类似。病程十分急促，绝大多数情况是未见有病而突然发生死亡的。少数病例病程稍长，可拖延1~2天，但没有超过3天的。病羊掉群、不食、呼吸困难，体温41.5℃左右，呈昏睡俯卧，突然死去。

【流行特点】诺维氏梭菌能使1岁以上的羊感染，以2~4岁羊只发生最多。发病羊多为营养佳良的肥胖羊只，山羊、绵羊均可感染。实验动物中以豚鼠为最敏感，家兔、小鼠的易感性较低。病原体的芽孢广泛存在于土壤中。病羊和带菌羊是该病的主要传染源，食入被该菌污染的饲草、饲料及饮水等，经消化道感染。采食被芽孢污染的饲料后，进入消化道，再由肠壁进入肝脏而致病。与肝片吸虫的感染有密切关系，因此该病多发于春、夏肝片吸虫流行的低洼潮湿地区。

【病理剖检】羊黑疫病羊尸体皮下静脉显著充血，其皮肤呈暗黑色外观（黑疫之名即由此而来）。胸部皮下组织经常水肿。浆膜腔有液体渗出，其暴露于空气易于凝固，液体常呈黄色，但腹腔液略带血色。左心室心内膜下常出血。真胃幽门部、小肠充血和出血。肝脏充血肿胀，从表面可看到或摸到有一个到多个凝固性坏死灶，坏死灶的界限清晰，灰黄色，不整圆形，周围常由一条鲜红色的充血带围绕，坏死灶直径可达2～3cm，切面呈半圆形。羊黑疫肝脏的这种坏死变化是很有特征的，具有很大的诊断意义（彩图8-12）。

【诊断要点】在肝片吸虫流行的地区发现急死或昏睡状态下死亡的病羊，剖检见特殊的肝脏坏死变化，有助于诊断。必要时可做细菌学检查和毒素检查。

【鉴别诊断】羊黑疫、羊快疫、羊猝狙、羊肠毒血症等梭菌性疾病由于病程短促、病状相似，在临床上不易互相区别，同时，这一类疾病在临床上与羊炭疽也有相似之处，应注意区别。

2. 防治措施

【治疗措施】发生本病时，应将羊群移牧于高燥地区。对病羊可用抗诺维氏梭菌血清（7500国际单位/mL）治疗，每次50～80mL，1次静脉注射，连用1～2次。还可以用40万～80万国际单位的青霉素，溶解到5mL注射用水中，1次肌内注射，每天两次，连用5天。

【预防措施】必须控制肝片吸虫的感染。特异性免疫可用羊黑疫菌苗或羊黑疫、羊快疫二联苗或羊厌气五联菌苗或羊厌气菌七联干粉苗进行预防接种，一次5mL，一次皮下或肌内注射。

十四 肠毒血症

羊肠毒血症是山羊急性毒血症、急性非接触性传染病，各种品种、年龄的羊均可被感染，以1岁左右和肥胖的羊发病较多。由于细菌毒素中毒，可引起迅速死亡。死后肾组织易于软化，又称软肾病；与羊快疫相似，又称类快疫。

1. 诊断

【临床症状】突然发病，很少能见到症状，往往症状出现后迅速死亡，可分为两种类型：一类以搐搦为其特征；另一类以昏迷和静静地死去为其特征。前者在倒毙前四肢出现强烈的划动，肌肉搐搦，眼球转动，磨牙，口水过多，随后头颈显著抽搐，往往于2～3h内死亡。后者的早期症状为步态不稳、向后倒卧，并有感觉过敏、流涎、上下颌"咯咯"作响。继而昏迷，角膜反射消失。有的病羊发生腹泻，排黑色或深绿色稀粪，常在3～4h内静静地死去。

最急性型：为最常遇到的病型。病羊死亡很快。在个别情况下，呈现疝痛症状，步态不稳，呼吸困难，有时磨牙、流涎，短时间后即倒在地上，痉挛而死。

急性型：病羊食欲消失，表现下痢，粪便有恶臭味，混有血液及黏液。意识不清，常呈昏迷状态，经过1～3天死亡。成年羊的病程可能延长，其表现为有时兴奋、有时沉郁、黏膜有黄疸或贫血。

【流行特点】绵羊、山羊均可感染本病，D型产气荚膜梭菌为土壤常在菌，也存在于污水中。羊只采食被病原菌芽孢污染的饲料或饮水后，部分存活菌进入肠道。当缺乏运动致肠蠕动减弱，饲喂精饲料过量、饲养不合理，破坏了肠道的正常活动与分泌机能，例如饲喂大量玉米、大麦或豆类，均易引起发病。

本病有明显的季节性和条件性。在牧区，多发于春末夏初青草萌发和秋季牧草结籽后的一段时期。在农区，则常是在收菜季节，羊只食入大量菜根、菜叶，或收了庄稼后羊群抢茬吃了大量谷类的时候发生此病。本病多呈散发。2～12月龄的羊最易发病。发病的多为膘情较好的羊。

【病理剖检】幼年羊的病变比较显著，成年羊则不一致。尸体迅速腐败，小肠黏膜充血或出血（彩图8-13）。幼羊心包腔内的液体较成年羊多。心内膜或心外膜出血，尤以心内膜出血的更为多见。羔羊以心包液增多与心内膜下部溢血为特征性病变。肾脏充血，并呈进行性变软，甚至呈血色乳糜状，故有髓样肾病之称，成年羊的肾脏有时变软（成为软肾病），以病羊死亡6h后最为明显（彩

图8-14）。肝脏显著变性。脾脏常无眼观病变，部分羔羊发生严重肺水肿和大量的胸膜渗出液。

【诊断要点】本病的诊断是以流行特点、临床症状和病理剖检资料为基础。应注意个别羔羊突然死亡的情况。结合临床剖检特征综合判定。最准确的方法是进行细菌学检查、产气荚膜梭菌毒素的检查和鉴定，可用小鼠或豚鼠做中和试验。

【鉴别诊断】注意与炭疽病、焦虫病和羊快疫等相区别。

2. 防治措施

【治疗措施】

西药治疗：急性发病者，药物治疗通常无效。病程慢者，可用抗生素或磺胺药，结合强心、镇静剂对症治疗。如12%复方磺胺嘧啶注射液8mL，1次肌内注射，每天2次，连用5天，首量加倍。

中药治疗：白茅根9g，车前草15g，野菊花15g，筋骨草12g。粉碎，水煎后温水灌服。

【预防措施】采取促进肠蠕动增强措施。保证充足运动场地和时间，控制精饲料饲喂量，不可过多采食青嫩牧草。发病时，增加粗饲料饲喂量，减少或停止精饲料饲喂量，加强运动。在舍饲管理的后期用三联（快疫、猝狙、肠毒血症）菌苗或五联苗进行预防接种，每次5mL，肌内注射，共接种两次，间隔为16～20天，免疫期为6个月。羔羊从5周龄开始接种疫苗。

药物预防：按照22mg/kg剂量在饲料中添加金霉素以预防肠毒血症。

中药防治：苍术10g、大黄10g、贯众5g、龙胆草5g、槟榔3g、甘草10g，雄黄1.5g（另外单独包）。用法：取前六味药水煎取汁，混入雄黄，一次灌服，灌药后再加服一些食用植物油。

十五 羊快疫

羊快疫是腐败梭菌引起的羊急性传染病，以真胃出血性炎症为特征。羊快疫和羊猝狙可混合感染，其特征是发病突然，病程极短，几乎看不到临诊症状即死亡，胃肠道呈出血性、溃疡性炎症变化，肠内容物混有气泡，肝肿大、质脆且色多变浅，常伴有腹膜炎。羊快疫单发者居多。

1. 诊断

【临床症状】突然发病，病羊往往来不及出现临床症状，就突然死亡。有的病羊离群独处，卧地，不愿走动，强迫行走时表现虚弱和运动失调。腹部膨胀，有疝痛临床症状。体温表现不一，有的正常，有的升高至41.5℃左右。病羊最后极度衰竭、昏迷，通常在数小时至1天内死亡，极少数病例可达2~3天，罕有痊愈者。羊快疫及羊猝狙常混合感染，临床有最急性型和急性型两类。

最急性型：一般见于流行初期。病羊突然停止采食，精神不振。四肢分开，弓腰，头向上。行走时后躯摇摆。喜伏卧，头颈向后弯曲。磨牙，不安，有腹痛表现。眼羞明流泪，结膜潮红，呼吸促迫。从口鼻流出泡沫，有时带有血色。随后呼吸愈加困难，痉挛倒地，四肢做游泳状，迅速死亡。从出现症状到死亡通常为2~6h。

急性型：一般见于流行后期。病羊食欲减退，行走不稳，排粪困难，有里急后重表现。喜卧地，牙关紧闭，易惊厥。粪团变大，色黑而软，其中混有黏稠的炎症产物或脱落的黏膜，或排油黑色或深绿色的稀粪，有时带有血丝。一般体温不升高。从出现症状到死亡通常为1天左右，也有少数病例延长到数天的。发病率6%~25%，个别羊群高达97%。发病羊几乎100%归于死亡。

【流行特点】发病羊的营养多在中等以上，年龄多在6~18个月之间。一般经消化道感染，腐败梭菌如果经伤口感染则引起羊的恶性水肿。山羊和鹿也可感染本病。本病常在低洼草地、熟耕地及沼泽地发生。当存在不良的外界诱因，特别是在秋、冬和初春气候骤变、阴雨连绵之际，羊只受寒感冒或采食了冰冻带霜的草料，机体遭受刺激，抵抗力减弱时，腐败梭菌即大量繁殖，产生外毒素，特别是真胃黏膜发生坏死和炎症，毒素同时经血液循环进入体内，刺激中枢神经系统，引起急性休克，使羊只迅速死亡。

【病理剖检】主要呈现真胃出血性炎症变化。黏膜尤以胃底部及幽门附近的黏膜，有大小不等的出血斑块，表面发生坏死，出血坏死区低于周围的正常黏膜，黏膜下组织常水肿。胸腔、腹腔、心包有大量积液，其暴露于空气中易于凝固。心内膜下（特别是左心室）和心外膜下有多数点状出血。肠道和肺脏的浆膜下也可见到出血。

胆囊多肿胀。

混合感染羊快疫和羊猝狙的死亡羊，营养多在中等以上。尸体迅速腐败，腹围迅速胀大，可视黏膜充血，血液凝固不良，口鼻等处常见有白色或血色泡沫。最急性的病例，大多数病例出现腹水，带血色。胃黏膜皱襞水肿，增厚数倍，黏膜上有紫红斑、溃疡，十二指肠充血、出血。小肠黏膜水肿、充血，尤以前段黏膜为甚，黏膜面常附有糠皮样坏死物，肠壁增厚，结肠和直肠有条状溃疡，并有条状、点状出血斑点，肝脏多呈水煮色，混浊，肿大，质脆，被膜下常见有大小不一的出血斑，胆囊胀大，胆汁浓稠呈深绿色。肾脏在病程短促或死后不久的病例，多无肉眼可见变化，病程稍长或死后时间较久的，可见有软化现象，肾盂常储积白色尿液（彩图8-15）。脾多正常，少数瘀血。膀胱积尿，量多少不等，呈乳白色。

部分病例胸腔有浅红色浑浊液体，心包内充满透明或血染液体，心脏扩大，心外膜有出血斑点（彩图8-16）。肺呈深红色或紫红色，气管内常有血色泡沫。全身淋巴结水肿，颌下、颈浅淋巴结充血、出血及浆液浸润。肌肉出血，肌肉结缔组织积聚血样液体和气泡。

【诊断要点】病程急速，生前诊断比较困难。如果羊突然发病死亡，死后又发现第四胃及十二指肠等处有急性炎症，肠内容物中有许多小气泡，肝肿胀而色浅，胸腔、腹腔、心包有积水等变化时，应怀疑为该病。确诊需进行微生物学和毒素检查。

2. 防治措施

【治疗措施】12%复方磺胺嘧啶注射液，用量为8mL，一次肌内注射，每天两次，连用5天。10%安钠咖注射2～4mL、维生素C注射液0.5～1g、地塞米松注射液2～5mg、5%葡萄糖生理盐水200～400mL，混匀，一次静脉注射，连用3～5天。

【预防措施】由于本病的病程短促，往往来不及治疗，须加强平时防疫措施。发生本病时，将病羊隔离，对病程较长的病例试行对症治疗，宜抗菌消炎、输液、强心，应将所有未发病羊只，转移到高燥地区放牧，加强饲养管理，防止受寒感冒，避免羊只采食冰冻饲料，早晨出牧不要太早。

用菌苗进行紧急接种。在本病常发地区，每年可定期注射1~2次羊快疫、羊猝狙二联菌苗或快疫、猝狙、肠毒血症三联苗。对怀孕母羊在产前进行两次免疫，第一次在产前1~1.5个月，第二次在产前15~30天，但在发病季节，羔羊也应接种菌苗。

第二节 山羊病毒性传染病

一 口蹄疫

本病俗称“口疮”“蹄癀”，由口蹄疫病毒引起的人畜共患的急性、热性、高度接触性传染病。主要侵害偶蹄动物，表现为口腔黏膜、四肢下端及乳房皮肤等出现水疱和溃疡。

1. 诊断

【临床症状】病羊体温升高，精神不振，食欲减退，反刍减少或停止。水疱破溃后，体温降低至常温，全身症状好转。该病潜伏期为1周左右，感染率较低。绵羊的蹄部、山羊的口腔易形成水疱，呈弥漫性口膜炎。唇内面、齿龈、舌面及颊部黏膜出现水疱，内含透明液逐渐变浑浊，水疱破裂后形成鲜红色烂斑，流出大量泡沫状口涎，蹄部损害常在趾间及蹄冠皮肤表现红、肿、热、痛，继而发生水疱、烂斑，病羊跛行，常降低重心小步急进，甚至跪地或卧地不起。孕羊流产，羔羊偶尔出现出血性胃肠炎，常因心肌炎而死亡。该病主要症状在蹄部，50%以上的为蹄型口蹄疫。

【流行特点】一年四季均可发生，常从秋末流行，冬末加剧，春季减弱，夏季基本平息。流行具有一定周期性，一般每隔1~2年或3~5年就流行1次。可感染多种动物，尤以偶蹄目动物最易感。患病动物及带毒动物是本病最主要的传染源，发病初期排毒量最多，毒力最强。病畜发热期呼出的气体及排出的粪、尿、眼泪、唾液和乳汁等分泌物和排泄物中均有病毒。常通过消化道和呼吸道以及损伤的皮肤、黏膜而感染。

【病理剖检】患病动物的口腔、蹄部、乳房、咽喉、气管、支气管和胃黏膜可见到溃疡，上面覆盖有黑棕色的痂块；真胃和大小肠黏膜可见出血性炎症。心膜有弥漫性及点状出血，心肌呈灰白色或浅黄色的斑点或条纹的“虎斑心”。

【诊断要点】根据流行特点、临床症状和病理剖检变化可做出初步诊断，确诊需要进行实验室诊断。采取病畜水疱皮或水疱液，送口蹄疫参考实验室检查。

【鉴别诊断】应与水疱性口炎等相区别。

2. 防治措施

【治疗措施】发生口蹄疫后，一般不允许治疗，患病动物及同群动物全部扑杀销毁。哺乳母羊或羔羊患病时立即断奶，羔羊人工哺乳或饲喂代乳料。肌内注射同型的口蹄疫高免血清，按 1mL/kg 体重剂量，每天 1 次，连续 2 天。0.1% 高锰酸钾溶液或食醋、0.2% 福尔马林冲洗创面之后涂碘甘油或 1%～2% 明矾液，或撒布冰硼散。乳房用肥皂水或 2%～3% 硼酸水清洗，然后涂抹青霉素软膏等刺激性较小的防腐软膏。

【预防措施】畜舍应保持清洁、通风、干燥。可用 10～20g/L 的氢氧化钠溶液、10mL/L 福尔马林溶液、50～500g/L 的碳酸盐溶液浸泡或喷洒污染物，在低温时可加入 100g/L 的氯化钠。预防接种：应选用与当地流行毒株同型的疫苗，目前可用口蹄疫 O 型-亚洲Ⅰ型二价灭活疫苗，按照 1mL/只剂量肌内注射，15～21 天后加强免疫 1 次，每年 2～3 次。

二 小反刍兽疫

小反刍兽疫，又名肺肠炎、口炎肺肠炎复合症，是由小反刍兽疫病毒引起的一种急性、接触性传染病，主要感染小反刍动物（特别是山羊和绵羊易感染），以发病急剧、发热、眼鼻分泌物增加、口炎、腹泻和肺炎为特征。

1. 诊断

【临床症状】潜伏期为 4～5 天，最长 21 天。自然发病见于山羊和绵羊，以山羊发病严重。急性型体温可上升至 41℃，并持续 3～5 天。病羊烦躁不安，背毛无光，口鼻干燥，食欲减退。流黏液脓性鼻漏，呼出恶臭气体。在发热的前 4 天，口腔黏膜充血，颊黏膜进行性、广泛性损害，导致多涎，随后出现粉红色坏死性病灶，感染部位包括下唇、下齿龈等处。严重病例可见坏死病灶波及齿垫、腭、颊部及其乳头、舌头等处。后期出现带血水样腹泻，严重脱水，消瘦，体温下降，咳嗽，呼吸异常。发病率高达 100%，死亡率达 50% ~ 100%。

【流行特点】主要感染山羊、绵羊等小反刍动物，但山羊发病时比较严重。通过直接接触或呼吸道传染，病畜的分泌物和排泄物是传染源，处于亚临诊型的病羊尤为危险。在该病的老疫区常为零星发生。

【病理剖检】病变从口腔直到瘤胃、网胃口。患畜可见结膜炎、坏死性口炎等肉眼病变，严重病例可蔓延到硬腭及咽喉部。皱胃常出现有规则、有轮廓的糜烂，创面红色、出血。肠糜烂或出血，特征性出血或斑马条纹常见于大肠，特别在结肠、直肠结合处。淋巴结肿大，脾有坏死性病变。在鼻甲、喉、气管等处有出血斑，可见支气管肺炎病变。

【诊断要点】根据临床症状表现可做出初步诊断，确诊可用棉棒沾采结膜炎分泌物及口、鼻腔、直肠等，以及剖检淋巴结、扁桃体、大肠、肺、脾等组织块进行实验室诊断。

2. 防治措施

限制疫区的绵羊和山羊的运输。对来自疫区的动物要进行严格检疫，限制从疫区进口动物及其产品。对有传染病的动物及时扑杀，尸体要焚烧、深埋。发生疫情的畜舍应彻底清洗和消毒（可使用苯酚、氢氧化钠、酒精、乙醚等）。可采用牛瘟弱毒苗、耐热疫苗及重组疫苗等，可用于预防该病。

三 羊痘

由羊痘病毒引起的一种人畜共患的急性、热性、接触性传染病，有绵羊痘和山羊痘 2 种。病羊以发热、皮肤和黏膜上出现丘疹和疱疹为特征。该病死亡率较高，在我国被列为一类动物疫病。

1. 诊断

【临床症状】山羊痘和绵羊痘的临床症状相似，主要在皮肤和黏膜上形成痘疹，体温升高，全身反应较重。潜伏期平均为 6 ~ 8 天，病羊体温升高达 41 ~ 42℃，食欲减退，精神不振，结膜潮红，有浆液或脓性分泌物从鼻孔流出，呼吸和脉搏增速，1 ~ 4 天后发痘。痘疹多发生于皮肤无毛或少毛部分，如眼周围、鼻、唇、颊、四肢和尾内侧、乳房、阴唇、会阴、阴囊和包皮上（彩图8-17和彩图8-18）。头部、背部、腹部有毛丛的地方较少发生，口腔与上呼吸道黏膜、骨骼肌、子宫黏膜和乳腺偶有发生。

开始为红斑，1~2天后形成丘疹，突出皮肤表面，随后丘疹逐渐增大，变成灰白色或浅红色、半球状的隆起结节。结节在几天之内变成水疱，水疱内容物起初像淋巴液，后变成脓性液体，如果无继发感染，则在几天内干燥变成棕色痂块。痂块脱落遗留一个红斑，后颜色逐渐变浅。顿挫型病例呈良性经过，病羊通常不发热，不出现或出现少量痘疹，或痘疹出现硬结状，不形成水疱和脓疱，最后干燥脱落而痊愈。

非典型病例的病羊全身症状较轻，有的脓疱融合形成大的融合痘。脓疱伴发出血时形成血痘，伴发坏死则形成坏疽痘。重症病羊常继发肺炎和肠炎，导致败血症而死亡。

【流行特点】最初是由个别山羊发病，以后逐渐蔓延全群。病羊是主要的传染源，多流行于冬末春初气候寒冷的季节，通过含有羊痘病毒的皮屑随风和灰尘吸入呼吸道而感染，也可通过损伤的皮肤或黏膜感染。饲养管理人员、护理用具、皮毛产品、饲料、垫草和外寄生虫等都可成为传播的媒介。在自然情况下，绵羊痘和山羊痘一般不会发生交叉感染，绵羊痘发生于绵羊，不能传染给山羊或其他家畜。

【病理剖检】在咽、支气管、肺和皱胃等部位出现痘疹。在消化道的嘴唇、食道、胃肠等黏膜上出现大小不等的圆形或半圆形白色坚实的结节，其中有些表面破溃形成糜烂和溃疡，特别是唇黏膜与胃黏膜表面更明显。气管黏膜及其他实质器官，如心脏、肾脏等黏膜或包膜下则形成灰白色扁平或半球形的结节，特别是肺的病变与腺瘤很相似，多发生在肺的表面，切面质地均匀，但很坚硬，数量不定，性状则一致。此外，有的可见痘疱内出血，呈黑色痘。还有的则发生化脓和坏疽，形成很深的溃疡且有恶臭味，呈恶性经过，病死率达20%~50%。

【诊断要点】主要通过临床症状、流行特点特征进行诊断，如皮肤症状，鼻腔、器官、支气管等黏膜卡他性出血性炎症变化，痘疱和溃疡等确定；也可通过实验室诊断，如病毒鉴定、血清学鉴定等方式进行确诊。

2. 防治措施

【治疗药物】一旦爆发羊痘，应立即对发病羊群进行隔离治疗，并加强护理，注意卫生，防止继发感染。必要时进行封锁，封锁期为2个月。对发病羊群所污染的羊圈、饲料槽及运动草场等要进行彻底消毒，如0.1%的氢氧化钠溶液，每天2次，连续3天，以后每天1次，连续消毒1周。种羊病初可注射免疫血清、免疫羊血清。局部可用碘酊或0.1%高锰酸钾溶液洗涤，干后涂抹龙胆紫、碘甘油或碘酊等。静脉注射5%葡萄糖溶液250mL、青霉素400国际单位、链霉素100万~200万单位、安乃近注射液20mL、病毒灵20mL、地塞米松4mL的混合液体，每天2次。抗菌药物可防止继发感染，需根据实际情况合理应用。

中药治疗：

方1：黄连100g、射干50g、地骨皮25g、柴胡25g，加10L水煎至3.5L，煎煮3次，候温灌服，每天2次，连用5天。

方2：葛根、紫草、苍术各15g，黄连10g，白糖、绿豆各30g，水煎灌服，每天1剂，连服3剂。

【预防措施】加强饲养管理，羊圈要求通风良好、阳光充足、干燥，勤打扫，场地周围环境和通道可用10%~20%石灰、2%福尔马林、30%草木灰水消毒，隔7天消毒一次。

引种检疫：异地引种时，不从疫区购羊，并取得原产地动物防疫监督机构的检疫合格证明。新引入的羊只要进行21天的隔离，经观察和检疫后保证其健康方可混养。

预防接种：采用羊痘弱毒冻干苗，大、小羊一律于尾部或股内侧进行皮内注射0.5mL，10天即可产生免疫力，免疫期可持续1年，羔羊应于7月龄时再注射一次。

严格消毒和隔离：对病死羊的尸体进行严格消毒并深埋，若需剥皮利用，应做好消毒防疫工作，防止病毒扩散。

四 狂犬病（恐水症）

狂犬病又名“恐水症”，俗称“疯狗病”，是由狂犬病病毒引起的一种人畜共患急性传染病。临床特征是神经兴奋和意识障碍，继而局部或全身麻痹而死亡。流行性广，病死率极高，几乎为100%，给人类生命及财产安全具有非常严重的威胁。狂犬病通常由病兽以咬伤的方式进行感染。

1. 诊断

【临床症状】羊狂犬病较少见，一般有被狂犬咬伤病史的，潜伏期一般为20～60天。主要表现为狂躁不安、意识紊乱、兴奋、攻击、顶撞墙壁，大量流涎、哞叫，最后出现麻痹，表现为伸颈、吞咽困难、口腔流涎、瘤胃臌气等，最后心力衰竭死亡。临床病例一经发现建议立即扑杀深埋。

【流行特点】本病多以散发形式出现，无明显季节性。主要的储存宿主是犬、野生食肉动物、土拨鼠以及蝙蝠。外表健康的猫也是狂犬病的重要传染源。病犬和带毒犬是家畜和人的主要传染源，主要经患病动物咬伤而感染，有时也可由病犬、病猫舔触健康动物伤口而感染。

【病理剖检】本病常无特征性肉眼病理变化。一般表现尸体消瘦，有咬伤、撕裂伤等，血液浓稠，凝固不良。口腔黏膜和舌黏膜常见糜烂和溃疡；胃内常有毛发、石块、泥土和玻璃碎片等异物，胃黏膜充血、出血或溃疡。脑水肿，脑膜和脑实质的小血管充血，并常见点状出血。

【诊断要点】可根据临床症状、被狂犬咬伤史、病理变化做出初步诊断，一般需要通过实验室诊断做出确诊。

2. 防治措施

【治疗药物】本病尚无特效疗法。在被咬伤后72h之内，可按1.5mL/kg体重在伤口周围分点注射狂犬病免疫血清。

【预防措施】避免被携带病毒的病犬等动物咬伤。正常免疫及被病犬或可疑动物咬伤后的紧急接种可皮下注射狂犬病疫苗，每次10～25mL，间隔3～5天后注射第二次，免疫期6个月。对刚被咬伤的羊，应立即扩开伤口使其局部出血，用肥皂水冲洗，以碘酊处理，或进行烧烙；立即注射狂犬病疫苗，使其在该病的潜伏期内产生主动免疫。

五 伪狂犬病

伪狂犬病俗称奇痒病、传染性延髓麻痹，又叫奥耶斯基氏病，能够损害神经系统，一年四季都可发病，通常冬、春多发，夏、秋发病较少。山羊和绵羊都可以被感染。

1. 诊断

【临床症状】羊发病后初期体温可高达40～42℃，精神沉郁，呼吸加快。羊变为兴奋不安，不停咩咩叫，头、唇、颈、胸和背部等身体多处奇痒无比，羊经常用嘴舔、啃噬甚至用蹄搔扒发痒部位，有的羊在墙角、树桩等坚硬的地方摩擦头、颈、背部，造成局部皮肤脱毛、水肿、渗黄水并出血。紧接着病羊运动失调、狂躁跳跃或卧地不起，同时病羊口腔流出泡沫状唾液，全身肌肉痉挛性收缩，呈现背高度强直、头尾向后弯曲如弓状的病症现象，最后羊全身衰弱麻痹死亡。病程一般为2～3天，死亡率很高。

【流行特点】病羊和带毒的动物如猪、鼠是该病的主要传染源，也是该病毒重要的天然宿主。伪狂犬病可以通过呼吸道、消化道、损伤的皮肤黏膜感染，也可以通过交配行为、胎盘、哺乳直接传染。

【病理剖检】病死羊肉眼可见的变化一般是局部被毛脱落，皮肤水肿、擦伤、充血。组织病理学检查，是化脓性弥漫性脑膜脑脊髓炎和神经炎变化。病变部位有灶性胶质细胞以及周围血管套增生，神经节细胞及胶质细胞大量坏死。气管和支气管处有很多泡沫样液体，肺部水肿、瘀血，切开后有暗红色血水淌出；心内膜有点状出血；瘤胃黏膜被破坏，瓣胃内容物干燥，皱胃、大小肠、脑膜等处充血或出血，胆囊肿大。

【诊断要点】可采集扁桃体、肺脏、淋巴结组织进行病毒分离，用电镜观察是否有特征性的伪狂犬病毒粒子。必要时还可以采用分离培养、血清学试验等方法诊断。

2. 防治措施

【治疗药物】用伪狂犬病免疫血清或病愈家畜的血清可获得良好的治疗效果，但必须在潜伏期或前驱期使用。一次性静脉注射维生素C 1.5g，5%葡萄糖注射液150mL。一次性皮下注射3%石炭酸5～20mL，每天两次，2～3天后羊用10mL，配合皮下注射2～4mL 10%

安钠咖和肌内注射维生素 B_1 500mg。

【预防措施】羊群中发现伪狂犬病后，应立即隔离病羊，进行实验室消毒。整个羊圈舍、用具等可选用2%的烧碱、2%～3%来苏儿、5%福尔马林彻底消毒。粪便和其他垃圾应堆积起来，统一烧毁或者发酵处理。

健康的羊可在颈背部皮下注射伪狂犬病疫苗，分两次注射，间隔期是6～8天；注射剂量：1～6月龄羊第一次2mL，第二次注射3mL；6月龄以上的两次均注射5mL。圈舍要进行灭鼠，避免其与羊接触，防止病毒散播。

六 痒病

痒病又叫慢性传染性脑炎，亦称驴跑病、瘙痒病、摩擦病、震颤病或摇摆病，是由痒病朊病毒引起羊的中枢神经系统性疾病。主要表现为高度发痒、运动失调，病羊通常患病数月后死亡。

1. 诊断

【临床症状】潜伏期长达1～5年，以3岁半羊发病率最高。患病早期羊容易兴奋，独自离群，或被其他羊给赶出群，表现为疲劳、虚脱、头部肌肉颤抖、后肢运动不协调；发病中期，病羊依靠围栏、树等不断摩擦体侧、背部、臀部或头部，造成皮肤大面积脱毛。病羊的视力也会受到影响，步态蹒跚，经常跌倒；患病末期，羊只躺卧不起、食欲不变，但体重持续下降，最终死亡。整个过程维持数周至数月不等。

【流行特点】该病可感染多种动物，被感染后机体温度不变，无炎症现象，也没有特异性应答反应。新生羔羊易感，年龄越长的羊越不易得病。公羊和母羊都可感染；羊病通常发生在3～5岁母羊上。既可以是垂直传播，即子宫内感染，也可以是水平传播，即患病母羊在产期中感染羔羊，或羔羊在分娩的环境中被感染。通常呈散发流行，只有少数羊发病，传播缓慢。发病率可达5%～20%或更高，死亡率几乎达100%。多种动物可被感染，如小鼠、大鼠、仓鼠、沙土鼠、水貂、猴子等。在绵羊、山羊和小鼠被感染后，既没有细胞免疫，也不会产生相应抗体。

【病理剖检】肉眼观察，除了尸体消瘦和被毛损伤外，没有其他明显特征。但病理组织学变化很明显，病变发生在脑干和脊髓，没有炎症的产生。

【病原诊断】病原体是朊病毒，病毒生存能力强，可抵抗多种理化因素。离子辐射、紫外线照射以及高温处理都不能杀死该病毒；100℃时30min病毒仍能保持最大活力；37℃时，用20%甲醛溶液处理18h也不完全灭活它；5mol/L NaOH、90%苯酚、5%次氯酸钠、1%十二烷基磺酸钠和6mol/L尿素等对痒病病原体有很强的灭活作用。

【诊断要点】可根据典型外观表现特征进行初步诊断，如不停摩擦、用蹄搔抓、啃咬皮肤、舔唇舔舌等，肌肉运动不协调。外观症状不能确定的话，可采用组织学变化鉴定和接种动物检测确诊。注意与螨虫感染、梅迪病和维斯纳病等区分。

2. 防治措施

【治疗措施】由于痒病的特殊性，其不含核酸、无抗原性，至今既没有相关疫苗，也没有有效的治疗方法，实际生产中应以预防为主。

【预防措施】

1）加强饲养管理，提高绵羊自身抗病能力：实行标准化饲养，采用全价饲料，提供充足洁净饮水，适当搭配草料，更换饲料要有个循序渐进的过程。做好防雨措施，圈舍要避暑避寒，以减少应激。

2）改善卫生环境，保持圈舍清洁：羊舍经常通风，干燥。做好药浴和驱虫：蜱螨的活动会造成该病的传播，因此灭蜱除螨是预防该病的重要措施之一。

3）圈舍定期消毒：焚烧、5% NaOH溶液作用1h、5%次氯酸钠溶液作用2h、1%～3%十二烷基磺酸钠溶液煮沸10min等。

七 传染性脓疱

羊传染性脓疱也叫羊传染性脓疱皮炎、羊传染性脓疱口炎，俗称羊口疮，是由口疮病毒所致的人兽共患传染病，主要危害羔羊。

1. 诊断

【临床症状】传染性脓疱病的潜伏期为3～6天。病羊体温升高到41℃，食欲和精神不佳。根据病变部位可分为唇型、蹄型、外阴型三种，偶尔也见混合型。

唇型：临床常表现为发病动物的口唇、齿龈、舌、鼻等处皮肤形成丘疹、水疱、脓疱及结痂，病羊精神沉郁、被毛粗乱、食欲下降甚至消失，口腔内不时流出黏性唾液。本病致死率低，但当侵害羔羊时，会导致羔羊吮乳痛苦、吞咽困难、采食受阻、营养不良，严重影响生长发育，经常造成羔羊饥饿衰竭或继发感染死亡。

蹄型：多数为一只蹄部患病，常在蹄叉、蹄冠或系部皮肤上形成水疱、脓疱、溃疡。病羊行走困难。

外阴型：较少见，阴唇和附近皮肤有溃疡，乳房皮肤形成水疱、溃疡和结痂。公羊阴鞘肿胀，阴茎上发生病变。

【流行特点】主要由外来病羊感染羊群，引起群发。3～6月龄的羔羊和幼羊最易被感染，成年羊发病较少。潜伏期一般为4～8天，通常在引进羊后7～21天发病，常在15天左右集中爆发。本病春、夏季发病较多，但无明显季节性。病羊和带毒羊是主要传染源，病毒主要通过接触传播。病毒活性强，羊群被感染后很难彻底清除干净，可持续危害羊群多年。传染性脓疱除了感染羊外，还可感染人，多发生在手、脸部，开始是丘疹，后转变为水疱和脓疱，最后结痂。

【病理剖检】开始时表皮细胞肿胀、变性和充血；随后增长并发生水疱变性，造成表皮层增厚且向表面隆突，真皮充血，渗出加重；表皮细胞溶解坏死，形成多个小水疱，有些可融合成大水疱。真皮内血管周围有大量单核细胞和中性粒细胞浸润；中性粒细胞移向水疱内，水疱逐渐转变为脓疮，痂皮下产生了桑葚状肉芽组织。

【诊断要点】根据临床表现，如口唇部、蹄部、外阴部附近皮肤的丘疹、脓疱、溃疡、结痂等，结合羊的体温升高到41℃，精神萎靡，食欲减退，行动艰难等特征可以做现场初步诊断。当现场诊断困难时，可对病变皮肤做切片，染色后镜检，或者分离培养病毒进行确诊。还可用血清学方法进行确诊。

2. 防治措施

【治疗措施】可分别采用西药或者中药治疗，也可中西药结合治疗。

西药治疗：口唇型用水杨酸软膏将创面痂垢软化，剥离后再用0.2%高锰酸钾溶液冲洗创面，涂2%龙胆紫、土霉素软膏或碘甘油溶液，每天1~2次，直至痊愈。蹄型病羊则将蹄部清洗干净后，置于5%~10%的福尔马林溶液中浸泡1min，连续浸泡3次。75%酒精100mL、碘化钾5g、碘片5g溶解后，加入10mL甘油涂于疮面。或用5%四环素涂于疮面，每天两次。每次内服用量维生素$B_2$0.6g，维生素C 0.6g，吗啉双呱0.8g/kg，每天两次，连续服用5天。

体温升高者，可肌内注射青霉素80万~160万单位、维生素E 0.5~1.5g、维生素B 20~30g，每天两次，连续3天。为了降低应激，可肌内注射青霉素80万~160万单位、5mg/mL地塞米松1mL、100mg/mL病毒唑2mL、维生素B 20~30g、维生素E 0.5~1.5g，每天两次，连续使用3天。

中药治疗：青黛、黄柏、黄连、薄荷、儿茶各10g，混在一起研成细末，吹撒在患处，每天两次。

【预防措施】对引入羊进行严格检疫：引入羊必须隔离观察2~3周，期间多次清洗蹄部，确证是健康羊后才可混群饲养。保护羊的皮肤黏膜：剔除饲料和垫草中的芒刺、玻璃碴、铁钉等锐利物。饲料中加入少许食盐，食盐可以有效减少羊只啃土啃墙现象。

羊脓疱弱毒苗免疫接种：疫苗株毒类型应与当地流行毒株相同。或采集当地自然发病羊的痂皮提取病原后，易感羊制成活毒疫苗，对无病羊接种，接种地方在尾部皮肤暴露处，大约10天后产生免疫力，持续作用1年。

第三节　其他病

一　放线杆菌病

羊放线杆菌病为放线杆菌引起的一种慢性传染病，病的特征是头部、皮下及皮下淋巴结呈现有脓疡性的结缔组织肿胀。本病为散发性，很少呈流行性。牛与羊可以互相传染，在预防上必须重视。

1. 诊断

【临床症状】羊放线杆菌病常见症状为唇部、头下方及颈部肿胀。由于脓肿破裂，其排出物使毛黏成团块，于是形成痂块。未破的病灶均为纤维组织，很坚固，含有黏稠的绿黄色脓液，脓液内含有灰黄色小片状物。

【流行特点】本病呈散发性，羊放线杆菌病的病原体平常存在于污染的饲料和饮水中，当健羊的口腔黏膜被草芒、谷糠或其他粗饲料刺破时，细菌即乘机由伤口侵入柔软组织，如舌、唇、齿龈、腭及附近淋巴结。有时损害到喉、食道、瘤胃、肝、肺及浆膜。

【病理剖检】羊放线杆菌病只侵害软组织，常通过淋巴管在其他部位引起迁徙性病灶，故淋巴结常受影响，这是本病与放线菌病最重要的区别之处。山羊的肺部病变主要为微小之白色结节，突出表面。

【诊断要点】可通过临床症状及实验室镜检确诊。

【鉴别诊断】与此病相似的疾病有放线菌病、口疮、干酪样淋巴结炎、结核病以及普通化脓菌所引起的脓肿等，在临床上应注意区别诊断。

2. 防治措施

【治疗措施】

碘剂治疗：静脉注射10%碘化钠溶液，并经常给患病部涂抹碘酒。碘化钠的用量为20~25mL，每周1次，直到痊愈为止。由于侵害的是软组织，故静脉注射相当有效，轻型病例往往注射2~3次即可治愈。内服碘化钾，每次1~1.5g，每天3次，作成水溶液服用，直到肿胀完全消失为止。用碘化钾2g溶于1mL蒸馏水中，再与5%碘酒2mL混合，一次注射于患部。如果应用碘剂引起碘中毒，应即停止治疗5~6天或减少用量。中毒的主要症状是流泪、流鼻、食欲消失及皮屑增多。

手术治疗：对于较大的脓肿，用手术切开排脓，然后给伤口内塞入碘酒纱布，1~2天更换一次，直到伤口完全愈合为止。有时伤口快愈合时又逐渐肿大，这是因为施行手术后没有彻底用消毒液冲洗，病菌未完全杀灭，以致又重新复发。在这种情况下，可给肿胀部位注入1~3mL复方碘溶液（用量根据肿胀大小决定）。注射以后病部会忽然肿大，但以后会逐渐缩小，达到治愈。

抗生素治疗：给患部周围注射链霉素，每天1次，连续5天为一个疗程。链霉素与碘化钾同时应用，效果更为显著。

【预防措施】因为粗硬的饲料可以损伤口腔黏膜，促进放线杆菌的侵入，所以为了预防，必须将秸秆、谷糠或其他粗饲料浸软以后再喂。注意饲料及饮水卫生，避免到低湿地区放牧。

二 传染性胸膜肺炎

羊传染性胸膜肺炎又称为羊支原体性肺炎，是由支原体所引起的一种高度接触性传染病，其临床特征为高热，咳嗽，胸和胸膜发生浆液性和纤维素性炎症，取急性和慢性经过，病死率很高。本病见于许多国家，我国也有发生，特别是饲养山羊的地区较为多见。

1. 诊断

【临床症状】潜伏期短者为5~6天，长者为3~4周，平均为18~20天。根据病程和临床症状，可分为最急性、急性和慢性三型。

最急性型：病初体温增高，可达41~42℃，极度委顿，食欲废绝，呼吸急促而有痛苦的鸣叫。数小时后出现肺炎症状，呼吸困难，咳嗽，并流浆液性带血鼻液，肺部叩诊呈浊音或实音，听诊肺泡呼吸音减弱、消失或呈捻发音。12~36h内，渗出液充满病肺并进入胸腔。病羊卧地不起，四肢直伸，呼吸极度困难，每次呼吸则全身颤动。黏膜高度充血，发绀。目光呆滞，呻吟哀鸣，不久窒息而亡。病程一般不超过4~5天，有的仅12~24h。

急性型：最常见。病初体温升高，继之出现短而湿的咳嗽，伴有浆性鼻漏。4~5天后，咳嗽变干而痛苦，鼻液转为黏液、脓性并呈铁锈色，高热稽留不退，食欲锐减，呼吸困难和痛苦呻吟，眼睑肿胀，流泪，眼有黏液、脓性分泌物。口半开张，流泡沫状唾液。头颈伸直，腰背拱起，腹肋紧缩，最后病羊倒卧，极度衰弱委顿，有的发生臌胀和腹泻，甚至口腔中发生溃疡，唇、乳房等部皮肤发疹，濒死前体温降至常温以下，病期多为7~10天，有的可达1个月。幸而不死的转为慢性型。孕羊大批（70%~80%）发生流产。

慢性型：多由急性型转变而来。全身症状轻微，体温降至40℃左右，病程发展缓慢，病羊间有咳嗽和腹泻，鼻涕时有时无，病羊消瘦，身体衰弱，被毛粗乱无光。在此期间，如果饲养管理不良，与急性型病例接触或机体抵抗力由于种种原因而降低时，很容易复发或出现并发症而迅速死亡。

【流行特点】在自然条件下，丝状支原体山羊亚种只感染山羊，3岁以下的山羊最易感染，病羊和带菌羊是本病的主要传染源。本病常呈地方流行性，接触传染性很强，主要通过空气、飞沫经呼吸道传染。阴雨连绵，寒冷潮湿，羊群密集、拥挤等因素，有利于空气、飞沫传染的发生。多发生在山区和草原，主要见于冬季和早春枯草季节，羊只营养缺乏，容易受寒感冒，因而机体抵抗力降低，较易发病，发病后病死率也较高。一年四季均可发生，冬季流行期平均为15天，夏季可维持2个月以上。

【病理剖检】羊传染性胸膜肺炎多局限于胸部。胸腔常有浅黄色液体，胸膜变厚而粗糙，上有黄白色纤维素层附着，直至胸膜与胸膜（彩图8-19）。间或两侧有纤维素性肺炎，肝变区凸出于肺表，颜色由红至灰色不等，切面呈大理石样。心包发生粘连，心包有积液，心肌松弛、变软（彩图8-20）。急性型病例还可见肝、脾肿大，胆囊肿胀，肾肿大和膜下小点溢血。慢性型病例，肺脏的肝变区结缔组织增生，形成深褐色、干燥、硬固、有包膜包裹的坏死块。肺膜和胸膜增厚更明显、肺与胸膜粘连更多见。

【诊断要点】由于羊传染性胸膜肺炎的流行规律、临床表现和病理变化都很有特征，根据这三个方面做出综合诊断并不困难。临床症状为高烧发热，烧到39～41℃，咳嗽，连续干咳，严重者喘气；流鼻涕——浆液性鼻涕、脓性鼻涕、铁锈色鼻涕，严重者鼻涕（黏稠的浆液性鼻涕）粘满整个嘴部；减食、停食、反刍停止，若不及时治疗很快死亡。确诊需进行病原分离鉴定和血清学试验。血清学试验可用补体结合反应，多用于慢性型病例。

【鉴别诊断】羊传染性胸膜肺炎在临床上和病理上均与羊巴氏杆菌病、羊流行性感冒相似，应以病料进行细菌学检查以资区别。

2. 防治措施

【治疗措施】发病羊群应及时对全群进行逐头检查，对病羊、可疑病羊和假定健康羊分群隔离和治疗；对被污染的羊舍、场地、饲管用具和病羊的尸体、粪便等，应进行彻底消毒或无害处理。

酒石酸泰乐菌素注射液2~10mg/kg体重，皮下或肌内注射，每天2次，连用3天。

左氧氟沙星注射液2.5~5mg/kg体重，5%葡萄糖注射液500mL，地塞米松注射液4~10mg，静脉注射，每天1次，连用3天。

用新胂凡纳明（914）静脉注射，经证明能有效地治疗和预防本病。据报道，病初使用足够剂量的土霉素、林可霉素、壮观霉素、四环素或氟甲砜霉素（氟苯尼考）等有治疗效果。

【预防措施】除加强饲养管理、做好卫生消毒工作外，关键问题是防止引入或迁入病羊和带菌羊。新引进羊只必须隔离检疫1个月以上，确认健康时方可混入大群。

免疫接种：是预防本病的有效措施。我国目前除原有的用丝状支原体山羊亚种制造的山羊传染性胸膜肺炎氢氧化铝苗和鸡胚化弱毒苗以外，最近又研制成绵羊肺炎支原体灭活苗。应根据当地病原体的分离结果，选择使用。如果用山羊传染性胸膜肺炎氢氧化铝苗预防，半岁以下山羊皮下或肌内注射3mL，半岁以上山羊注射5mL，免疫期为1年。

三 衣原体病

山羊衣原体病是由鹦鹉热衣原体引起的一种传染病，临床上以发热、流产、死产和产出弱羔为特征，是危害山羊的主要疾病之一。

1. 诊断

【临床症状】山羊衣原体病潜伏期为50~90天。流产通常发生于妊娠的中后期，绝大多数母羊在产前1个月左右发生流产。一般观察不到征兆，临诊表现主要为流产、死产或娩出生命力不强的弱羔羊。流产后往往胎衣滞留，流产羊阴道排出分泌物可达数日。有些病羊可因继发感染细菌性子宫内膜炎而死亡。羊群首次流产率可达25%~35%，以后则流产率下降。在本病流行的羊群中，可见公羊患睾丸炎、附睾炎等。羔羊感染本病后，临床上表现发热、跛行、多发性关节炎、结膜炎等，甚至因败血症死亡。

【流行特点】许多野生动物和禽类是本菌的自然宿主，患病羊和带菌羊为主要传染源，可通过粪便、尿液、乳汁、泪液、鼻分泌物以及流产的胎儿、胎衣、羊水排出病原体，污染水源、饲料及环境。本病主要经呼吸道、消化道及损伤的皮肤、黏膜感染，也可通过交配或用患病公羊的精液人工授精发生感染，子宫内感染的也有可能，蜱、螨等吸血昆虫叮咬也可能传播本病。羊衣原体性流产多呈地方性流行，该病在每年2~4月多发，2岁左右的母羊发病率最高。密集饲养、营养缺乏、长途运输或迁徙、寄生虫侵袭等应激因素可促进本病的发生、流行。

【病理剖检】流产母羊的胎膜水肿、增厚，子叶呈黑红色或土黄色。流产胎儿水肿，皮肤、皮下组织、胸腺及淋巴结等处有点状出血，肝脏充血、肿胀，表面可能有针尖大小的灰白色病灶。

【诊断方法】对该病的初步诊断可根据流行特点调查、临床症状和病理解剖变化等综合分析，确诊需进行衣原体分离和血清学诊断。

2. 防治措施

【治疗措施】可采用中西医结合进行治疗。

复方苄星青霉素注射液：肌内注射，每次120万单位，3天1次。

氟苯尼考注射液：每千克体重0.05mL，两天1次，连用3次。

盐酸林可霉素注射液：每千克体重0.03mL，每天1次，连用3次。

氧氟沙星注射液：每千克体重0.1mL，每天1次，连用3~4天。

甲磺酸诺氟沙星注射液：每千克体重0.1~0.15mL，每天2次，连用3天。

白术散加减：白术20g、党参25g、炙甘草15g、当归15g、续断10g、川芎10g、白芍20g、熟地25g、阿胶20g、紫苏15g、陈皮10g、黄芩10g、杜仲10g、生姜10g，水煎服。

【预防措施】免疫接种：防治该病最有效的措施就是免疫接种，用羊衣原体灭活苗，严格按疫苗使用说明进行免疫接种，可有效控制衣原体病的流行。每年定期注射卵黄囊油佐剂甲醛灭活苗，每只皮下注射3mL，有效期为1~2年。

对疑似病羊的分泌物、排泄物及被污染的土壤、场地、圈舍、用具和饲养人员衣物等进行消毒灭菌处理。应用2%氢氧化钠溶液进行消毒，每周1次，或应用聚氯铜碘消毒液进行圈舍、场地消毒，每周1次。要加强饲养管理水平，控制由管理不当，如拥挤，缺水，采食毒草、霜草、冰凌水，受冷等因素诱发的流产。同时要补喂常规元素（Ca、P、Na、K等）和微量元素（Cu、Mn、Zn、S、Se等）。

四 传染性角膜结膜炎

羊传染性角膜结膜炎又称为流行性眼炎、红眼病，是一种由多病原引起的急性、地方流行性传染病。

1. 诊断

【临床症状】羊传染性角膜结膜炎主要表现为结膜炎和角膜炎。多数病羊先一只眼患病，然后波及另一只眼，有时一侧发病较重，另一侧较轻。发病初期呈结膜炎症状，流泪，羞明，眼睑肿胀、疼痛，结膜潮红，并有树枝状充血。眼内角流出浆液或黏液性分泌物，不久则变成脓性。其后发生角膜炎，严重者角膜浑浊和角膜溃疡，眼前房积脓或角膜破裂，晶状体可能脱落，造成永久性失明。

【流行特点】主要侵害反刍动物，特别是山羊，尤其是奶山羊，绵羊、乳牛、黄牛、水牛、骆驼等也能感染，偶尔波及猪和家禽。发病羊无性别、年龄差别，但羔羊最易得病。已感染羊只或病羊是传染源，通过接触感染，蝇类或某种飞蛾，可机械传递本病，患病羊的分泌物，如鼻涕、泪、奶及尿的污染物，均能散播本病。本病多发生在蚊蝇较多的炎热季节，一般是在5～10月夏、秋季，以放牧期发病率最高，进入舍饲期也有少数发病的，多为地方性流行。

【诊断要点】根据眼的临床症状、传播迅速和发生的季节性，不难对本病做出诊断。必要时可做微生物学检查或应用荧光抗体技术确诊。

【鉴别诊断】应注意与眼的外伤、传染性鼻气管炎、恶性卡他热等相区别。

2. 防治措施

【治疗措施】一般病羊若无全身症状，在半个月内可以自愈。发病后应尽早治疗，越快越好。

西药治疗：病初利用利福平和氯霉素滴眼液交替点眼即可。对患眼也可用2%~4%硼酸液洗眼，拭干后再用3%~5%弱蛋白银溶液滴入结膜囊中，每天2~3次，也可以用0.025%硝酸银液滴眼，每天2次，或涂以青霉素、四环素软膏。如果有角膜混浊或角膜翳时，可涂以1%~2%黄降汞软膏，每天1~2次。可用0.1%新洁尔灭，或用4%硼酸水溶液逐只洗眼后，再滴以5000单位/mL普鲁卡因青霉素（用时摇匀），每天2次，重症病羊加滴醋酸可的松眼药水。角膜混浊者，滴视明露眼药水效果很好。

中药治疗：

1）用柏树枝和明矾熬水，凉后洗眼。

2）硼砂6g、白矾6g、荆芥6g、防风6g、郁金3g，水煎去渣，趁温洗病眼。

3）黄连15g，草决明、黄芩、川柏、蝉蜕、菊花各20g，木贼草、苏薄荷、栀子、荆芥、甘草、白芷各30g，谷精草为引，共为细末，开水冲服。

4）青葙子散：青葙子50g，草决明40g，胆草55g，黄连、菊花各50g，石决明35g，郁金35g，黄芩、苍术各50g，木贼25g，防风50g，甘草25g，共为末，开水冲，饱后灌服。

5）泻肝散：石决明50g、草决明40g、胆草50g、茯苓35g、青葙子40g、栀子25g、郁金40g、黄连35g、生地50g、大黄35g、甘草25g、白羊肝150g，水煎，候温灌服。

6）千里光、叶下珠各40g，叶下红500g，煎水候温灌服，每天1次。

7）龙衣散、蛇蜕适量，火烧成灰，用硼酸水洗眼后，吹眼内。每天1~2次，急、慢性结膜炎均可。如果在其内加适量甘汞，还可用于角膜翳。

【预防措施】对病羊采取舍饲喂养，避免强烈阳光照射，以利患眼康复。有条件的羊场，应建立健康群，立即隔离病羊，对羊圈定时清扫消毒。新购买的羊只，至少需隔离 60 天，方能允许与健康羊合群。

五 钩端螺旋体病

羊钩端螺旋体病又称为黄疸血红蛋白尿病、钩体病，是由致病性钩端螺旋体引起的一种人、畜共患的急性传染病和自然疫源性疾病。其临床特征为发热、黄疸、血红蛋白尿、凝血明显延迟、流产、皮肤黏膜坏死、水肿等。

1. 诊断

【临床症状】本病潜伏期为 4～5 天。羊通常表现为隐性感染，少数羊出现短暂的体温升高，部分病羊表现体温升高，呼吸和心跳加速，食欲减退，反刍停止，可视黏膜、结膜发黄，黏膜和皮肤坏死，消瘦、黄疸、血红蛋白尿，迅速衰竭而死；孕羊发生流产。

【流行特点】羊钩端螺旋体病在夏、秋季多见，每年以 7～10 月为流行的高峰期，一般呈散发。各种家畜、鼠类和人都可感染发病，幼畜发病较多。传染源主要是病畜和鼠类，病原主要由尿中排出，污染周围土壤、水源、饲料、圈舍、用具等，经消化道或皮肤黏膜引起传染，羔羊较成年羊易感且病情严重。当饥饿、饲养不合理或其他疾病使机体抵抗力下降时，可促进本病的发生。圈舍、运动场的粪尿、污水不及时清理，常常是造成本病爆发的重要原因。

【病理剖检】尸体消瘦，口腔黏膜有溃疡，剖检病变可见皮肤和黏膜坏死或溃疡，黏膜和皮下组织发黄，淋巴结肿大，胸腹腔内有黄色液体。内脏（肺、心、肾、脾）广泛发生出血点，肾脏表面有多处散在的红棕色或灰白色小病灶，肝肿大，呈黄褐色，质脆弱或柔软有坏死灶。膀胱内有红色或黄褐色尿液。

【诊断方法】根据发病特点、发病症状、病理变化，结合实验室检查，做出确诊。在病羊发热初期采取血液，在无热期采取尿液，死后立即取肾和肝，送实验室进行钩端螺旋体检查。

2. 防治措施

【治疗措施】链霉素和四环素族抗生素对本病有一定疗效。链霉素按每千克体重 15～25mg，肌内注射，每天 2 次，连用 3～5 天；土霉素按每千克体重 10～20mg，肌内注射，每天 1 次，连用 3～5 天。

使用大剂量青霉素也有一定疗效，按每千克体重5万~10万单位，注射用水5~10mL，每天2次，连用3~5天。

【预防措施】严防病畜尿液污染周围环境，对污染的场地、用具、栏舍可用1%石炭酸或2%氢氧化钠或0.5%甲醛液消毒。常发地区应提前预防，可接种钩端螺旋体菌苗或接种本病多价苗。严禁从疫区引进羊只，必要时引进的羊应隔离观察1个月确认无病后才能混群。避免去低洼草地、死水塘、水田、淤泥沼泽等有水的地方和被带菌鼠类、家畜的尿液污染的草地放牧。

第九章 山羊常见寄生虫病

第一节　山羊消化道寄生虫病

一　山羊吸虫病

（一）山羊肝片形吸虫病

山羊的片形吸虫病主要是由肝片吸虫和大片吸虫寄生于肝脏胆管中，引起急性或慢性肝炎和胆管炎，并伴发全身性中毒现象和营养障碍，其危害相当严重。

1. 诊断

【临床症状】急性型症状多发生于夏末秋初。急性型病羊，初期发热、衰弱、易疲劳、离群落后；叩诊肝区半浊音界扩大，压痛明显；很快出现贫血、黏膜苍白，红细胞及血红素显著降低，严重者多在几天内死亡。慢性型症状较多见于患羊耐过急性期或轻度感染后，在冬春转为慢性，病羊主要表现消瘦，贫血，食欲不振，异嗜癖，被毛粗乱无光泽，且易脱落，步行缓慢；眼睑、颌下、胸前及腹下出现水肿，便秘与下痢交替发生，病情逐渐恶化，最终因极度衰竭而死亡。

【流行特点】本病流行一般以多雨的季节，羊的肝片吸虫病发生特别严重。因为雨水多，虫卵易落入水中孵化并钻入中间宿主——淡水螺类体内发育繁殖，并且雨水利于螺类繁殖，使囊蚴广泛散布，严重污染水草，容易致使羊感染。一般在河流、湖沼和低湿地等水草丰盛地区放牧的羊或收割水草直接饲喂的羊容易感染肝片吸虫病。

【病理剖检】剖检时，病理变化主要呈现在肝脏，其变化程度与感染虫体的数量及病程长短有关。在大量感染、急性死亡的病例中，可见到急性肝炎和大出血后的贫血现象，肝肿大，肝包膜有纤维沉积，有暗红色虫道，虫道内有凝固的血液和少量幼虫。腹腔中有血红色的液体，有腹膜炎病变。慢性病例主要呈现慢性增生性肝炎，在肝组织被破坏的部位出现浅白色索状瘢痕，肝实质萎缩、褪色、变硬，边缘钝圆，小叶间结缔组织增生。胆管肥厚、扩张呈绳索样突出于肝表面，胆管内有磷酸钙和磷酸镁等盐类的沉积使内膜粗糙，刀切时有沙沙声；胆管内有虫体和污浊稠厚的液体。病尸出现消瘦、贫血和水肿现象；胸腹腔及心包内蓄积有透明的液体。

【病原诊断】采用直接涂片或沉淀法或尼龙筛集卵法，可以检查羊粪便有无虫卵，在显微镜下肝片吸虫的虫卵较大，长卵圆形，黄色或黄褐色，卵内充满卵黄细胞和一个胚细胞。应注意将本病虫卵与前后盘吸虫的虫卵相区别。病羊死后剖检查出虫体，感染羊的主要是肝片吸虫和大片吸虫两种虫体。

2. 防治措施

【治疗药物】

吡喹酮：羊按10～80mg/kg体重的剂量，一次内服。

丙硫咪唑：又名抗蠕敏，羊按10～20mg/kg体重的剂量，一次内服。

氯氰碘柳胺钠：又名富基华，羊按10mg/kg体重的剂量，一次内服；也可按5mg/kg的剂量皮下注射。

三氯苯咪唑：又名肝蛭净，羊按10～15mg/kg体重的剂量，一次内服。

硫双二氯酚：又名“别丁”，用法为：75～100mg/kg体重的剂量，一次内服。但对童虫无效。用药后1天有时出现减食和下痢等反应，一般经3天左右可以恢复正常。

中药治疗：肝蛭散（茯苓、肉蔻、苏木、槟榔、龙胆各30g，木通、甘草、厚朴、泽泻各20g，贯众45g）共研末，开水冲灌。

【预防措施】防治该病，必须采取综合性防治措施，才能取得较好的效果。其主要措施包括以下几方面：

定期驱虫：在进行预防性驱虫时，驱虫的次数和时间必须与当地的具体情况及条件相结合。通常情况下，每年如果进行1次驱虫，可在秋末冬初进行；如果进行两次驱虫，另一次驱虫可在翌年的春季进行。

粪便处理：及时对畜舍内的粪便进行堆肥发酵，以便利用生物热杀死虫卵。

饮水及饲草卫生：尽可能避免在沼泽、低洼地区放牧，以免感染囊蚴。给羊的饮水最好用自来水、井水或流动的河水，保持水源清洁卫生。有条件的地区可采用轮牧方式，以减少感染机会。

消灭中间宿主：肝片吸虫的中间宿主椎实螺生活在低洼阴湿地区，可结合水土改造，破坏椎实螺的生活条件。流行地区应用药物灭螺时，可选用1∶50000的硫酸铜溶液或25∶1000000的血防846对椎实螺进行浸杀或喷杀。

（二）山羊双腔吸虫病

山羊的双腔吸虫病是由双腔科、双腔属的矛形双腔吸虫、东方双腔吸虫或中华双腔吸虫寄生于胆管和胆囊内引起的一种以胆管炎、肝硬化、代谢障碍和营养不良为特点的寄生虫病。

1. 诊断

【临床症状】病羊初期精神不振，离群掉队，尚有食欲，表现为进行性消瘦；后期可视黏膜、皮肤苍白，高度贫血。部分病羊腹泻，最后衰竭死亡。以断奶羔羊病情较重，死亡率较高；成年羊病程稍长，部分羊出现下颌水肿。

【流行特点】该病的分布遍及世界各地，多呈地方性流行，其流行与陆地螺和蚂蚁的广泛存在有关。陆地螺和蚂蚁分布很广，且可全年出现，在我国的分布极其广泛。因此，动物几乎全年都可感染。

【病理剖检】患畜尸体外观极度消瘦，全身苍白；血液稀薄如水，不凝固；肝脏稍肿或肿大，切开肝脏用手挤压，从胆管内流出大量黑色或深褐色点状和小絮状虫体，胆汁中也存在大量虫体；除腹腔有数量不等的浅黄色腹水外，其他内脏未见明显变化。

【病原诊断】结合临床症状进行粪便虫卵检查，可发现多量虫卵；死后剖检，可在胆管中发现大量虫体，以资确诊。

2. 防治措施

【治疗药物】

三氯苯丙酰嗪：羊按40～50mg/kg体重的剂量，经口灌服。

吡喹酮、丙硫咪唑：用法及用量详见羊肝片形吸虫病。

中药治疗：苏木15g、槟榔12g、贯众9g，煎水取汁，一次灌服。

【预防措施】该病的预防主要涉及定期驱虫、粪便处理、消灭中间宿主、饮水及饲草卫生等方面。具体措施请参照羊肝片形吸虫病预防措施。

（三）山羊阔盘吸虫病

山羊阔盘吸虫病是由歧腔科、阔盘属中的胰阔盘吸虫、腔阔盘吸虫和枝睾阔盘吸虫寄生在羊的胰管引起的疾病。患畜呈现下痢、贫血、消瘦、水肿等症状，严重时可引起死亡。

1. 诊断

用水洗沉淀法进行粪便检查，一般难以检出虫卵，最好结合尸体剖检检查胰脏病变和检出虫体，做出诊断。

【临床症状】病羊出现营养不良、消瘦、贫血、水肿、腹泻、生长发育受阻等临床症状，严重的甚至造成死亡。

【流行特点】羊阔盘吸虫病流行的地区及受感染的情况，均与本类吸虫的中间宿主的分布，以及羊放牧习惯等密切相关。一般在夏、秋季，该病多发；在南方，感染季节有5～6月及9～10月两个高峰期；而在北方，感染的高峰期只在9～10月。

【病理剖检】胰阔盘吸虫寄生在羊的胰管中，由于虫体的机械性刺激和毒性物质的作用，使胰管发生慢性增生性炎症，致使胰管增厚，管腔狭小。感染严重时，引起管腔闭塞，可使动物胰脏功能异常，引起消化不良。胰管高度扩张，管上皮细胞增生，管壁增厚，管腔缩小，黏膜不平呈小结节状，也有出血，溃疡。严重时整个胰脏结缔组织增生，呈慢性增生性胰腺炎，从而使胰腺小叶及胰岛的结构变化，胰液和胰岛素的生成、分泌发生改变，机能紊乱。

【病原诊断】粪检虫卵时，可用直接涂片法或水洗沉淀法进行。

可结合剖检时发现大量虫体进行确诊。感染羊的主要是胰阔盘吸虫、腔阔盘吸虫和枝睾阔盘吸虫。

2. 防治措施

【治疗药物】吡喹酮、丙硫咪唑、氯氰碘柳胺钠、三氯苯咪唑，其用法及用量详见羊肝片形吸虫病。

【预防措施】该病的预防主要涉及定期驱虫、粪便处理、消灭中间宿主、饮水及饲草卫生等方面。具体措施请参照羊肝片形吸虫病预防措施。

(四) 山羊前后盘吸虫病

山羊前后盘吸虫病是由前后盘科的多种前后盘吸虫寄生于羊的瘤胃、真胃、小肠和胆管壁上引起的疾病。大量童虫寄生在真胃、小肠、胆管和胆囊时，可引起严重的疾病，甚至导致死亡。成虫一般寄生数量极大，导致动物严重贫血。

1. 诊断

该病在我国广泛流行，感染率高，感染强度大，多为混合感染。通常通过对临床症状的观察、粪便学检查以及死后病理剖检，便可确诊。

【临床症状】成虫寄生于瘤胃，危害轻微。多为慢性消耗性的症状，如食欲减退、消瘦、贫血、颌下水肿、腹泻等。但童虫移行于小肠、胆管、胆囊、真胃中时，危害严重，呈现高度消耗性恶病质状态。病羊呈现顽固性腹泻，粪便呈粥样有腥臭，消瘦，高度贫血，黏膜苍白，血液稀薄，颌下水肿。后期卧地不起，衰竭而死亡。

【流行特点】本病的分布遍及全国各地，尤其在南方，感染率极高。本病多发于夏、秋两季，特别是在多雨或洪涝年份，易造成本病的流行。长期在湖滩地放牧，羊采食水淹过的青草后最易感染该病。其中食量大的青壮龄羊发病严重，甚至死亡。

【病理剖检】真胃黏膜水肿，有出血点及童虫附着。肠壁严重水肿，黏膜表面有充血区或出血斑，肠内充满水样内容物。或肠黏膜发生坏死和纤维素性炎症，肠内充满腥臭味稀粪，小肠内有很多童虫。肝稍肿或萎缩，胆囊显著膨大，内有童虫，胆管中也有童虫。

【病原诊断】根据检查粪便中的虫卵和死后剖检在瘤胃等处发现的大量成虫、幼虫，以及相应的病理变化，可以确诊。

2. 防治措施

【治疗药物】氯氰碘柳胺钠、硫双二氯酚、吡喹酮、丙硫咪唑，其用法及用量详见肝片吸虫病和双腔吸虫病的部分。

中药治疗：贯众62g、蜂蜜500g，先将贯众研成细末，拌入蜂蜜加水500mL搅匀，空腹灌服。

【预防措施】该病的预防主要涉及定期驱虫、粪便处理、改良土壤、消灭中间宿主、饮水及饲草卫生等方面。具体措施请参照羊肝片形吸虫病预防措施。

二 山羊绦虫病

（一）山羊莫尼茨绦虫病

山羊莫尼茨绦虫病是由裸头科莫尼茨属的两种莫尼茨绦虫，即扩展莫尼茨绦虫和贝氏莫尼茨绦虫寄生于牛、羊等反刍动物的小肠引起的一种蠕虫病。

1. 诊断

根据流行特点、临床症状，结合进行粪便检查，发现大量虫卵或孕节便可确诊。

【临床症状】本病常呈地方性流行，多发于夏、秋季节。本病严重感染时，可引起山羊大批死亡。莫尼茨绦虫常引起幼畜发病，成年动物一般不表现出临床症状。幼羊病初表现精神不振、消瘦、粪便变软，后腹泻、粪中含黏液和孕节。有时有神经症状，如步样蹒跚，时有转圈，神经型的莫尼茨绦虫病羊往往以死亡告终。

【病理剖检】尸体消瘦，黏膜苍白，贫血。胸腹腔渗出液增多。肠有时发生阻塞或扭转。肠系膜淋巴结，肠黏膜，脾增生。肠黏膜出血，有时大脑出血，浸润，肠内有绦虫。

【病原诊断】如果在患畜、禽的粪中发现黄白色的节片，其形似煮熟的米粒，可将孕节做涂片检查或用饱和盐水浮集法检查粪便，发现特征性的虫卵（有六钩蚴）可确诊，或剖检病畜、禽发现虫体的可确立诊断。

2. 防治措施

【治疗药物】

甲苯咪唑：按15mg/kg体重的剂量，一次口服。

吡喹酮、丙硫咪唑：其用法及用量详见羊肝片形吸虫病。

中药治疗：宜用“驱虫消积散”（槟榔120g，鹤虱120g，榧子60g，鸭胆子60g，南瓜子240g，生山楂60g）共研细末，分成两剂，每天一剂，用温水冲调，食草前服用。

【预防措施】防治该病，以采取综合性防治措施的效果较好。其主要措施包括以下几个方面：

定期驱虫：在进行预防性驱虫时，驱虫的次数和时间必须与当地的具体情况及条件相结合。通常情况下，每年如果进行1次驱虫，可在秋末冬初进行；如果进行两次驱虫，另一次驱虫可在翌年的春季进行。

粪便处理：将羊粪集中处理，进行堆肥发酵，以利用生物热杀死其中的虫卵，避免污染草场。

饮水及饲草卫生：尽可能避免在沼泽、低洼地区放牧，以免感染囊蚴。给羊的饮水最好用自来水、井水或流动的河水，保持水源清洁卫生。有条件的地区可采用轮牧方式。

（二）山羊无卵黄腺绦虫病

山羊无卵黄腺绦虫病是由无卵黄腺绦虫引起的，它属裸头科无卵黄腺属。常见的虫种为中点无卵黄腺绦虫。

1. 诊断

【临床症状】有的突然发病，放牧中离群、垂头，几小时后死亡，死亡羊一般膘情均好。

【流行特点】寄生于山羊的小肠中，经常与莫尼茨绦虫和曲子宫绦虫混合感染。中点无卵黄腺绦虫主要分布于西北及内蒙古牧区，西南及其他地区也有报道。羊无卵黄腺绦虫病的发生具有明显的季节性，多发于秋季与初冬季节，且常见于6个月以上的羊。

【病原诊断】如果在患畜、禽的粪中发现黄白色的节片，将其做涂片检查或用饱和盐水浮集法检查粪便，发现特征性的虫卵（有六钩蚴）可确诊，或剖检病畜发现虫体的可确立诊断。

2. 防治措施

【治疗药物】吡喹酮、丙硫咪唑、氯硝柳胺及中药治疗。其用法及用量详见莫尼茨绦虫病。

【预防措施】该病的预防主要涉及定期驱虫、粪便处理、改良土壤、消灭中间宿主、饮水及饲草卫生等方面。具体措施参照羊莫尼茨绦虫病预防措施。

三 山羊线虫病

（一）山羊血矛线虫病

羊血矛线虫病主要是由捻转血矛线虫、柏氏血矛线虫寄生于反刍动物的第四胃和小肠引起的线虫病。寄生于消化道的捻转血矛线虫的致病力最强，危害最严重。

1. 诊断

本病的诊断是以流行特点、临床症状为基础，结合病理剖检，及在羊的第四胃、小肠发现线虫，或在粪便中检出虫卵，综合判定，进行确诊。

【临床症状】本病最重要的特征是贫血和衰弱。

急性型：以肥羔羊突然死亡为特征。死羊眼结膜苍白，高度贫血。

亚急性型：显著的贫血，患羊眼结膜苍白，下颌间和下腹部水肿；身体逐渐衰弱，被毛粗乱，放牧时落群，甚至卧地不起；下痢与便秘交替，最后可因衰竭死亡。死亡多发生在春季。

慢性型：症状不太明显，病程可达1年以上。

【流行特点】捻转血矛线虫病在春季发病率较高，尤其在西北地区存在明显的春季高潮。在冬末春初，天气寒冷，羊营养缺乏、抵抗力明显下降，其幼虫在外界的生长发育又达到高峰，春季（4~5月）一旦羊由舍饲转到牧场上，就会被大量感染。

【病理剖检】在真胃和小肠前段内均见到有大量的粉红色线状虫体，真胃和小肠黏膜出现不同程度的卡他性炎症；羊黏膜和皮肤苍白，血液稀薄如水，内部各脏器色浅；有胸水、心包积液和腹水，腹腔内脂肪组织呈胶冻状；肝脂肪变性而呈现浅棕色。

【病原诊断】粪便中虫卵的检查常用饱和盐水漂浮法，可以发现大量血矛线虫卵。虫卵呈椭圆形，卵壳薄、光滑、稍带黄色。病羊死后剖检可在羊的第四胃、小肠发现大量血矛线虫的成虫或幼虫。虫体呈毛发状，呈浅红色。

2. 防治措施

【治疗药物】

左旋咪唑：按6～10mg/kg体重口服，奶羊的休药期不得少于3天。

丙硫咪唑：按10～15mg/kg体重，灌服。

甲苯咪唑：按10～15mg/kg体重，灌服。

伊维菌素：按0.2mg/kg体重，灌服或皮下注射。

中药治疗：化虫汤（鹤虱30g、使君子30g、槟榔30g、芜荑30g、雷丸30g、贯众60g、炒干姜15g、附子15g、乌梅30g、柯子肉30g、大黄60g、百部30g、木香15g、榧子30g）为末，蜂蜜250g为引，开水冲调，候温空腹灌服。

【预防措施】有计划地进行驱虫：可根据此病的流行特点，于春、秋两季各进行一次驱虫。科学饲养管理：合理补充精饲料，增强羊的抗病能力；实行小区轮牧和注意饮水卫生，应避免在低温潮湿的地方放牧，不在清晨、傍晚或雨后放牧；不让羊饮死水、积水，应饮干净的井水或流水，饮水的地点要固定，以减少虫体的感染机会。加强粪便管理：及时清理圈舍内的粪便，并将粪便集中在适当地点进行堆积发酵处理，特别注意不要让冲洗圈舍后的污水混入饮水。

（二）山羊奥斯特线虫病

山羊奥斯特线虫病是由环纹奥斯特线虫、三叉奥斯特线虫，俗称棕色胃虫，寄生于反刍动物的真胃和小肠引起的疾病。该虫分布面广、繁殖力强，对宿主有很强的致病性，感染严重时，特别是在“春潮”发生时常常引起羊只大批死亡。

1. 诊断

【临床症状】严重感染时患畜有消瘦、贫血、衰弱和间歇性便秘等症状，严重时可引起死亡。

【流行特点】奥斯特线虫较捻转血矛线虫耐寒，在较冷地区奥斯特线虫发生较多。我国北方广大牧区多处于高海拔高寒地带，奥斯特线虫对放牧家畜感染比较严重。

【病原诊断】采用饱和盐水漂浮法，可以检查羊粪便有无虫卵。对奥斯特线虫感染的，还可用酶联免疫吸附试验法（ELISA法）诊断。

2. 防治措施

参照山羊血矛线虫病。

（三）山羊毛圆线虫病

山羊毛圆线虫病主要是由蛇形毛圆线虫、突尾毛圆线虫、艾氏毛圆线虫等寄生于羊的真胃、小肠引起的疾病。其大多数寄生于羊的小肠前部，较少在第四胃及胰脏出现。

1. 诊断

本病主要根据山羊毛圆线虫病的临床症状、流行特点特征进行初步诊断，以粪便检查检出虫卵或死后剖检真胃或小肠的特征性病理变化及查出虫体做出确诊。

【临床症状】严重感染第三期幼虫时，患畜发生腹泻、急剧消瘦、食欲消失、脱水，最后多引起死亡。断奶后至 1 岁的羔羊常发生本病。

【流行特点】毛圆线虫可直接经口或皮肤感染羊。羊毛圆线虫病有一定的地区性，在广泛施用生粪肥的地区易流行。死亡多发生于春季，有“春季高潮”和“自愈现象”。

【病理剖检】急性病例胃肠道黏膜肿胀，特别是十二指肠，轻度出血，覆有黏液，刮取物于镜下可见到幼虫。慢性病例可见尸体消瘦，贫血，胃肠道黏膜增厚、溃疡。

【病原诊断】本病诊断以粪便中查见虫卵为准。常用饱和盐水漂浮法检查羊粪便有无虫卵，在显微镜下毛圆线虫虫卵呈长卵圆形，一端钝一端尖，两侧不对称，卵细胞色浅而多。亦可用培养法检查丝状蚴。

2. 防治措施

【治疗药物】应结合对症、支持疗法，参照山羊血矛线虫病。

【预防措施】参照山羊血矛线虫病。

（四）山羊仰口线虫病（钩虫病）

山羊仰口线虫病是由仰口线虫寄生于羊的小肠引起的以贫血为主要特征的寄生虫病。本病在我国各地普遍流行，对家畜危害很大，并可以引起死亡。

1. 诊断

本病主要根据羊仰口线虫病的临床症状表现和流行特点特征进

行初步诊断，以粪便检查检出虫卵或死后剖检可以在十二指肠和空肠找到大量虫体和相应的病理变化，即可确诊。

【临床症状】患畜表现进行性贫血，严重消瘦，下颌水肿，顽固性下痢，粪带黑色。幼畜发育受阻，还有神经症状，如后躯萎缩和进行性麻痹等，死亡率很高。死亡时，红细胞降至1.7百万~2.5百万个，血红蛋白降至30%~40%。

【流行特点】仰口线虫病分布于全国各地，在比较潮湿的草场放牧的羊流行更严重。多呈地方性流行，一般秋季感染，春季发病。感染性幼虫在夏季牧场能存活2~3个月，在春季和秋季存活时间稍长一些。严冬的寒冷气候对幼虫有杀灭作用。

【病理剖检】尸体消瘦，贫血，水肿，皮下有浆液性浸润。血液色浅，水样，凝固不全。肺有瘀血性出血和小点出血。心肌松软，冠状沟有水肿。肝呈浅灸色，松软，质脆。肾呈棕黄色。心包腔、胸腔、腹腔有异常浆液。肠黏膜发炎，有出血点。肠内容物呈褐色或血红色。

【病原诊断】采用饱和盐水漂浮法，检查羊粪便有无虫卵。该虫卵形态特殊，容易辨认，其大小为（79~97μm）×（47~50μm），两端钝圆，胚细胞大而数少，内含暗黑色颗粒。

病羊死后剖检可以在十二指肠和空肠找到大量虫体。

2. 防治措施

【治疗措施】除参照山羊血矛线虫病进行治疗外，还可用化虫丸加减进行治疗。**化虫丸加减：**鹤虱、槟榔、苦楝根皮、雷丸、榧子、贯众，共为末，开水冲调，候温灌服。

【预防措施】参照山羊血矛线虫病。

（五）山羊食道口线虫病

山羊食道口线虫病是由食道口科食道口属的几种线虫的幼虫及其成虫寄生于反刍动物的肠壁与肠腔引起的寄生虫病。由于有些食道口线虫的幼虫阶段可以使肠壁发生结节，故又名结节虫病。

1. 诊断

本病主要根据临床症状表现和流行特点特征进行初步诊断，结合粪便检查检出大量虫卵及病羊死后剖检可在肠壁发现多量结节，在肠腔内找到多量虫体，即可确诊。

【临床症状】患畜表现出明显的持续性腹泻，粪便呈暗绿色，有很多黏液，有时带血，最后可能由于体液失去平衡，衰竭致死。在慢性病例中，表现为便秘和腹泻交替进行，消瘦，下颌间可能发生水肿，最后虚脱而死。

【流行特点】食道口线虫为土源性线虫，经口感染。羊感染主要是摄入被感染性幼虫污染的青草和饮水而遭感染。感染性幼虫适宜于潮湿的环境，尤其是在清晨、雨后和多雾天气放牧时易受感染。感染主要发生在春、秋季，且主要侵害羔羊。

【病理剖检】主要表现为肠的结节病变。哥伦比亚食道口线虫对羊的危害较大，幼虫可在小肠和大肠壁中形成结节，其余食道口线虫可在结肠壁中形成结节。结节在肠的浆膜面破溃时，可引发腹膜炎；有时可发现坏死性病变。在形成的小结节中，常可发现幼虫，有时可发现结节钙化。

【病原诊断】采用饱和盐水漂浮法进行生前粪便检查，可检查出大量虫卵。病羊死后剖检：可在肠壁发现多量结节，在肠腔内找到多量虫体或在新鲜结节内找到幼虫。

2. 防治措施

【治疗药物】除参照山羊血矛线虫病进行治疗外，还可用南瓜子散进行治疗。**南瓜子散：**南瓜子 12g，贯众、槟榔、苦参各 6g，为末，开水冲调，候温灌服。

【预防措施】同山羊血矛线虫病。

（六）山羊毛首线虫病

山羊毛首线虫病是由羊毛首线虫、球鞘毛首（尾）线虫寄生于羊的大肠（主要是盲肠）引起的寄生虫病。在我国各地都有报道，主要危害羔羊。

1. 诊断

本病主要根据临床症状表现和流行特点特征进行初步诊断，结合粪便检查检出大量虫卵或死后在大肠查到虫体以确诊。

【临床症状】轻者无明显症状，重者消瘦、贫血、腹泻甚至水样血便，发育缓慢，羔羊因衰竭而死亡。

【流行特点】毛首线虫为土源性线虫，其虫卵的抵抗力强，以感染性虫卵经口感染。毛首线虫遍布全国各地，夏、秋季感染较多，在我国南方的感染率高于北方，羔羊寄生较多，发病较严重。

【病理剖检】慢性盲肠及结肠卡他性炎症；重者盲肠黏膜出血性坏死、水肿和溃疡。

【病原诊断】采用粪便直接涂片法或饱和盐水漂浮法检查羊粪便中有无特征性虫卵。病羊死后在大肠查到虫体。

2. 防治措施

参照山羊血矛线虫病。

四 山羊球虫病

羊的球虫病是由多种艾美耳球虫感染主要引起下痢或血性腹泻的疾病，故又称出血性腹泻或球虫性痢疾。其特征是以下痢为主，病羊发生渐进性贫血和消瘦。

1. 诊断

根据临床表现、病理变化和流行特点可做出初步诊断。确诊需在粪便中检出大量的卵囊。

【临床症状】病初羊出现软便，粪不成形，但精神、食欲正常。3～5 天后开始下痢，粪便由粥样到水样，黄褐色或黑色，混有坏死黏液、血液及大量的球虫卵囊，食欲减退或废绝，渴欲增加。随之被毛粗乱，迅速消瘦，可视黏膜苍白，急性经过 1 周左右，慢性病程长达数周，严重感染的最后衰竭而死，耐过的则长期生长发育不良。

【流行特点】羊球虫病呈世界性分布，各种品种的羊均有易感性；成年羊一般为带虫者，以 1～2 月龄羔羊极易感染并导致有死亡。

本病流行的季节性不强，但气温较低的季节不易发生。羊感染发病还与体况差和饲养管理条件不好，也与感染球虫的种类、感染强度不同而取急性或慢性过程。

【病理剖检】剖检时，主要病变见于消化道，表现为十二指肠炎和结肠炎。在肠黏膜上有浅白色、黄色圆形或卵圆形结节，粟粒至豌豆大，常成簇分布。同样病变也见于回肠和结肠，在回盲瓣、盲肠、结肠和直肠可能出现糜烂或溃疡，黏膜下可能有出血、溃疡和坏死。

【病原诊断】卵囊大小的形状极为相似，呈椭圆形，平均大小为21.8μm×18.3μm。采用直接涂片法或沉淀法或尼龙筛集卵法，可以检查羊粪便有无虫卵，确诊需在粪便中检出大量的圆形或椭圆形的卵囊。

2. 防治措施

【治疗药物】

磺胺二甲基嘧啶：按50mg/kg体重剂量，混料投服，连用20天。

氨丙啉：按每天20mg/kg体重剂量，连用5天。

磺胺六甲氧嘧啶：按每千克体重每天100mg剂量，连用3～4天，效果好。

中药治疗：常山60g、连翘40g、柴胡40g、生石膏100g，水煎服，每天1次，连用3天。

【预防措施】在流行地区，可用以上药物治疗量的半量作预防用，连续用药10天。应加强羊舍清洁卫生，及时清除粪便，圈舍应保持清洁和干燥，饮水和饲料要卫生；放牧的羊群应定期更换草场。

第二节　山羊呼吸道寄生虫病

一　山羊肺线虫病

山羊肺线虫病是由网尾科和原圆科的线虫寄生在气管、支气管、细支气管乃至肺实质引起的以支气管炎和肺炎为主要症状的疾病。

1. 诊断

本病可根据临床症状和当地流行情况做初步判断，然后以幼虫分离法检查病畜粪便，看是否有第一期幼虫，并结合对死亡羊只的剖检，在肺中发现成虫即可确诊。

【临床症状】羊群遭受感染时，首先个别羊干咳，继而成群咳嗽，运动时和夜间更为明显，此时呼吸声亦明显粗重，如拉风箱。在频繁而痛苦的咳嗽时，常咳出含有成虫、幼虫及虫卵的黏液团块，咳嗽时伴发啰音和呼吸急促，鼻孔中排出黏稠分泌物，干涸后形成鼻痂，从而使呼吸更加困难。病羊常打喷嚏，逐渐消瘦，贫血，头、胸及四肢水肿，被毛粗乱。

【流行特点】该病分布很广，广泛流行于我国西北、西南地区。对羊的感染率高，感染强度大。网尾线虫为土源性线虫，经口感染。原圆线虫的发育需要多种陆地螺类或蛞蝓作为中间宿主。一般在河流、湖沼和低湿地等水草丰盛地区放牧的羊或收割水草直接饲喂的羊容易感染该病。

【病理剖检】虫体寄生和刺激引起局部炎性细胞浸润、肺萎陷和实变，继之其周围的肺泡和末梢支气管发生代偿性气肿和膨大；当肺泡和毛细支气管膨大到破裂时，发生支气管肺炎；受害的肺泡和支气管脱落的表皮阻塞管道，发展为小叶性肺炎；在肺脏边缘病灶切面的涂片上，可见到成虫和幼虫。

【病原诊断】可根据临床症状和流行特点资料做初步诊断，进一步确诊可以通过生前检查粪便和鼻液中的虫卵和幼虫，剖检时应注意发现呼吸道线虫所致的典型病理变化，如肺隔叶背缘的灰黄色圆锥形病灶和散在性肉芽肿结节，组织上可见呼吸道线虫的虫卵、幼虫、成虫及其炎症反应变化。

2. 防治措施

【治疗药物】可采用以下药物进行治疗。

左旋咪唑：按 8～10mg/kg 体重的剂量，口服。

丙硫咪唑：按 25mg/kg 体重的剂量，口服。

阿维菌素或伊维菌素：按 0.2mg/kg 体重的剂量，口服或皮下注射。

中药治疗：白矾 4 两（1 两 = 50g），溶在 4 斤（2L）开水中，让羊吸入，每天 1 次，连续 1 周。

复方红花杜鹃液：鲜红花、杜鹃叶 1500g，白花、刺参、地胆草各 350g，分别蒸馏和煎煮制备成每毫升含生药 1g 的注射液，羊按每千克体重 1mL 的剂量，分成两份在气管两侧注射或颈部肌内注射。

【预防措施】同羊血矛线虫病的预防措施。主要根据肺线虫的生活史和流行特点，应重视预防工作，主要采取以定期驱虫、加强饲养、注重饲养环境卫生、处理粪便（尿液）等排泄物等综合防治措施。

二 山羊鼻蝇蛆病

羊鼻蝇蛆病又称为羊狂蝇蛆病，是由羊狂蝇的幼虫寄生于羊的鼻腔及其附近的腔窦中引起的疾病。主要危害绵羊，对羊危害较轻。有的地方也称为“脑蛆”。

1. 诊断

根据临床症状、流行特点和尸体剖检，可做出诊断。羊患鼻蝇蛆病时为了早期诊断，可用药液喷入鼻腔，收集鼻腔喷出物，发现幼虫后，可以确诊。

【临床症状】病羊表现的症状分为两个阶段：

成虫侵袭阶段：成虫在侵袭羊群产幼虫时，羊只不安，互相拥挤，频频摇头、喷鼻，或以鼻孔抵于地面，或将头部埋于另一只羊的腹下或腿间，严重扰乱羊的正常生活和采食，使羊生长发育不良且消瘦。

幼虫危害阶段：在幼虫附着的地方，形成小圆凹陷及小点出血。发炎初期，流出大量清鼻，以后由于细菌感染，变成稠鼻，有时混有血液。患羊因受刺激而磨牙。因分泌物黏附在鼻孔周围，加上外物附着形成痂皮，致使患羊呼吸困难、打喷嚏，用鼻端在地上摩擦。咳嗽，常甩鼻子。结膜发炎，头下垂。有时个别幼虫深入颅腔，使脑膜发炎或受损，出现运动失调和痉挛等神经症状，严重的可造成极度衰竭而死亡。

【流行特点】现在普遍认为羊狂蝇为全球性分布，由其幼虫侵袭引起的羊的鼻蝇蛆病亦在世界各国养羊区广为流行。羊狂蝇成虫多在春、夏、秋季出现，尤以夏季为多。该虫在北方较冷地区每年仅繁殖1代，而在温暖地区，每年可繁殖两代。

【病原诊断】主要靠症状观察。如果在大羊群中普遍有症状时，可以做尸体剖检，找寻幼虫，进行确诊。虫体在浅部时容易检出，易于诊断。为了早期诊断，可用药液喷入鼻腔，收集鼻腔喷出物，发现幼虫后，可以确诊。

成虫比家蝇大，长为10～12mm。头大呈半圆形，黄棕色。胸部黄棕色并有黑色纵纹。腹部有褐色及银白色的斑点，翅透明。腹面扁平，后端如刀切状，有两个明显的黑色气孔，见图3。

2. 防治措施

【治疗药物】

伊维菌素：按 0.2mg/kg 体重的剂量，1% 皮下注射。或内服同等剂量的阿福丁粉、片剂，每周 1 次，连用两次。0.1% 滴鼻净滴鼻，每次 4～8mL，每天 3～4 次，连用 3 天。其治愈率达 95% 以上。

3% 来苏儿溶液：在羊狂蝇幼虫尚未钻入鼻腔深处时，给鼻腔喷入，杀死幼虫。但需要大量劳力，广泛进行困难较大，不如口服或注射药物。

拟菊酯类杀虫药如溴氰菊酯：加水稀释为 30～50g/1000L，喷淋。

中药治疗：大狼毒子和根各 23g、贯众 60g、野葱 25g、马蔺子 120g、螺蛳 90g、结血蒿 500g、花椒 600g、防风 500g，将上药稍研，送入干锅内加水，烧开后文火熬 3h，放置冷却 24h，过滤灭菌备用。

第三节　山羊血液寄生虫病

一　山羊血吸虫病

山羊日本血吸虫病是由日本分体吸虫寄生在羊门静脉系统（肠系膜静脉系统）的一种危害严重的人畜共患病。该病以急性或慢性肠炎、肝硬化、严重腹泻、贫血、消瘦为特征，主要分布在日本、中国和东南亚地区，在我国主要集中于长江流域的省、市和自治区。

1. 诊断

在流行区，根据流行特点、临床症状可做出初步诊断，但确诊和查出轻度感染的羊需依靠病原学检查和免疫学试验。

【临床症状】羊患本病多为慢性发作，只有当突然感染大量尾蚴后才急性发病。病羊表现体温升高，似流感症状，食欲减退、精神不振、呼吸急促、有浆液性鼻液、下痢、消瘦等，常可造成大批死亡。一经耐过则转为慢性，轻度感染的羊缺乏急性表现。慢性病例一般呈现黏膜苍白、下颌及腹下水肿、腹围增大、消化不良、软便或下痢；幼羊生长发育停滞，甚至死亡；母羊不发情、不孕或流产。

【流行特点】本病在我国广泛分布于长江流域和长江流域以南的

地区。主要危害人和牛、羊等家畜。本病一般发生于春夏、夏秋之交，以6～10月常见。钉螺为血吸虫的唯一中间宿主，是本病传染过程的主要环节。一般在钉螺生长较多的沟、河、湖等水草丰盛地区放牧的羊或收割水草直接饲喂的羊容易感染日本血吸虫病。

【病理剖检】剖检可见尸体明显消瘦、贫血、腹腔内常有大量腹水。该病引起的病理变化主要是由于虫卵沉积于组织中所产生的虫卵结节（虫卵肉芽肿）。病变主要在肝脏、肠壁。肝脏表面凹凸不平，表面或切面上有粟粒大到高粱米大灰白色的虫卵结节，初期肝脏肿大，日久后肝萎缩、硬化。严重感染时，肠壁肥厚，表面粗糙不平，肠道各段均可找到虫卵结节，尤以直肠部分的病变最为严重。肠黏膜有溃疡斑，肠系膜淋巴结核脾脏肿大，门静脉血管肥厚。在肠系膜静脉和门静脉内可找到多量雌雄合抱的虫体。此外，在心、肾、脾、胰、胃等器官中有时也可发现虫卵结节。

【病原诊断】羊粪中虫卵的检查最常用的方法是粪便尼龙绢袋集卵法和虫卵毛蚴孵化法，两种方法常结合使用。血吸虫的虫卵椭圆形，浅黄色，卵壳较薄，无卵盖，在其侧方有一小刺，卵内含毛蚴。病羊死后剖检，发现虫体、虫卵结节等以确诊。免疫诊断常作为辅助性诊断，应用于普查中，有环卵沉淀试验、间接血凝试验和酶联免疫吸附试验。

2. 防治措施

【治疗药物】

吡喹酮：按30～50mg/kg体重剂量，灌服；20%吡喹酮液体石蜡注射液，按30～40mg/kg体重剂量，深部肌内注射；还可用4%吡喹酮注射液（聚乙二醇为溶媒），按10mg/kg体重剂量静脉注射。

硝硫氰胺：按60mg/kg体重剂量，一次口服；或按4mg/kg体重剂量，配成2%～3%水悬液，颈静脉注射。

【预防措施】

1）在4、5月和10、11月定期驱虫，病羊要淘汰。

2）结合水土改造工程或用灭螺药物杀灭中间宿主，阻断血吸虫的发育途径。

3）疫区内粪便进行堆肥发酵和制造沼气，既可增加肥效，又可杀灭虫卵。

4）选择无螺水源，实行专塘用水，以杜绝尾蚴的感染。

二 山羊巴贝斯虫病

山羊巴贝斯虫病是由巴贝斯科巴贝斯属的莫氏巴贝斯虫寄生于羊的血液引起的严重寄生性原虫病。

1. 诊断

羊巴贝斯虫病的诊断要根据当地流行特点因素、临床症状与病理变化的特点以及实验室检查等综合进行。

【临床症状】体温升高至41～42℃，稽留数日或直至死亡；呼吸浅表，脉搏加速，精神委顿，食欲减退乃至废绝；黏膜苍白，显著黄染；时而出现血红蛋白尿，并出现腹泻。

【流行特点】本病的流行与传播媒介蜱的消长、活动相一致。该病多发生于春末、夏、秋季节，分布有一定的地区性。该病多发生在放牧时期，舍饲羊群发病较少。

【病理剖检】黏膜与皮下组织贫血、黄染；肝、脾肿大变性，有出血点；胆囊肿大2～4倍；心内、外膜及浆膜、黏膜有出血点和出血表现；肾脏充血发炎；膀胱扩张，充满红色尿液。

【病原诊断】实验室血液检查可采取羊的静脉血液，制成血片，经染色后镜检虫体。染色通常采用姬姆萨或瑞氏染色法。红细胞虫体感染率较低时，可先进行集虫，再制片检查。死后诊断则可以进行淋巴结等直接涂片染色镜检。免疫学方法主要用于检测感染羊体内存在的抗体情况，主要有ELISA、正向间接血凝（IHA）、补体结合反应（CF）、间接荧光抗体实验（IFAT）等。

2. 防治措施

【治疗药物】

三氮脒（贝尼尔、血虫净）：配制成5%～7%的溶液，按3.5～3.8mg/kg体重剂量肌内注射。

咪唑苯脲：配成10%溶液，按1～3mg/kg体重剂量肌内注射。

喹啉脲（阿卡普林）：配成5%溶液，按0.6～1.0mg/kg体重剂量皮下注射。

锥黄素（吖啶黄）：配成0.5%～1%溶液，按3～4mg/kg体重剂量经脉注射，症状未减轻时，24h 再注射 1 次，在注射后数日内，避免烈日照射。治疗的同时应辅以强心、补液等措施，加强管护，以使患羊早日治愈。

中药治疗：

方 1： 郁金 30g、黄芩 24g、知母 24g、黄柏 24g、栀子 30g、连翘 24g、当归 60g、蒲公英 30g、龙胆草 30g、茵陈 120g、牛蒡子 30g、木通 30g、板蓝根 30g、萹蓄 30g、灯心草 30g、荆芥 15g、滑石 60g、生甘草 12g，共研细末，开水冲调，加蜂蜜 240g，候温灌服，连服 2 剂，高热退后，改用方剂（方 2），并结合静脉注射葡萄糖液补养。

方 2： 党参 30g、黄芪 30g、茯苓 24g、炒白术 24g、桔梗 18g、山药 60g、麦冬 30g、当归 60g、百合 30g、青皮 18g、陈皮 18g、炒神曲 24g、炒麦芽 24g、茵陈 30g、龙胆草 30g、生姜 30g、炙甘草 12g、大枣 30g，共研细末，开水冲调，加蜂蜜 240g，候温灌服。隔日 1 剂，连服 3、5 剂。

【预防措施】根据流行地区（包括隐伏地区）蜱的种类、出现季节和活动规律，有计划、有组织地灭蜱，并逐年进行；保持厩舍内外的清洁；在发病季节对羔羊可用三氮脒、咪唑苯脲进行药物预防；引进或外调羊只前，应做药物灭蜱处理。正式调运时，应避开蜱的活动时期。

三 山羊泰勒虫病

山羊泰勒虫病是由泰勒科泰勒属的各种原虫寄生于羊巨噬细胞、淋巴细胞和红细胞内所引起的疾病总称。

1. 诊断

本病主要根据临床症状表现、流行特点资料及尸体剖检做出初步诊断，在血片和淋巴结或脾脏涂片上发现虫体即可确诊。

【临床症状】羊泰勒虫病潜伏期为 4～12 天。病羊精神沉郁，食欲减退，体温升高到 40～42℃，稽留 4～7 天，呼吸促迫，反刍及胃肠蠕动减弱或停止。有的病羊排恶臭稀粥样粪，杂有黏液或血液。个别羊尿液浑浊或血尿。结膜初充血，继而出现贫血和轻度黄疸。体表淋巴结肿大，有痛感。肢体僵硬，以羔羊最明显，有的羊行走时，前肢提举困难或后肢僵硬，举步十分艰难；有的羔羊四肢发软，病程6~12天。

【流行特点】我国羊泰勒虫病的传播者为青海血蜱。该病多发生于4~6月，5月为高峰。1~6月龄羔羊发病率高，病死率也高，1~2岁羊次之。羊泰勒虫病在我国四川、甘肃和青海省陆续发现，呈地方性流行，可引起羊只大批死亡。

【病理剖检】尸体消瘦，血液稀薄，皮下脂肪胶冻样，有点状出血。全身淋巴结呈不同程度肿胀，切面多汁、充血，有一些淋巴结呈灰白色，有时表面可见颗粒状突起。肝、脾肿大。肾呈黄褐色，表面有结节和小点出血。皱胃黏膜上有溃疡斑，肠系膜上有少量出血点。

【病原诊断】实验室血液检查同羊巴贝斯虫病。泰勒虫病患羊，除进行血液检查外，还必须做淋巴穿刺，采取淋巴穿刺物涂片染色后镜检石榴体。寄生于红细胞内的泰勒虫虫体大多数呈圆形和卵圆形，其次为杆状。

2. 防治措施

【治疗药物】可用三氮脒、咪唑苯脲或硫酸喹啉脲，用法同羊巴贝斯虫病。

中药治疗：①新鲜黄花蒿2~4kg捣碎，冷水浸泡30~60min，连渣灌服，每天两次，连用3~5天；②常山、黄花蒿各100g，炒鸦胆子、柴胡、雄黄、乌梅各60g，共为末，开水冲调，候温1次灌服，每天1剂，连用3~5剂有良效；③贯众80g、槟榔45g、木通40g、泽泻40g、茯苓30g、龙胆草30g、鹤虱40g、厚朴35g、甘草15g，水煎1次灌服，每天1剂，连用2~3剂。

【预防措施】做好灭蜱工作。在发病季节对羔羊可应用三氮脒、咪唑苯脲进行药物预防。

四 山羊弓形虫病

山羊弓形虫病是由刚地弓形虫寄生于山羊的组织细胞内引起羊的严重疾病。弓形虫病是一种世界性分布的人兽共患原虫病。弓形虫病流行于世界各地，在人畜等多种动物间广泛传播，且有多样的传播途径，因而造成多数动物呈隐性感染。

1. 诊断

本病可根据流行特点调查和临床症状做出初步诊断，但确诊必须进行病原学的诊断。

【临床症状】病羊趴卧饲槽边或羊舍一侧，不愿走动；精神萎靡，食欲减退，少数废绝；体温升高达41℃以上，腹泻、有时带有血液；呼吸困难，咳嗽，流浆液性鼻液。羔羊体表淋巴结高度肿大，可视黏膜黄染、苍白贫血；个别病羊出现四肢抽搐、共济失调等神经症状。

【流行特点】猫是弓形虫病的最重要的散布源，猪及人等中间宿主也是本病的主要传染来源，它们的排泄物及肉、内脏淋巴结、腹水等都带有大量的速殖子和包囊（假包囊）。在虫体的不同阶段，羊食入含有这些阶段虫体（如卵囊、速殖子和包囊）的饲草、水等均可引起感染；羊弓形虫病的流行没有严格的季节性，但夏季多发，可能与温度、湿度适宜于卵囊的发育有关。

【病理剖检】剖检病死的羔羊，可见腹部皮下黄染，结膜苍白，胸腔、腹腔有积液；全身淋巴结肿胀，切面多汁、出血；肺脏膨胀，间质增宽，有点状坏死状，切面流出大量带泡沫的液体；肝脏呈灰黄色或灰白色肿大，硬度增大，表面有出血点和死坏灶；肾脏呈土黄色，被膜下有出血点；脾脏肿大、出血，呈黑紫色；胃肠黏膜充血、出血，脑膜和小脑充血，有出血点。

【病原诊断】采用脏器、腹水涂片染色法，集虫法，检出病羊体内不同阶段的虫体（滋养体和包囊及假包囊）。还可采用动物和鸡胚接种以及血清学方法，如色素试验（DT）、间接血凝、间接荧光抗体、ELISA等对羊的弓形虫病进行确诊。

2. 防治措施

【治疗药物】

磺胺-6-甲氧嘧啶：按60～100mg/kg体重的剂量（首次量加倍），维持量30～40mg/kg一次肌内注射，每天2次，连用3～5天。或配合甲氧苄胺嘧啶，按14mg/kg体重剂量，口服，每天1次，连用4次。

磺胺嘧啶：按70mg/kg体重剂量，配合甲氧苄胺嘧啶，按14mg/kg

体重剂量，口服，每天2次，连用3～4天。

磺胺甲氧吡嗪：按30mg/kg体重剂量，配合甲氧苄胺嘧啶，按10mg/kg体重剂量，口服，每天1次，连用3～4天。

中药治疗：①常山20g，槟榔12g，双花、连翘、蒲公英各15g，柴胡、麻黄、桔梗、甘草各8g，先将常山、槟榔用文火煮20～30min，再加入双花、连翘、蒲公英、柴胡、桔梗、甘草同煮15min，最后放入麻黄煎5min，去渣候温，灌服。可根据病情连服3～5天。②蟾蜍2～3只（大者2只，小者3只，鲜品、干品均可），苦参、大青叶（板蓝根）、连翘各20g，蒲公英、金银花各40g，甘草15g，水煎温服。

【预防措施】

1）加强羊的饲养管理，禁止在牧场内养猫，扑灭场内老鼠；禁止将屠宰废弃物作饲料，防止饲料、饮水被猫粪污染。

2）加强检疫，发现病死的和可疑的畜尸、流产的胎儿及排出物严格处理，如深埋、焚烧；定期对羊群进行血清学检查，对检出阳性种羊隔离饲养或有计划淘汰。

3）加强环境卫生与消毒，经常对圈舍、场地、用具进行消毒：如常用热水（60℃以上）、1%来苏儿、0.5%氨水、双季铵盐碘1:800喷洒场地消毒（杀灭卵囊）。

4）药物、疫苗预防：常用药物为长效磺胺；采用灭活疫苗预防动物弓形虫病，活疫苗已证实对羊等动物有效。

第四节　山羊皮肤寄生虫病

一　山羊疥螨病和痒螨病

山羊螨病是由疥螨科和痒螨科的螨类寄生于山羊的表皮内或体表所引起的慢性皮肤病，以接触感染、能引起患畜发生剧烈的痒觉以及各种类型的皮肤炎为特征。疥螨主要寄生于羊表皮下，痒螨主要寄生于羊体表毛密集部位。羊螨病的危害较大，常可引起大面积发病，严重时可引起大批死亡。

1. 诊断

对有明显症状的螨病，根据发病季节，剧痒、患部位置及皮肤病变等做出初步诊断。但最后的确诊须在病羊的表皮内和体表分别找到疥螨和痒螨。

【流行特点】螨病多发生在秋末、冬季和初春季节。这些季节，日光照射不足，家畜被毛增厚、绒毛增生、皮肤温度较高，这些因素适合螨的发育繁殖。螨的生长发育期较短，疥螨为 8～22 天，痒螨为 2～3 周，因此，螨病的发生较为迅猛，常引起病羊的死亡。

幼龄动物和体质瘦弱、抵抗力差的家畜易受感染，发病较为严重；成年家畜和体质健壮、抵抗力强的家畜则不易感染。但成年体质健壮的家畜的“带螨现象”为该病主要的传染源。疥螨的宿主特异性不强，可造成人畜之间、家畜之间的相互感染。

【临床症状】动物患螨病后，主要表现出奇痒的症状。病变部皮肤损伤、发炎、溃烂、感染化脓、结痂，并伴有局部皮肤增厚、被毛脱落。剧痒使患病动物终日啃咬、擦痒，严重影响其采食和休息，患病动物日渐消瘦，有时继发感染，严重时可引起死亡。

疥螨病严重时口唇皮肤皲裂，采食困难，病变可波及全身，死亡率高。羊疥螨病主要发生于嘴唇四周、眼圈、鼻背和耳根部，可蔓延到腋下、腹下和四肢曲面等皮肤薄、被毛短而稀少部位。

羊痒螨病主要发生在耳壳内面等被毛长而稠密处，在耳内生成黄色痂，将耳道堵塞，使羊变聋，食欲不振，甚至死亡。

【病理剖检】疥螨引起的螨病，病变部皮肤先出现丘疹、水疱和脓疮，以后形成坚硬的灰白色像皮样的痂皮。痒螨引起的螨病，病变部皮肤先出现浅红色或浅黄色粟粒大或扁豆大的小结节以及充满液体的小水疱，继而出现鳞屑和脂肪样浅黄色的痂皮。

【病原诊断】

疥螨：查找应在病、健皮肤的交界处，用消毒的外科刀刮取该处，直到见血为止。将刮取的皮屑放到培养皿中，加盖之后放到装有 70℃左右热水的杯口上，热熏 15min 左右，在培养皿的底部可见到移动的疥螨。

痒螨：查找应在被毛密集的瘙痒部位，可发现灰白色不断活动的痒螨。在寒冷的冬季清晨，拔下几十根羊被毛结霜明显处的羊毛，用手抖动，会有大量的痒螨落下。可用器皿将其接住，进行检查。

2. 防治措施

【治疗药物】

伊维菌素或阿维菌素：用法同羊血矛线虫病。

双甲脒：按500mg/kg体重剂量，涂擦、喷淋或药浴。

溴氰菊酯：按500mg/kg体重剂量，喷淋或药浴。

二嗪农(螨净）：按250mg/kg体重剂量，喷淋或药浴。

中药治疗：①枫杨树叶、米醋各等份，现将枫杨树叶捣烂，煎米醋至沸，加入枫杨树叶，候温取汁，涂患处；②雄黄、苦参、蛇床子、白芷、百部各50g，硫黄400g，黄柏40g，共研为细末，以桐油或其他植物油调匀，涂擦患处；③苦参250g，花椒100g，地肤子150g，煎水洗患部；④大枫子、蛇床子、木鳖子、花椒各100g，雄黄50g，硫黄150g，共研细末，以棉籽油或猪油调涂患处。

灭疥灵：百部、大枫子、马钱子、苦参、白芷各10g，狼毒、苦楝根皮、紫草、当归各15g，黄蜡30~60g，植物油0.5kg。除黄蜡外，各药入油内炸至红赤色，滤去药渣，乘热加入黄蜡，冷却即为膏状。用时将药膏抹于患部，隔5~7天可重复使用1次。如果受损皮肤面积较大，应分片涂抹。一般用药后7~14天，即可见新毛长出，皮肤光润而痊愈。

【预防措施】

1）房舍要宽敞、干燥、透光、通风良好，不要使畜群过于密集。房舍应经常清扫，定期消毒（至少每两周一次），饲养管理用具亦应定期消毒。

2）经常注意动物群中有无发痒、掉毛现象的，及时挑出可疑患病动物，隔离饲养，迅速查明原因。发现患病动物及时隔离治疗。

3）引入动物时，应事先了解有无螨病存在；引入后应详细做螨病检查；最好先隔离观察一段时间（15~20天），确无螨病症状后，经杀螨药喷洒再并入畜群中去。

4）每年夏季剪毛后对羊只应进行药浴，是预防羊螨病的主要措施。对曾经发生过螨病的羊群尤为必要。

二 山羊蠕形螨病

山羊蠕形螨病是由蠕形螨科中各种蠕形螨寄生于羊的毛囊或皮脂腺而引起的皮肤病，该病又称为毛囊虫病或脂螨病。

1. 诊断

山羊蠕形螨病可根据临床症状及流行特点进行初步诊断。确诊需采取患部皮肤上的痂皮或皮肤上的结节或脓疱，镜检有无虫体。

【临床症状】常寄生于羊的眼部、耳部及其他部位，病羊消瘦，被毛粗乱，生长发育缓慢，精神沉郁，用手触摸在头颈部、四肢内侧、体两侧、背部、臀部及尾部等部位皮下发现有坚硬的结节。

【流行特点】本病的发生主要是由于病畜与健畜互相接触，或健畜与被患畜污染的物体相接触，通过皮肤感染。虫体离开宿主后在阴暗潮湿的环境中可生存21天左右。

【病理剖检】蠕形螨主要寄生于山羊皮肤毛囊和皮脂腺内，剖检发现毛囊和皮脂腺呈袋状扩大和延伸，增生肥大，引起毛干脱落。腺口扩大，虫体进出活动，易使化脓性细菌侵入而继发毛脂腺炎、脓疱。

【病原诊断】虫体大小为（0.22～0.24mm）×（0.04～0.057mm），虫体细长如蠕虫样，呈半透明乳白色。

2. 防治措施

参照山羊疥螨病和痒螨病。

第五节 山羊脑、肝、肺及腹腔寄生虫病

一 山羊脑多头蚴病（脑包虫病）

山羊脑多头蚴病是由带科的多头绦虫的幼虫——脑多头蚴（俗称脑包虫）所引起的寄生虫病。多寄生在羊的大脑、肌肉、延脑、脊髓等处，是危害绵羊的严重寄生虫病，尤以两岁以下的绵羊易感。

1. 诊断

根据流行特点及临床症状可做出初步诊断。剖检病死羊，根据其脑部的特征性病理变化及查出多头蚴即可确诊。

【临床症状】有前期与后期的区别，前期症状一般表现为急性

型，后期为慢性型。后期症状又因病原体寄生部位的不同且其体积增大程度的不同而异。

前期症状：以羔羊的急性型最为明显，表现为体温升高，患畜做回旋、前冲或后退运动；有时沉郁，长期躺卧，脱离畜群。

后期症状：典型症状为“转圈运动”，所以通常又将多头蚴病的后期症状称为“回旋病”。其转圈运动的方向与寄生部位是一致的，即头偏向病侧，并且向病侧做转圈运动。多头蚴囊体越大，动物转圈越小。

【流行特点】成虫多头绦虫在终宿主犬、豺、狼、狐狸等的小肠内寄生，其孕节脱落后随宿主粪便排出体外，孕节或虫卵被中间宿主羊吞食，六钩蚴在胃肠道内逸出，随血流被带到脑脊髓中，经2~3个月发育为多头蚴。终末宿主吞食了含有多头蚴的脑脊髓，原头节附着在小肠壁上逐渐发育，经47~73天发育为成熟。

【病理剖检】剖开病羊脑部时，在前期急性死亡的病羊见有脑膜炎及脑炎病变的，还可能见到六钩蚴在脑膜中移动时留下的弯曲伤痕。在后期病程中剖检时可以找到一个或更多的囊体，有的在大脑、小脑或脊髓表面，有的嵌入脑组织中。与病变或虫体接触的头骨，骨质变薄、松软，致使皮肤向表明隆起。在多头蚴寄生的部位常有脑的炎性变化，还可扩展到脑的另一半球。靠近多头蚴的脑组织，有的出现坏死，其附近血管发生外膜细胞增生；有的多头蚴死亡，萎缩变性并钙化。

【病原诊断】多头绦虫的虫体较小；卵为圆形。

2. 防治措施

【治疗药物】

吡喹酮：按100~150mg/kg体重剂量，内服，连用3天为一个疗程。

丙硫咪唑：按25~30mg/kg体重剂量，拌料喂服或投服每天1次，连服5天。

甲苯咪唑：按50mg/kg体重剂量，拌料喂服，每天1次，连服两次。

【预防措施】防止犬吃到含脑多头蚴的牛、羊等动物的脑及脊髓。对牧羊犬进行定期驱虫。粪便应深埋、烧毁或利用堆积发酵等方法杀死其中的虫卵，避免虫卵污染环境。

二 山羊棘球蚴病（羊包虫病）

山羊棘球蚴病又称为包虫病，由带科的细粒棘球绦虫的中绦期幼虫——棘球蚴寄生于羊的肝、肺等器官中引起的一种严重的人兽共患寄生虫病。

1. 诊断

该病根据流行特点和临床症状进行初步确定，以病理剖检发现棘球蚴囊泡即可确定感染。

【临床症状】寄生数量少时，表现消瘦、被毛粗糙逆立、咳嗽等症状。多量虫体寄生时，肝、肺高度萎缩，患畜逐渐消瘦，肋下出现肿胀和疼痛，终因恶病质或窒息而死亡。猪的症状不如牛、羊的明显。

【流行特点】分布比较广泛，几乎遍及全世界各国，许多畜牧业发达的地区多是本病流行的自然疫源地。我国主要流行于西北地区，而在东北、华北和西南地区也有报道，上海和福建等地的屠宰场曾有零星发现。

【病理剖检】剖检病变主要表现在虫体经常寄生的肝脏和肺脏。可见肝、肺表面凸凹不平，重量增大，表面有数量不等的棘球蚴囊泡突起；肝脏实质中亦有数量不等、大小不一的棘球蚴囊泡。棘球蚴内含有大量的液体，除不育囊外，液体沉淀后，可见有大量包囊砂。也可偶然见到一些缺乏囊液的囊泡残迹或干酪变性和钙化的棘球蚴及化脓病灶。

【病原诊断】虫卵为圆形或椭圆形，直径为30～40μm，虫体长度为2～11mm，多数在5mm以下。

2. 防治措施

目前尚无有效治疗方法，主要应做好预防。预防的主要措施是消灭野狗，凡有经济价值的狗定期驱虫，加强肉品检验工作，有病器官按规定处理，以避免被狗、狼、狐狸吃掉。

三 山羊细颈囊尾蚴病

山羊细颈囊尾蚴病是由带科的泡状带绦虫的幼虫——细颈囊尾

蚴所引起的寄生虫病，细颈囊尾蚴俗称“水铃铛”。细颈囊尾蚴寄生于羊的肝脏浆膜、网膜及肠系膜等处，严重感染时还可进入胸腔，寄生于肺部。

1. 诊断

根据流行特点、临床症状做出初步诊断，结合粪便检查发现大量虫卵或孕节便可确诊。

【临床症状】病畜一般无临床表现，感染初期因幼虫到达腹腔、肝脏，引起急性肝炎和腹膜炎，表现体温升高。当病情严重时，患羊精神不振，采食和饮水减少，喜卧，生长发育缓慢，在寒冷季节和饲料单一而营养不足的情况下，容易发生死亡。

【流行特点】细颈囊尾蚴病呈世界性分布，我国各地普遍流行，尤其是猪、羊的感染率为50%左右，个别地区高达70%。除主要影响羊的生长发育和增重外，对肉类加工业更可因屠宰失重和胴体品质降低而导致巨大的经济损失。

【病理剖检】剖检病死羊时，皮下脂肪减少，肌肉颜色变浅，血液稀薄，在皮下或肌间往往出现胶样浸润。有的病羊肝脏稍肿大，肝叶呈灰褐色或暗紫红色，肝脏表面往往有细小的出血点、小结节或灰白色的瘢痕。虫体附着部位的组织往往褪色与萎缩。腹腔出现弥漫性腹膜炎的变化，用手术刀轻刮脾脏，往往见其表面附有灰白色绒毛样纤维素性渗出物，脾之切面干燥，脾小梁显见。

【病原诊断】通过尸体剖检，发现细颈囊尾蚴，虫体呈泡囊状，豆大或鸡蛋大，囊壁乳白色，囊内含透明液体和一个白色的头节，囊体大小不一，最大可至小儿头大。囊壁外层厚而坚韧，是由宿主动物结缔组织形成的包膜；虫体的囊壁薄而透明，并且结合临床症状得以确诊。

2. 防治措施

【治疗药物】参照山羊脑多头蚴病。

【预防措施】禁止私屠滥宰猪、牛、羊及鹿等动物，禁止乱扔其死尸、内脏及其他废弃物。用动物内脏等喂犬时，应提前进行高温处理。每年春、秋两季，对羊群应有针对性地用药物驱虫，部分措施参照羊脑多头蚴病。

四 山羊囊尾蚴病

山羊囊尾蚴寄生于绵羊、羊的心肌、膈肌或咬肌、舌肌等处所引起的一种寄生虫病。病原体属羊囊尾蚴被犬、狼等动物吞食后，在小肠内约经 7 周变为成虫。孕节随粪便排出，被羊吞食后，六钩蚴于小肠经血流到达肌肉，需 2～3 个月发育为羊囊尾蚴。

1. 诊断

根据流行特点及临床症状进行初步诊断，以解剖病死羊肌肉组织发现囊虫进行确诊。还可应用间接血球凝集试验和酶联免疫吸附试验做生前诊断。

【临床症状】幼羊被大量寄生时，可能造成成长迟缓、发育不良。寄生于舌部表层时，可见豆状肿胀。寄生于肌肉中时，在一个短时期内引起寄生部位肌肉发生疼痛、跛行和食欲不振等，但不久就消失。

【流行特点】该病呈世界性分布，我国的分布几乎遍及全国各地，羊囊尾蚴被终末宿主犬、狼等吞食后，在其小肠约经 7 周发育为成虫，孕节或虫卵随粪便排出。被羊吞食后，六钩蚴钻入肠壁，随血流到达肌肉或其他组织，经 2.5～3 个月囊尾蚴发育成熟。

【病理剖检】肝脏肿大呈暗红色，有山鸡蛋大小，被膜粗糙，覆有大量灰白色纤维素性渗出物，局部有出血性坏死灶。有的虫体裸露在肝表面，用镊子取出虫体，可见肝表面留有卵圆形压迹，挑破肝包膜可取出虫体，有的虫体附着在肠系膜上，外面有一层结缔组织包裹。

【病原诊断】虫体呈泡囊状，内含透明液体。囊体大小不一，最大可至小儿头大。囊壁外层厚而坚韧，是由宿主动物结缔组织形成的包膜；虫体的囊壁薄而透明。肉眼观察时，可见囊壁上有 1 个不透明的乳白色结节，为其颈部和内陷的头节，如果将头节翻转出来，则见头节与囊体之间具有 1 个细长的颈部。

2. 防治措施

参照山羊脑多头蚴病。

五 山羊丝状线虫病

山羊丝状线虫病主要是由鹿丝状线虫和指形丝状线虫的成虫寄

生于山羊的腹腔所引起的寄生虫病，又称腹腔丝虫病，其成虫在羊腹腔内产出微丝蚴，后者进入血液，周期性地出现于末梢血管中，当蚊吸食动物血液时微丝蚴进入蚊体，发育为感染性幼虫。带有感染性幼虫的蚊刺吸羊血液时，幼虫进入羊的体内，有的微丝蚴随淋巴液或血液进入脑脊髓，引起羊的脑脊髓丝虫病；有的微丝蚴随淋巴液或血液进入眼前房，引起羊的混睛虫病。

（一）山羊腹腔丝虫病

山羊腹腔丝虫病主要是由鹿丝状线虫和指形丝状线虫的成虫寄生于山羊的腹腔引起的寄生虫病。

1. 诊断

山羊腹腔丝虫病，主要根据其临床症状表现和流行特点特征进行初步诊断。实验室诊断多采取动物外周血液检查，发现微丝蚴即可对该病进行确诊。

【临床症状及病理变化】寄生于腹腔的丝状线虫的成虫致病力不强，临床上一般不显症状，严重时可引起轻度睾丸的鞘膜积液、腹膜及肝包膜的纤维素性炎症。

【流行特点】本病有明显的季节性，多发于夏末秋初。其发病时间往往比蚊虫出现时间晚一个月。一般为 7 ~ 9 月，即蚊虫最多的月份，而以 8 月发病率最高。本病的发生也具有一定的地区性，在地势低洼、潮湿、蚊虫密集、家畜集中的地方较多发生。

【病原诊断】羊有成虫寄生时，可根据流行特点做血幼虫（微丝蚴）的检查。幼虫长 0.2 ~ 0.3mm，白色透明，外面覆一层薄膜，头端钝圆，尾端尖细。剖检病死羊，可在其腹腔发现大量成虫。该病的初期诊断多采用皮内变态反应，也可应用酶标对流免疫电泳、荧光及凝集反应等免疫学方法检查。

2. 防治措施

【治疗药物】对成虫引起的腹腔丝虫病目前研究较少，可试用左旋咪唑治疗。

【预防措施】

1）杀灭吸血昆虫和防止吸血昆虫叮咬终末宿主。

2）在本病流行地区应注意查治病羊，消除传染源。

3）注意搞好环境卫生，铲除蚊虫的滋生地，应用杀虫剂驱杀蚊虫，以切断传播途径。

4）必要时可进行药物预防。

（二）山羊脑脊髓丝虫病（腰痿病）

山羊脑脊髓丝虫病是指携带有指形丝状线虫感染性幼虫的中间宿主刺吸羊的血液时，幼虫进入羊的体内，有的幼虫常随淋巴液或血液进入脑脊髓，引起羊的脑脊髓丝虫病。

1. 诊断

山羊脑脊髓丝虫病主要根据其临床症状表现和流行特点特征进行初步诊断。采用皮内变态反应或免疫学方法检测抗体或死后剖检脑、脊髓的特征性病理变化对该病进行确诊。

【临床症状】当感染性幼虫进入羊体内，引起羊的脑脊髓丝虫病时，症状很明显，主要表现为后躯运动神经障碍。慢性病例，病初一侧或两侧后肢运动无力，步态踉跄，容易跌倒；病情加剧时，则致两后肢完全麻痹，不能站立，呈犬坐姿势，终至长期卧地，发生褥疮。急性病例，可见突然倒地不起，呈兴奋、骚乱、空嚼及哀鸣等神经症状，眼球上旋，颈部肌肉强直或痉挛；抽搐之后，如果将羊扶起，则见四肢强直，向两侧叉开，步态不稳。急、慢性病例最终可因极度衰竭死亡。

【流行特点】本病有明显的季节性，多发于夏末秋初。其发病时间往往比蚊虫出现时间晚一个月，一般为7~9月，而以8月发病率最高。

【病理剖检】病变主要可见脑、脊髓的硬膜、蛛网膜有浆液性、纤维素性炎症和胶样浸润灶以及大小不等的出血灶，其附近有时可发现寄生童虫。脑、脊髓实质（尤为白质区）可见由虫体所致的大小不等的斑点状、线条状的黄褐色破坏性病灶，以及形成大小不同的空洞和液化灶。

【病原诊断】病羊死后，剖检采集脑和脊髓检查有无指形丝状线虫的童虫。其呈乳白色，丝线状，长10~40mm，其形态特征已基本近似成虫。本病采用皮内变态反应试验进行早期诊断，用指形丝状线虫制备抗原，皮内注射。

2. 防治措施

【治疗药物】

枸橼酸乙胺嗪（海群生）：按 50～100mg/kg 体重剂量，口服，每天 1 次，连用 2～5 天。

左旋咪唑：按 2～3mg/kg 体重剂量，肌内注射，每天 1 次，连用 3～5 天。

苯硫咪唑：按 5mg/kg 体重剂量，一次灌服。

独活寄生汤加减：独活 25g，桑寄生 25g，熟地、川芎各 25g，白芍、党参、茯苓、细辛、秦艽、乳香各 20g，没药 20g，牛膝 30g，当归 25g，千年健 25g，木瓜 25g，防己 25g，防风 25g，地风 25g，苍术 25g，柴胡 25g，炒杜仲 25g，菟丝子 30g，巴戟天 20g，川续断 25g，故破纸 25g，桂心 25g，生姜 20g，甘草 20g。水煎，候温分 3 次灌服，每天 1 剂，每次 500mL，连用 4 天。同时用维生素 C 0.5g、10% 葡萄糖 500mL，混合静脉注射，每天 1 次，连用 3 天。丙硫咪唑 1000mg/片，按 10mg/kg 体重剂量，一次灌服。尹力佳针剂 0.2mL/10kg，皮下注射；连续治疗 4 天后痊愈。

【预防措施】参照山羊腹腔丝虫病。

（三）山羊混睛虫病

山羊混睛虫病是指携带有指形丝状线虫感染性幼虫的中间宿主刺吸羊的血液时，幼虫进入羊的体内，有的幼虫常随淋巴液或血液进入眼前房，引起羊的混睛虫病。

1. 诊断

山羊混睛虫病主要根据其临床症状表现和流行特点特征进行初步诊断。在病羊眼房液中发现游动的微丝蚴即可确诊。

【流行特点】混睛虫病的发生具有一定的季节性，多在 7～9 月感染，8～10 月出现临床症状。它随中间宿主蚊类的滋生而相继发展，该病呈散发性。

【临床症状与病理变化】病初患畜常躁动不安、摇晃头部，常在柱头或墙壁等处摩擦患眼。临床检查可见患羊羞明流泪，经 1～2 天角膜、眼房混浊，白翳遮眼。有的眼睑肿胀，视力减退，甚至失明，引起角膜炎、虹膜炎和白内障。患眼内有细的白色线状虫体在眼房液中呈波浪式游动。

【病原诊断】根据临床特征，将患眼对光观察，可见虫体在眼房液中游动即可确诊。其虫体形态参照羊脑脊髓丝虫病的病原诊断。

2. 防治措施

【治疗措施】

枸橼酸乙胺嗪：用法参照山羊脑脊髓丝虫病。

伊维菌素或阿维菌素：按0.6mL/10kg体重剂量做皮下注射，连用2次，间隔10天再用1次。

手术疗法：针刺开天穴，即可排除虫体。方法：将患畜站立或横卧保定，固定头部，术前用3%毛果芸香碱液点眼，使瞳孔缩小，再用3%~5%盐酸普鲁卡因液点眼麻醉，开张眼睑，左手固定眼球，右手持小宽针或静脉注射针头或眼科穿刺针，针尖长度用线缠至3~5mm深度，沿角膜下周缘，以固定最低位为好，针尖斜向角膜内，轻手急刺，虫体即可随眼房液流出。用小镊子取出虫体后，用3%硼酸溶液清洗，再滴入抗生素眼药水。

中药治疗：①蝉蜕15g、马兰花12g、黄连9g、地骨皮12g、荆芥12g、密蒙花20g、栀子15g、川芎9g、龙胆草9g、甘草9g，共研为末，蜂蜜200g为引，水冲，草饱灌之；②鹰粪1两、朱砂3g、硼砂6g、硇砂6g，共研为极细粉末，用棉纸箩过两次，装瓶，点眼；③硇砂1钱、冰片1钱、煅石膏1两，共为极细粉末，每次2~3份，点在大眼角内，每天2次。

菊花散：菊花、龙胆草、青葙子、草决明、煅石决明、密蒙花、木贼各30g，黄连15g，水煎服。

【预防措施】参照山羊腹腔丝虫病。

——第十章——

山羊常见内科病

第一节　消化系统疾病

一　口炎

口炎即口腔黏膜炎症，临床上以流涎、采食、咀嚼障碍为特征。按病变部位有腭炎、齿龈炎、舌炎、唇炎等。按炎症性质有卡他性口炎、水泡性口炎、溃疡性口炎、蜂窝织炎性口炎、脓包性口炎、丘疹性口炎等。临床上，引起口炎的病原有细菌、病毒及真菌，细菌感染以链球菌和葡萄球菌居多。在机体抵抗力低下，因口腔不洁，细菌大量繁殖，可引起急性口腔黏膜损伤。

1. 诊断

【临床症状】流涎，口腔附有白色泡沫，口黏膜潮红肿胀、疼痛、口温升高等。临床上常见有三种：卡他性口炎主要是唇、齿龈、颊部黏膜肿胀甚至糜烂，大量流涎；水泡性口炎则出现大小不一的水疱；溃疡性口炎有仓黄色或黄绿色糜烂坏死灶。

卡他性口炎：口黏膜弥漫性或斑块状潮红，硬腭肿胀；唇部黏膜黏液腺阻塞时，有散在的小结节和烂斑；舌苔灰白色或草绿色。重症病例，唇、齿龈、颊部、腭部黏膜肿胀甚至发生糜烂，大量流涎。

水泡性口炎：特征症状是出现大小不一的透明水疱，主要分布在唇部、颊部、腭部、齿龈、舌面等。2～4 天后水疱破溃形成鲜红色烂斑，间或有轻微的体温升高。5～6 天痊愈。

溃疡性口炎：齿龈部分肿胀，疼痛，出血。1～2天后，病变部变为仓黄色或黄绿色糜烂性坏死灶。炎症可蔓延至口腔其他部位。且病羊口腔恶臭，流恶涎，常混有血丝。严重时，牙齿会松动和脱落，有败血症症状。

【诊断要点】采食、咀嚼缓慢甚至不敢咀嚼，选择性采食，流涎，口角附着白色泡沫；口黏膜潮红、肿胀、疼痛、口温增高等共同症状，再分别依据其不同临床特征进行鉴别诊断。血常规诊断：若是细菌感染的口腔炎，则炎性白细胞总数升高；对水疱底部组织染色观察，出现多核巨细胞，且细胞核内有嗜伊红病毒颗粒，电镜观察，在细胞核中央可见六角形单纯疱疹病毒。

2. 防治措施

【治疗药物】

治疗原则：消除病因，加强护理，净化口腔，收敛和消炎。

可用1%食盐水或2%硼酸溶液，0.1%高锰酸钾溶液洗涤口腔；不断流涎时，则用1%明矾溶液或1%鞣酸溶液，0.1%氯化苯甲羟胺溶液，0.1%黄色素溶液冲洗口腔。溃疡性口炎，病变部可涂擦10%硝酸银溶液后，用灭菌生理盐水充分洗涤，再涂擦碘酊甘油（5%碘酊1份、甘油9份）或2%硼酸甘油，1%磺胺甘油于患部；并肌内注射核黄素和维生素C。重症还应使用磺胺类药物或抗生素。

将1.5g清凉油放入5mL甲紫溶液中，搅拌充分混合。用其涂抹病畜的口腔黏膜，每天两次，2～3天即可痊愈。

中药治疗：以清热解毒，消肿止痛为主。

方1：青黛15g，薄荷5g，黄连、黄柏、桔梗、儿茶各10g，人中白10g，研为细末，装入布袋内，在水中浸湿，噙于口内（还可吹入或涂牲畜口腔病变部位），给食时取下，吃完后再噙上，每天或隔天换药1次；也可在蜂蜜内加冰片和复方新诺明各5g噙于口内。

方2：煅石膏、煅人中白、雄黄、黄柏、生蒲黄、枯矾各50g，青黛、黄连、冰片各20g，研为细末，过箩备用。

方3：口疮散50g、蜂蜜100g、10%碘酊50mL，调成糊状。病畜患部先用10%盐水冲洗，出去疮痂腹膜，再涂口疮药，每天两次。一般用药2～3天即可痊愈。

方4：冰硼散：冰片15g、硼砂150g、芒硝20g、大黄15g，研成细末，用0.9%氯化钠溶液清洗口腔后吹入冰硼散，每天2次，用以治疗传染性口炎。

方5：用0.2%高锰酸钾溶液冲洗口腔，取蜂蜜黄连药膏（鲜蜂蜜500g，川黄连100g研成粉末熬制）适量，涂擦患部，每天早、晚各1次，连用3~5天即可治愈。若病情较重或体温升高，可配合肌内注射5~10mL黄芪多糖注射液，每天2次，连用2~3天。

【预防措施】注意科学喂养，供给青绿饲料，提高抗病能力。保持口腔卫生，特别在有急性感染时应注意清洗口腔，常用10%生理盐水、2%硼酸溶液、0.1%高锰酸钾溶液等。注意饮食及奶具、乳头的清洁消毒，减少腹泻发生；可服用板蓝根汤，每天1次，连服3天。

二 食道阻塞

食道阻塞即食道被草料或异物所堵塞，导致食道梗阻。是以咽下障碍为特征的疾病。又称食道梗阻，中兽医称“草噎”。

1. 诊断

【临床症状】动物在采食过程中突发，病畜停止采食，骚动不安，哽咽。症状轻时吞咽小心缓慢，流涎，干呕和伸头颈状。严重时极度骚动不安，拒食，头颈伸直，大量流涎，甚至吐出泡沫黏液和血液，呼吸困难，有的伸直窒息急死。

【诊断要点】一旦阻塞，病羊采食停止，头颈伸直，有吞咽和作呕动作；口腔流涎，骚动不安，咳嗽。当阻塞物发生在颈部食道时，局部突起，形成肿块，手触可感觉到异物形状。

胃管探诊：用胃管从口腔插入，检查是否有阻力，从而可推断。

2. 防治措施

【治疗药物】1%~5%水合氯醛，2~4g每次灌肠；0.5%~1%普鲁卡因注射液10mL，液体石蜡50~100mL，经口灌服。发生瘤胃臌气时先穿刺放气，后用2%盐酸普鲁卡因注射液20~40mL，用胃管一次灌服至阻塞物，经15~30min后，用蘸有植物油或液体石蜡的胃管将阻塞物推入瘤胃内。

【特殊治疗方法】

开口取物法：阻塞物塞于咽或咽后时，可装上开口器，保定好病畜，用手直接掏取，或用铁丝圈套取。

胃管探送法：阻塞物在近贲门部时，可先将2%普鲁卡因溶液5mL、液体石蜡30mL混合，用胃管送至阻塞物部位；然后再用硬质胃管推送阻塞物进入瘤胃。

机械破碎法：当阻塞物易碎、表面圆滑且阻塞于颈部食道时，可在阻塞物两侧垫上布鞋底，将一侧固定，在另一侧用木槌敲打，使其破碎，咽入瘤胃。

手术疗法：当锐利异物阻塞于食道，其他方法不能取出时，可进行食道切开术，取出异物。

【预防措施】防止羊偷食未加工的块根饲料；补充无机盐，防止异嗜癖；清理牧场、厩舍周围的废弃杂物。

三 前胃迟缓

前胃迟缓属于中兽医“脾虚慢草”的范围，是消化机能障碍，甚至全身机能紊乱的一种疾病。多由于饲养不良、劳役过度，导致前胃神经兴奋性降低，肌肉收缩力减弱。

1. 诊断

【临床症状】初期饮欲减弱，反刍不足（每分钟低于40次），嗳气酸臭，口色浅白，舌苔黄白，常常磨牙，粪便迟滞，其中混有消化不全的饲料，往往被覆黏液。以后排恶臭稀粪，食欲废绝，反刍停止。有的表现时轻时重，病程较长的则逐渐形体消瘦、被毛粗乱、眼球凹陷、卧地不起、瘤胃按之松软等。

【诊断要点】临床症状为食欲减退或废绝，反刍不规则。山羊瘤胃蠕动次数减少、音减弱，触诊不坚硬。先便秘后腹泻或两者交替发生。便秘时粪球小，色黑而干硬。拉稀时排出糊状粪便，散发腥臭味。后期精神沉郁，消瘦，鼻镜干燥、龟裂，食欲、反刍停止，全身衰竭，脱水、酸中毒、卧地不起，病情危重。

瘤胃液pH下降至5.5或更低，少数升至8.0或更高（正常值为6.5~7.0），瘤胃内纤毛虫减少甚至消失（正常值为每毫升100万个）。纤维素消化试验，可用系有锤的棉线悬于瘤胃液中进行厌气温浴，如果棉线被消化断离的时间超过50h，证明消化不良，便可以确诊。

2. 防治措施

【治疗药物】

西药治疗：

方1：5%葡萄糖氯化钠溶液1000mL，5%碳酸氢钠200mL，维生素C 100mg，10%安钠咖20mL，一次静脉注射；庆大霉素80万单位，肌内注射；维生素B_1 100mg，脾俞穴注射。

方2：10%葡萄糖500mL，0.9%氯化钠500mL，5%碳酸氢钠20mL，维生素C 60mg，10%安钠咖10mL，静脉注射；庆大霉素10mL肌内注射；维生素B_1 10mL肌内注射。

方3：10%氯化钠100mL，5%的葡萄糖500mL，5%氯化钙20mL，10%安钠咖10mL，一次静脉滴注；庆大霉素10mL肌内注射；维生素B_1 10mL肌内注射。

中药治疗：按照补脾益胃，消食理气原则进行治疗。

方1：健脾散（党参50g，白术40g，茯苓40g，干姜50g，甘草20g，陈皮30g，山药50g，肉豆蔻40g，神曲、山楂、麦芽各50g），共研末，开水冲，候温灌服。

方2：党参、黄芪各60g，白术50g，炙草20g，三棱、莪术、枳实、厚朴、莱菔子各40g，陈皮30g，槟榔100g，牵牛子50g，炒山楂、炒麦芽、神曲各100g，水煎取汁2000mL，加入液体石蜡1000mL，一次灌服。

方3：党参、黄芪各9g，白术6g，炙草3g，柴胡、升麻、陈皮、三棱、莪术、枳实、厚朴、莱菔子、牵牛子各6g，炒山楂、炒麦芽、神曲、槟榔各9g，水煎取汁500mL加液体石蜡500mL，一次灌服。

【预防措施】加强饲养管理，防止过食易于发酵的草料。初夏放牧时，应先喂部分干草再去放牧青草，禁止在雨天或在霜雪未化的地方放养。合理使役，及时治疗原发病。当有气胀消后，当日勿喂或少喂，待反刍正常，再恢复常量，要饮以温水。

四 瘤胃积食

瘤胃积食又称为急性瘤胃扩张、瘤胃食滞、瘤胃阻塞、急性消化不良，中兽医称为宿草不转。指瘤胃内积聚过量难以消化或膨胀的食物，并停滞于瘤胃内致使瘤胃壁扩张、瘤胃容积变大、食物消化障碍，从而导致瘤胃运动机能及消化功能紊乱的疾病。多发于寒冬或早春季节。

1. 诊断

【临床症状】病初，病畜精神不安，目光呆滞，食欲、反刍、嗳气减少甚至废绝。病畜不安，拱背站立，回顾腹部或后肢踢腹，间或不断起卧，腹围显著增大。触诊瘤胃，病畜表现敏感，内容物坚实或黏硬；叩诊呈浊音；听诊，瘤胃蠕动音减弱或消失。病初不断做排粪姿势，排出少量、干硬带有黏液的粪便，有的会排褐色恶臭的少量稀粪。尿少或无尿，鼻镜干燥，呼吸困难，结膜发绀。后期，因有毒物的出现，病畜呈现脱水及心力衰竭症状。

【诊断要点】根据病史和临床症状，如采食过多、腹围增大、左侧瘤胃上部胀满、中下部向外突出；按压瘤胃，内容物坚实或黏硬；听诊，瘤胃蠕动力量减弱，蠕动次数减少等即可做出诊断。

【病理剖检】剖检可见各实质器官瘀血，其内含有气体和大量腐败内容物，胃黏膜潮红，有散在出血斑点；瓣胃叶片坏死。

2. 防治措施

【治疗药物】

治疗原则：恢复前胃运动机能，促进瘤胃内容物排除，消食化积，防止腐败发酵，防止脱水和自体中毒。

饥饿疗法：轻度发病的，可禁食 2～3 天，内服酵母粉 250～500g（或神曲 400g），有明显效果。

清肠消导：对于较严重的积食病例，可用硫酸钠（硫酸镁）300～500g、植物油 500～800mL、鱼石脂 20g、酒精 50mL，温水适量，一次内服，羊用量酌减；也可用1%温食盐水进行洗胃，达到排除积食目的，减轻胃肠负担。严重积食时，可采用手术切开瘤胃，取出大量积食。

增强瘤胃蠕动：可用 10%的氯化钠注射液 100～300mL、10%的安钠咖 10mL，混合一次静脉注射，羊用量酌减；也可以用维生素 B_1 20～30mL 一次肌内注射，每天 2 次，连用 3 天；或硫酸新斯的明（牛 10～20mg，羊 2～5mg）一次肌内注射。

对症治疗：对于有脱水、自体中毒的病例，可用 5%的葡萄糖生理盐水注射液 1500～2000mL、20%的安钠咖注射液 10mL，5%维生素 C 注射液 20mL，混合一次静脉注射。若出现酸中毒时，可内服苏打 30～50g、常水适量，或静脉注射碳酸氢钠注射液 200～300mL。若出现瘤胃胀气，可在左侧肷窝部进行穿刺放气。

泻下法：胃管插入，在外口装漏斗，缓缓倒入温水（35℃）6000～8000mL，加泻药（蓖麻油、食用油）等 500～1000mL，每天 2 次，一般 2～4 次痊愈。吐酒石 8～10g，加大量水灌服；人工盐 200g、大黄酊 80mL、橙皮酊 80mL，加水一次灌服。

中药治疗：和胃消食，破结除螨原则。

方 1：山楂 60g、建曲 80g、槟榔 40g、枳壳 50g、青皮 50g、厚朴 40g、木香 30g、刘寄奴 30g、木通 40g、茯苓 40g、甘草 10g，煎水内服。

方 2：大黄 60g、枳实 60g、厚朴 90g、槟榔 60g、茯苓 60g、白术 45g、青皮 45g、麦芽 60g、山楂 120g、甘草 30g、木香 30g、香附 45g，共为末，开水冲，一次服。

方 3：莱菔子 250g、菜油 150g 调匀灌服，后用 2～3L 清水灌服。

方 4：山楂、麦芽、神曲、槟榔、枳实各 60g，厚朴、青皮、木香各 30g，萝卜干 120g，水煎灌服。

方 5：大蒜 200g，炒莱菔子 300g，人工盐 100g，豆油 600g。将蒜捣碎，萝卜子研末，混合豆油和人工盐加温水内服，可起到消食开胃、消积导滞之功效。

方 6：椿皮 60～90g，柴胡 20～25g，常山 20～25g，莱菔子 60～90g，枳实 30g，甘草 15g，水煎或研成细末，对体质壮实的患畜灌服。

方 7：茯苓 30g、木香 15g、厚朴 15g、刘寄奴 30g、木通 18g、神曲 18g、枳壳 30g、槟榔 30g、青皮 18g、山楂和甘草各 30g，水煎，候温灌服。

方 8：厚朴 60g、大黄 100g、枳实 80g、牵牛子 40g、槟榔 100g、芒硝 350g，将上述前五味药水煎 2 次，溶化芒硝内服，连用 3 天。

【预防措施】应搞好饲料管理，做到饲喂有规律，防止家畜过食、偷食，避免大量纤维干硬饲料的供给。尽量放养，补充足够水分，尽量减少应激对动物的影响。

五 瘤胃臌气

山羊过食易于发酵的大量饲草（如露水草，带霜水的青绿饲料，开花前的苜蓿、马铃薯叶以及已发酵或霉变的青贮饲料等引起，也有的是由于误食毒草或过食大量不易消化的豌豆、油渣等引起），这些饲料在胃内迅速发酵，产生大量气体，因而引起急剧膨胀，引起前胃神经反应性降低、肌肉收缩力减弱。

1. 诊断

【临床症状】急性瘤胃臌胀，通常在采食不久后突然发病。腹部迅速膨大，左肷窝明显突起，严重者高过背中线。呼吸急促甚至头颈伸展，张口呼吸，呼吸数增至60次/min以上；反刍和嗳气停止，食欲废绝，回顾腹部。叩诊呈鼓音；瘤胃蠕动音初期增强，常伴发金属音，后减弱或消失。心悸、脉率增快，可达100次/min以上。疾病后期，羊出现心力衰竭，血液循环障碍，静脉怒张，呼吸困难，黏膜发绀；站立不稳，步态蹒跚甚至突然倒地痉挛、抽搐，最终因窒息和心脏停搏而死亡。

慢性瘤胃臌胀，多为继发性瘤胃臌胀。瘤胃稍显膨胀，时而消长，常为间歇性反复发作，极易复发。

【诊断要点】患畜有采食大量易发酵饲料病史。腹部膨胀、左肷部上方凸出，触诊紧张而有弹性，不留指压痕，叩诊呈鼓音。瘤胃蠕动先强后弱，最后消失。体温正常，呼吸困难，血循环障碍。瘤胃腹囊黏膜有出血斑，角化上皮脱落。头颈部淋巴结、心外膜、颈部气管充血和出血；肺脏、浆膜下充血，肝脏和脾脏呈贫血状。有的瘤胃或膈肌破裂。

2. 防治措施

【治疗药物】

原则：排气减压，制止发酵，恢复瘤胃的正常生理功能。

穿刺放气：膨气严重的病羊要用套管针进行瘤胃放气。膨气不严重的用消气灵10mL，液体石蜡150mL，加水300mL，灌服。

内服防腐止酵药：将鱼石脂20~30g、福尔马林10~15mL、1%克辽林20~30mL，加水配为1%~2%溶液，内服。

促进嗳气，恢复瘤胃功能：向舌部涂布食盐、黄酱。静脉注射

10%氯化钠500mL，内加10%安钠咖4～8mL。

补钙：对妊娠后期或分娩后高产病羊，可1次静脉注射10%葡萄糖酸钙50～150mL。

中药治疗：

方1：炒莱菔子15g，枳实、木香、青皮、小茴香各35g，玉片（槟榔）17g，二丑27g，共为末，加清油300mL，大蒜60g（捣碎），水冲服。

方2：木香30g，厚朴、陈皮各10g，枳壳、藿香各20g，乌药、小茴香、青果（去皮）、丁香各15g，共为末，加清油300mL，水冲服。

方3：液体石蜡100～200mL（或植物油50～100mL），胃复安片0.1～0.3mg/kg，米苏儿2～5mL，加水200～400mL，灌服（用于非泡沫性瘤胃臌气）。

方4：消胀片20～30片，鱼石脂酒精溶液（鱼石脂1～5g、75%酒精2～10mL，温水加热至200～400mL），胃管灌服。

方5：党参、白术、茯苓、青皮、陈皮、木香、砂仁、莱菔子、干草各30～45g，研末，分成6份，每次1份，加水灌服，每天1～2次，连用3～6天。

方6：莱菔子90g、枳壳30g、大黄60g、芒硝120g、香附24g、川朴24g、青皮30g、木通18g、滑石45g，研末，分6份，每次1份，加水灌服，每天1～2次，连用3～6天。

【预防措施】本病的预防要着重搞好饲养管理，如限制放牧时间及采食量；管理好畜群，不让牛、羊进入到苕子地，苜蓿地暴食幼嫩多汁豆科植物；不到雨后或有露水、下霜的草地上放牧。舍饲育肥动物，应该在全价日粮中至少含有10%～15%的铡短的粗料（最好是禾谷类秸秆或青干草）。

六 创伤性网胃炎

由于尖锐金属异物混入饲料中被误食入网胃，机械损伤网胃，引起网胃炎症。临床上以顽固性前胃迟缓、瘤胃反复臌胀、消化不良、网胃区敏感性增强为特征。

1. 诊断

【临床症状】初期：病畜精神沉郁，食欲、反刍突然减少或消失，前胃迟缓，有的出现异嗜，瘤胃运动减弱，反刍缓慢，不断嗳气，常呈周期性瘤胃臌气。肠蠕动音减弱，有时发生顽固性便秘，后期下痢，粪便恶臭。由于网胃疼痛，病羊有时突然起卧不安。久病不愈：病畜站姿异常，拱背，前高后低，头颈伸展，眼睑半闭，两肘外展，病畜不愿行走等。

【诊断要点】

病史特点：调查畜主饲养环境，看看是否有异物食入，如铁钉、铁丝、钢丝、缝衣针、注射针头或别针等。

临床症状特征：姿态与运动异常，站姿异常，拱背，前高后低，头颈伸展，眼睑半闭，两肘外展；病畜不愿在硬地上行走等；起卧常极为小心，肘部肌肉颤动，常躺卧；顽固性前胃迟缓，有时发生顽固性便秘，后期下痢，粪有恶臭等。

触诊：强力触诊网胃区（剑状软骨部），病畜躲闪，疼痛呻吟。必要时可结合X光检查确诊。

血液学检查可发现白细胞总数增多，嗜中性白细胞增多，核左移等。

2. 防治措施

【治疗药物】手术法：采用瘤胃切开术，取出异物。术后注意抗菌消炎。

病羊置于前高后低处；用抗菌药，青霉素300单位、链霉素4～5g，1次肌内注射，每天3次，连续注射3～5天。生理盐水500mL，青霉素320万单位，链霉素100万单位，2%普鲁卡因注射液10mL，右侧肷窝部腹腔注射，每天2次，连用7天，一般3天见效。

【预防措施】不要把饲料乱堆乱放，避免铁丝、杂物混入饲料。瘤胃投放强力磁棒，定期吸出瘤胃中的铁质异物。

七 瓣胃阻塞

瓣胃阻塞，即瓣胃秘结，中兽医称为“百叶干”。由于前胃蠕动机能障碍，瓣胃收缩力减弱，胃内食物不能及时排出，致使瓣胃内食糜积蓄于瓣叶之间，水分被充分吸收而变干，引起瓣胃容积变大、变硬，腹部胀满和无粪便排出等，导致严重的消化不良。

1. 诊断

【临床症状】初期，精神沉郁，食欲不振，瘤胃轻度膨胀，便秘，蠕动音减弱或消失。随着病情进一步发展，鼻镜干燥、龟裂，粪便呈算盘珠样或栗子状。呼吸、脉搏加快，体温升高。严重时可出现自体中毒、心力衰竭等导致死亡。

【诊断要点】根据临床症状，鼻镜干燥，粪便干硬、呈算盘珠或栗子状。在右侧第7~9肋间肩关节水平线上触诊敏感。必要时刻结合瓣胃穿刺进行诊断。

2. 防治措施

【治疗药物】

治疗原则：增强前胃运动机能，促进瓣胃内容物的排出。

20%的硫酸钠液30~40mL，液体石蜡100mL，土霉素1~2g，1次注射（右侧第9肋间与肩关节水平线相交点，略向前下方刺入4cm）。10%氯化钠100~200mL、20%安钠咖5~10mL，静脉注射。

硫酸镁（钠）40~100g、液体石蜡100~200mL、植物油100~200mL，内服。

液体石蜡（植物油）50~100mL，加水200~300mL，或用9%硫酸镁（硫酸钠）溶液200mL，直接注入瘤胃。

中药治疗：

方1：藜芦60g、常山60g、二丑60g、当归80g、川芎60g、滑石90g，水煎候温灌服，每天1剂，连用3天。

方2：液体石蜡1000mL、蜂蜜250g，水煎后加滑石30g，分2~3次内服。

方3：大黄9g、芒硝9g、千金子9g、郁李仁9g、二丑6g、厚朴6g、枳壳6g、大戟6g、甘遂6g、滑石6g，煎水去渣，加植物油50g、蜂蜜50g灌服。

【预防措施】多喂青贮饲料和青绿饲料，少喂粗饲料，给予足够的饮水。保证羊群的营养平衡，并配合适当的运动，促进胃肠蠕动和消化正常。

八 真胃阻塞

真胃阻塞又称皱胃阻塞，亦称皱胃积食。主要因迷走神经调节机能紊乱引起。皱胃内容物停滞并积累，导致胃体积增大，胃黏膜及胃壁发炎，食物不能进入肠道。可引起消化机能极度紊乱、自体中毒和脱水，常常导致死亡。临床特征为胃肠蠕动停止，触诊右侧下腹部坚硬且有痛感，后期病畜不能排便。

1. 诊断

【临床症状】病畜精神沉郁，食欲减退，肚腹显著增大，肠音微弱，排粪量少或停止排粪，粪便干燥且带有多量黏液或血丝、恶臭。左腹皱胃区增大，触摸皱胃坚硬。瘤胃积液，冲击触诊有波动感。左侧倒数1~5根肋骨弓叩诊有钢管音。该病病程缓慢。

【诊断要点】调查病畜既往史，有无采食异物的可能。根据临床症状可确诊。

2. 防治措施

【治疗药物】

消积化滞：早期，可使用硫酸钠12g、植物油50mL、甘油30mL、生理盐水100mL，混合真胃注射。忌用泻药。病初期，可用25%硫酸镁溶液50mL、液体石蜡30mL、生理盐水100mL，混合真胃注射。10h后，可用胃肠兴奋剂，如氨甲酰胆碱注射液0.05mg/kg，少量多次皮下注射，若发生腹膜炎，肌内注射青霉素、链霉素。中期，可用10%氯化钠20mL、20%安钠咖3mL、5%葡萄糖生理盐水150mL，静脉注射。维生素C 1~2mL肌内注射，同时可用抗生素。

手术疗法：如果使用以上方法均无效者，可切开瘤胃，取出内容物，冲洗瓣胃和皱胃。

中药治疗：按照补气生血、活血化瘀、消积导滞原则进行治疗。

方1：大黄9g，当归（油炒）12g，芒硝10g，生地、郁仁各3g，桃仁、三棱、莪术各2.5g，煎成水剂，候温加液体石蜡50mL，一同灌服，连用3天。

方2：加味通腑导滞汤，当归15g、肉苁蓉15g、滑石15g、芒硝10g、麻仁12g、郁李仁12g、柏子仁12g、大黄20g、二丑10g、大戟8g、甘遂8g、赤芍10g、桃仁8g、丹参10g、液体石蜡50mL，除滑石、芒硝、液体石蜡外，所有药物水煎候温，之后加入芒硝、滑石和液体石蜡混匀，灌服，每天2次，连用3天。

【预防措施】加强饲养管理，供给优质饲料，给予充足的饮水。合理搭配饲料，给予均衡营养的饲料并定时定量饲喂，防止异食癖。保证羊舍和堆放饲料环境的卫生。

九 胃肠炎

胃肠炎即为胃肠壁表层和深层组织的炎症。在临床上，胃炎和肠炎常伴随发生，故称为胃肠炎。临床上以食欲减退或废绝，体温、脉搏、呼吸呈上升趋势，腹泻脱水，腹痛等为特征。多以山羊采食霉变腐烂草料、精饲料，或者饲料中混油刺激性药物，如磷酸钙、蓖麻油或芦荟等；羊群经过长途运输，卫生条件差，天气突然变化，过度紧张和疲劳等均可引起胃肠炎的发生。

1. 诊断

【临床症状】胃肠炎有急性和慢性两种。共同临床症状为：精神沉郁，食欲不振，感染后发生腹泻、腹痛、发热等。同时并发腹泻和呕吐，羔羊出现严重脱水，患病羊出现鼻镜干，不食，反刍消失，瘤胃蠕动减弱，肠音增强，尾根周围有腥臭稀粪，带有血液、黏液及脱落的肠道黏膜；呼吸加快，体温多为39.4~40.5℃，腹痛等表现。

急性胃肠炎：食欲减退或废绝，口臭。腹痛，肌肉震颤，肚腹蜷缩。病初，肠音增强，随后减弱或消失。温度、心率、呼吸都升高或变快；血液浓稠且尿液减少。

慢性胃肠炎：有异嗜、便秘、腹痛等症状，体温、脉搏、呼吸无明显变化，食欲不振，消化不良，粪便中常有未消化饲草，患羊逐渐消瘦。

【诊断要点】根据病史和临床症状可做出诊断。可从初期的急性消化不良，逐渐转为胃肠炎。主要从肠音由强变弱，或消失；不断排稀粪或水样粪便，气味腥臭，组织脱水，皮肤弹性下降等可确定诊断。

2. 防治措施

【治疗药物】

治疗原则：消炎，补液，纠正酸中毒。

抑菌消炎：内服诺氟沙星（1mg/kg）或环丙沙星（0.2~

5mg/kg）、乙基环丙沙星（2.5～3.5mg）、左氧氟沙星氯化钠（0.4g）等抗菌药物；磺胺咪5～8g、小苏打3～5g、药用炭6g、硝酸铋3g，加水内服，链霉素50万单位/次、卡那霉素0.01g/kg体重内服。

补液治疗： 5%葡萄糖氯化钠溶液100～300mL、1%～3%碳酸氢钠50mL、维生素C 100mg，混合静脉注射，每天1次。

清理肠胃： 液体石蜡（植物油）100mg、鱼石脂5g、酒精50mL，内服。

给予止泻药： 药用活性炭10～25g加适量水内服或鞣酸蛋白2～5g，加水适量内服。

强心治疗： 20%安钠咖2～10mL，皮下或肌内注射，连用3天。

中药治疗： 可采用以下中药方剂进行治疗。

方1： 白头翁12g，秦皮各9g，黄连、木香、黄芪、大黄、栀子各3g，茯苓、泽泻、山檀各6g，水煎候温灌服，每天1剂，连用3天。

方2： 黄连4g、黄芩10g、黄柏10g、白头翁6g、枳壳9g、砂仁6g、猪苓9g、泽泻9g，水煎候温灌服，每天2次，连用3～5天。

方3： 郁金10g、黄连3g、白头翁10g、白芍10g、栀子9g、炙诃子7g，水煎，去渣灌服，每天1剂，连用3～5天。

【预防措施】搞好饲养管理工作。搞好饲料堆放环境卫生，去除杂有毒、刺激、腐蚀特性的物质；对羊群定期进行预防接种和驱虫工作。

十 肠套叠

肠套叠是常见急性肠梗阻之一。其是一段肠管伴同肠系膜套入与之相连续的另一段肠管内，使得双层肠管壁重叠，从而引起剧烈腹痛的疾病。常发生于绵羊。

1. 诊断

【临床症状】病羊精神沉郁，反刍停止，食欲消失，体温正常或略偏高，鼻镜干燥，心音减弱。初期，病畜喜卧地。腹痛使得病畜表现出拱背、磨牙、伸懒腰、踢腹、回望等行为。有时呈分娩状，两后肢或一肢向同一侧方向伸直。1～2天后，病羊腹部仍不缩小，肠蠕动音减弱或停止，刚开始排干粪；2～4天后，体温升高，病畜眼结膜变成蓝紫色，起卧不安，努责明显，排出带血的黏液，直肠检查，宿粪稀软、酸臭。后期，呈黑褐色、黏稠、恶臭。5～7天后，病畜呼吸困难，瘤胃臌气，肠音消失，因衰竭而死。

【诊断要点】根据临床症状，如病畜胃肠蠕动音消失，不时伸腰，努责。腹部触诊，将羊右后肢拉直，用右手在左肷部及下腹壁逐一触压，病羊出现皮肤肌肉震颤的压痛反射。将两者结合即可初步确诊。

2. 防治措施

【治疗措施】

早期的治疗措施：①非手术法。让羊仰卧，在腹部用拳头以适当的力度压迫按摩，从前往后，从后往前，从上到下，从左到右，从右到左反复进行推挤，尤其在痛点明显的部位。让羊站立，左右两侧进行由前向后、由后向前推挤，待病羊进行短暂剧烈运动，如跳跃、挣扎，可促进肠管复位。**②直肠充气治疗法。**将消毒的胃导管涂上润滑油插入羊直肠20～25cm，外开口接上打气筒，朝管内慢慢打气。腹部微微膨胀后，取出导管，在患羊腹部两侧轻轻揉动，使气体串通，冲开肠套叠段。待肠音响亮，肛门排气即可。用手紧闭羊的鼻口数分钟，促使羊挣扎，也有可能矫正套叠肠段。

晚期治疗措施：①手术法。病羊左侧横卧保定，麻醉（40%酒精40～60mL静脉注射，1%奴夫卡因做术部皮下浸润麻醉等）。在右侧肷部中央剃毛消毒。切开腹部，取出肠套叠段并切除病肠段。两健康端用37～38℃ 0.1%雷夫奴尔液和生理盐水充分消毒清洗缝合。确认肠管通畅无漏缝后，消毒并在吻合部撒青霉素，放入腹腔，缝合刀口，系绷带。**②术后护理。**术后对病畜单独饲养，保持畜舍卫生，给予足够的饮水，肌内注射氨苄西林3～5天，也可静脉输入葡萄糖，7天后拆线即可群养。

【预防措施】加强饲养管理工作，尽量饲喂优质饲料，防止病畜采食冷冻、刺激、变质饲草。避免羊群剧烈运动，如跑步、打斗、跳跃等。注意畜舍的环境卫生，定期清扫，保证圈内干燥。定期对羊群驱虫，可预防肠道寄生虫病。

第二节　呼吸系统疾病

一 感冒

感冒又称鼻卡他，即伤风，是上呼吸道及附近窦腔发生的炎症，绵羊和乳用仔山羊最易发生此病。本病是一种轻微的呼吸道疾病，但粗心大意、不及时救治就可能引起喉头、气管及肺的严重并发症。

1. 诊断

【发病原因】由于受凉，尤其在天气湿冷和气候发生急剧变化时，最易发病。羊在剪毛或药浴以后，常因受凉而在短时间内发病。如果羊患有其他呼吸道疾病，比如喉炎、气管炎、肺炎等，也会有相似临床症状。山林中的烟、饲料及饲槽的灰尘、热空气、霉菌、孤尾草等，均可发生刺激而引起感冒。乳用仔山羊的感冒常在天热时呈流行性出现，主要是由于热空气的刺激，尤其羊舍拥挤的，易发生本病。患羊鼻蝇蛆病时，常会显出鼻卡他的症状。发生于长距离运输之后，当羊群进行远距离运输时，会出现较强的应激反应，导致自身机体抵抗能力下降，进而引发此病。在冬春季节，气候突然改变，或在放牧过程中被雨水突然淋湿，均可导致羊感冒。

【临床症状】最明显的症状是鼻孔分泌物，开始时呈透明的清液，以后变为黄色黏稠的鼻涕；病羊精神不振，食欲减退；常打喷嚏、擦鼻、摇头、鼻镜发干、眼结膜充血、羞明流泪、反刍停止、发鼻呼吸音，体温稍有升高。鼻黏膜潮红肿胀，呼吸困难，常有咳嗽。一般都有结膜炎并发。耳尖、鼻端发凉，肌肉震颤，口舌青白，舌有薄苔，舌质变红，呼吸加快，脉搏细数。听诊肺区肺泡呼吸音增强，时有啰音，鼻腔检查时鼻黏膜充血、肿胀，鼻部敏感。通常为急性过程，病程 7～10 天，如果变为慢性，病期可以大为延长。

【诊断要点】根据受寒病史或临床症状即可做出诊断。

2. 防治

【治疗措施】

西药治疗：

1）病初以解热镇痛为主。可肌内注射复方氨基比林 5～10mL 或 30% 安乃近 5～10mL，也可使用复方奎林、百尔定以及穿心莲、柴胡、鱼腥草注射液等药剂。为了防止继发感染，可同时使用抗生素。用复方氨基比林10mL、青霉素160万国际单位、硫黄链霉素500mg，加生理盐水10mL，肌内注射，每天两次。

2）病情严重者可静脉注射青霉素320万国际单位，同时配以皮质激素类药物如地塞米松等治疗。内服感冒通，每次2片，每天3次。

3）应用收敛消炎剂：先用1%~2%明矾水冲洗鼻腔，然后滴入鼻净或滴鼻液：1%麻黄素10mL、青霉素20万国际单位、0.25%普鲁卡因40mL；便秘时，可用硫酸钠80~120g，加水1500mL，1次灌服。

中药治疗：

风寒感冒：表现为畏寒，鼻流清涕，鼻汗时有时无，口流清涎，舌质软，口色浅红。①可用紫苏散治疗。紫苏18g、防风20g、桔梗20g、黄皮叶40g、鸭脚木40g，煎水灌服；②荆芥败毒散。荆芥6g、防风6g、羌活5g、独活5g、柴胡5g、前胡5g、枳壳5g、桔梗5g、茯苓6g、川芎5g，共研为细末，开水冲调候温灌服，每天1剂，连用3~5天。

风热感冒：表现为体温升高，口渴饮水，鼻流黄涕或脓涕，鼻镜干燥，口腔发热，舌紧缩，口色红赤。可用银翘散治疗（金银花6g、连翘6g、淡豆豉5g、荆芥6g、薄荷5g、牛蒡子5g、桔梗5g、淡竹叶5g、芦根6g、生甘草5g），共研为细末，开水冲候温灌服，每天1剂，连用3天；若病羊发热重者则另加栀子6g，黄芩6g；若病羊口渴甚者则另加天花粉6g。

【预防措施】将病羊隔离，保持圈舍温暖，避免贼风吹袭，给予清洁饮水和饲料，喂以青苜蓿或其他青绿饲料。如果认真护理，可以避免继发喉炎及肺炎。

二 喉炎

喉炎是喉头黏膜的炎症，是以剧烈咳嗽和喉头敏感为特征的一种上呼吸道疾病。

1. 诊断

【发病原因】喉炎主要是由于受寒感冒引起的上呼吸道继发感

染，羊药浴之后受凉，淋雨、尘埃、烟雾或刺激性气体等均可刺激上呼吸道发病。喉炎也可由临近器官炎症蔓延而来或继发于某些疾病，如鼻炎、气管和支气管炎、咽炎、羊痘、羊坏死杆菌或化脓放线菌感染等。

【临床症状】剧烈咳嗽，尤其是饮冷水、采食干料、吸入冷空气以及用手捏喉部时，咳嗽加重，可听见短促干燥的咳嗽声。该病初期主要临床症状为干而痛的咳嗽，声音短促，疾病进一步发展后则变成湿而长的咳嗽。有的病羊在咳嗽时有分泌物排出，一般是清亮的，严重的有黏稠的或化脓性的鼻液。其次，病羊体温升高，可达40℃以上。手摸病羊喉部，或轻敲喉部，病羊表现为频频躲闪，大声嘶叫，并伴发急促的咳嗽。如果病羊喉部发生水肿，则其喉腔会变窄，病羊会出现呼吸困难，表现为剧烈呼吸并伴有喘鸣声，可视黏膜发绀，若进一步发展，病羊可在3~7天内死亡。

【诊断要点】根据临床症状特征，如剧烈的咳嗽，尤其触诊其喉部可发生连续性干咳，听诊喉部可有水泡音或“丝丝”声，但需与咽炎区别诊断。

2. 防治措施

【治疗措施】

西药治疗：对喉部进行封闭疗法以缓解病羊疼痛，用0.25%的普鲁卡因20mL加青霉素80万国际单位，对病羊喉部进行3~4次注射，直至注射完毕为止，每天2次。

如果发现病羊鼻有分泌物，可压迫喉囊将其排出，也可将病羊头部放低使其自然排出。如果喉部有大量浓汁蓄积不易排出时，可施行喉囊穿刺术。如果发现干啰音、咳嗽剧烈的，应及时内服祛痰镇咳药，碳酸氢钠3g、氯化铵1g、茴香粉3g，一同灌服。

中药治疗：牛蒡子25g、大黄25g、元明粉35g、连翘20g、黄芩20g、山栀子20g、贝母15g、薄荷15g、板蓝根35g、天花粉35g、山豆根25g、麦冬25g。用法：共为末，开水冲调，以鸡蛋清4个为引，一次灌服，每天2次，连用3天。

【预防措施】将病羊放在气温适宜、通风良好、干燥洁净的圈舍，饲喂营养丰富易于消化的饲料，提供清洁的温热的饮用水。防止羊感冒，做好药浴或剪毛后的保暖措施。

三 支气管炎

支气管炎是支气管黏膜表层或深层的炎症，典型临床症状为咳嗽、流鼻涕、听诊肺部有啰音。在春秋气候多变季节容易发生此病，按病程可分为急性和慢性支气管炎两类。

1. 诊断

【发病原因】受寒感冒时容易发生急性支气管炎，如由早春晚秋气候多变，昼夜温差大，淋雨，剪毛和药浴等引起的感冒。一些刺激性气体或异物也可导致发生支气管炎，如尘埃，霉菌孢子，空气中的氨气、浓烟、毒气等。羊支气管炎也可继发于其他疾病，如流感、口蹄疫、羊痘、肺丝虫病等，亦因投药不当而使食物或药物进入气管，刺激支气管黏膜而发生炎症。

慢性支气管炎多由急性支气管炎转化而来，常常是由于延误了急性支气管炎的治疗而变成慢性的，也可由心脏瓣膜病、肺结核、肺蠕虫病、肺气肿、肾炎等继发而得。

【临床症状】

急性支气管炎：主要症状是咳嗽。肺部听诊，可听见肺泡呼吸音增强，并伴有干啰音和湿啰音出现，通过用手轻捏病羊气管，可出现声音高亢的连续性咳嗽。全身症状较轻，体温一般正常，有时有轻度的升高，X 线检查肺纹理增粗。病初支气管黏膜充血肿胀，没有炎性渗出物，表现为短促、疼痛的干咳，之后逐渐转为湿咳，疼痛减轻。鼻腔流出大量的鼻涕，开始为清亮透明的，后变为黏液性的或化脓性的。随着病症的加剧，炎症发展到细支气管，此时全身症状加重，体温很快升高，呼吸频率加快，甚至出现极度呼吸困难，可视黏膜呈青紫色，肺部听诊时，可听到干啰音、捻发音和小水泡音。

慢性支气管炎：主要呈持久性咳嗽。咳嗽时间可长达几个月，甚至几年，常在气温剧变、活动、进食、夜间、早晚气温较低时出现剧烈的咳嗽。肺部叩诊时早期没有异常现象，如果继发肺气肿时叩诊会出现清音和肺缘后移，听诊有啰音。全身症状在早期病程中不明显，体温也正常，后期由于支气管间结缔组织增生，支气管腔变狭窄而出现呼吸困难，可视黏膜发绀。长此下去，病羊食欲不振，疾病消耗，逐渐消瘦，贫血，极度衰竭死亡。

【诊断要点】临床上出现咳嗽、流鼻液、肺部出现干或湿啰音等典型的呼吸道症状，再结合病羊患病史，即可做出初步诊断。

2. 防治措施

【治疗措施】

西药治疗：

① 祛痰。灌服氯化铵 1～2g，吐酒石 0.2～0.5g，碳酸铵 2～3g，也可肌内注射 3% 盐酸麻黄素 1～2mL；口服氨茶碱0.8～1.2g，每天 3 次，连用 3 天。

② 抗菌消炎。选用 10% 磺胺嘧啶 10～20mL 肌内注射，也可内服磺胺嘧啶，剂量为 0.1g/kg，每天 3 次。肌内注射青霉素 20 万～40 万国际单位加链霉素 0.5g，每天 3 次。

③ 慢性支气管炎常用治疗处方。异丙嗪 0.1g、人工盐 20g、复方甘草合剂 10g，一次灌服，每天 1 次，连用 1～2 次。

中药治疗：

方 1：枇杷叶 6g，知母 6g，贝母 6g，冬花 8g，桑皮 8g，阿胶 6g，杏仁 7g，桔梗 10g，葶苈子 5g，百合 8g，百部 6g，甘草 4g。煎汤，候温灌服，每天 1 剂，连用 3 天。

方 2：紫苏、荆芥、前胡、防风、茯苓、桔梗、生姜各 10g，麻黄 5～7g，甘草 6g，水煎，候温灌服，每天 1 剂，连用 3～5 天。

方 3：麻黄 15g，荆芥 15g，桔梗 30g，杏仁 20g，白前、紫菀、陈皮、百部、苏子、当归、甘草各 15g。水煎候温灌服，每天 1 剂，连用 3 天。

【预防措施】加强饲养管理，用营养丰富和易于消化的饲料饲喂病羊，给予清洁的饮水，圈舍在冬天要做好防寒工作，经常清洁，防止贼风侵袭以避免受寒感冒。

四 肺炎

肺炎是由多种致病因素引起的肺实质炎症，这些原发致病因素包括细菌、病毒、寄生虫、吸入性异物等，也可由上呼吸道疾病蔓延而来。各种羊均可患此病，其中以绵羊发病引起的损失较大，尤其是羔羊较为多发。

1. 诊断

【发病原因】

感冒：圈舍潮湿、闷热，天气突变，寒流侵袭，通风不良并有贼风侵袭等均可导致感冒，如果护理不当，救治不愈，即可发展为肺炎。

病原菌：当羊抵抗力下降时，条件病原菌就会乘虚而入，如巴氏杆菌、链球菌、化脓放线菌、坏死杆菌、绿脓杆菌、葡萄球菌等。

异物刺激：吞咽障碍如口炎、咽炎、食道阻塞等造成食物、唾液误入呼吸道而引起本病。灌药时操作错误将药物投入肺内，临床上各种异物进入肺内，即导致异物性肺炎。

寄生虫：如肺丝虫病，由于肺丝虫迁徙时的机械作用，损伤肺组织而发生肺炎。

继发病：多种病如口蹄疫、放线杆菌病、子宫炎、乳房炎等可继发此病，此外还有羊鼻蝇、肋骨骨折、创伤性心包炎等也可继发次病。临床肺炎可分为小叶性肺炎、大叶性肺炎和异物性肺炎三类。

【临床症状】

小叶性肺炎：疾病初期，表现为急性支气管炎症状，即干、短的疼痛性咳嗽，之后逐渐变为湿、长的咳嗽，疼痛有所减轻。体温升高明显，呈弛张热型，脉搏随体温升高而加快，呼吸频率增加，排出少量清亮的、黏稠或化脓性鼻液，可视黏膜发绀或潮红。听诊表现为，肺泡呼吸音减弱或消失，出现捻发音和支气管呼吸音，并可听到干、湿啰音，健康肺组织肺泡呼吸音增强。

大叶性肺炎：临床上呈持续性高热，体温可高达40℃以上，并持续不下，即稽留热，几天后减退或消失。脉搏加快，呼吸急促，鼻孔开张，呼出气体温度较高，病羊久站不卧，呻吟不断，磨牙。可视黏膜潮红或发绀。典型特征是病羊鼻孔流出铁锈色或黄红色的鼻液。肺部听诊：初期肺泡呼吸音增强，出现干啰音，之后可听到湿啰音或捻发音，肺泡呼吸音减弱。有时听不到肺泡呼吸音，是由于肺泡内充满了炎性渗出物而造成的。如果肺组织肝变，会出现支气管呼吸音，随后支气管呼吸音逐渐消失，出现湿啰音或捻发音，疾病痊愈后呼吸音恢复正常。

异物性肺炎：当异物进入气管和肺时，引起气体流通不畅，同时异物强烈刺激气管黏膜和肺组织，病羊表现为精神高度紧张，狂躁不安，咳嗽强烈，有时可见病羊的鼻孔因剧烈咳嗽而排出异物。同时病羊呼吸困难。当肺内异物过多时，病羊表现为呼吸极度困难，短时间内便死亡，同时可视黏膜发绀；当异物进入较少时，可随病羊咳嗽排出，有时因异物本身带有病原菌，可引起肺脏发炎，甚至发生肺坏疽。

【诊断要点】病羊表现为咳嗽强烈，弛张热型或稽留热型，听诊出现干、湿啰音等典型症状，再结合病史，即可做出诊断。特别提醒，注意区分小叶性肺炎、大叶性肺炎和异物性肺炎。

2. 防治措施

【治疗措施】

抗生素疗法：当病情严重时，在肌内注射青霉素和链霉素的同时，再灌服或静脉注射磺胺类药物。四环素 500mg 或卡拉霉素 1000mg 肌内注射，每天 2 次，连用 3～4 天。

止咳祛痰：灌服氯化铵 2g，分 2～3 次灌完，1 天灌完，还可用咳必清、甘草合剂、杏仁水等灌服，静脉注射氯化钙或葡萄糖酸钙液 10～20mL，促进肺内炎性渗出物的吸收。

异物性肺炎的处置：将病羊保持前低后高姿势，同时注射兴奋呼吸的药物如樟脑制剂或 2% 盐酸毛果芸香碱，使气管分泌增强，促进异物的排出。当异物过多时可施行气管切开术，排出肺内异物，同时立即使用大剂量的青霉素、链霉素行肌内注射或气管注射。

对症治疗：根据病羊的不同病情，采用适当的疗法，如果体温升高时可肌内注射 2mg 的安乃近，每天 2～3 次；当呼吸极度困难时，可使用有氧呼吸机，或者进行氧气腹腔注射，剂量按 100mL/kg，注射后可使病羊体温下降，改善病情。强心可使用樟脑油或樟脑水，若有便秘，可灌服植物油等温和泻剂。

中药治疗：

方 1：润肺理气散（花粉 6g、贝母 10g、杏仁 7g、白芍 6g、天冬 7g、广橘皮 7g、木通 8g、桑皮 7g、黄芩 8g、山橘 5g、生甘草 4g），水煎，去渣灌服。

方2：茵陈5g、橘子6g、党参8g、百合6g、杏仁5g、防风5g、知母6g、贝母4g、冬花6g、天冬4g、寸冬（麦冬）6g、阿胶6g、桑皮5g、五味5g、黄连3g、黄芩5g、甘草4g，水煎，去渣灌服，每天1剂，连用5天。

方3：太子参、黄芪、桔梗、半枝莲各10g，金银花、连翘、板蓝根各15g，芦根、浙贝、鱼腥草各10g，麻黄5g，水煎候温灌服，每天1剂，连用3天。若兼有表证者，可加荆芥穗、薄荷；痰热蕴肺者可去黄芪，加知母、生石膏；热毒内陷者，可去麻黄；若有体虚、咳声微弱者，可去麻黄、半枝莲、板蓝根，加麦冬和青蒿。

【预防措施】加强饲养管理。对病羊进行确诊后，应及早将病羊关入清洁、温暖、通风良好、无贼风的羊圈内，保持安静，给予易消化的饲料和清洁的饮水。

五 胸膜炎

胸膜炎是胸膜发生以纤维素沉积和胸腔积聚大量炎性渗出物为特征的一种疾病，主要临床特征为胸部疼痛、体温升高及胸部听诊出现摩擦音等。

1. 诊断

【发病原因】胸膜炎主要继发于肺炎、肺脓肿、败血症、胸壁创伤、胸壁穿孔、肋骨骨折、食道破裂、胸腔恶性肿瘤等疾病，也继发于某些传染病，如致病菌为多杀性巴氏杆菌和溶血性曼氏杆菌的吸入性肺炎、纤维素性肺炎、肺结核病、流行性感冒、创伤性网胃心包炎、支原体肺炎等。

【临床症状】疾病初期，病羊精神沉郁，食欲废绝，体温升高，呈明显的腹式呼吸，经常发出疼痛性咳嗽。对病羊进行叩诊，病羊表现为站立不安，呻吟。胸部听诊出现摩擦音。但当胸腔积聚过量的渗出液时，摩擦音消失，如果同时发生肺炎，可听到拍水音或捻发音，肺泡呼吸音减弱，甚至消失，出现支气管呼吸音，心音模糊不清。对胸壁叩诊，出现水平浊音区。行胸腔穿刺，可抽出大量炎性液体，液体呈现浑浊，易凝固，其中含有大量絮状纤维素及凝块。

【诊断要点】病羊临床症状主要表现为明显的腹式呼吸，触诊胸壁有疼痛反应，听诊有摩擦音，叩诊呈水平浊音区，胸腔穿刺有大量液体流出，即可确诊。

2. 防治措施

【治疗措施】

抗菌消炎：可选用抗菌药物，如青霉素 80 万国际单位、链霉素 100 万国际单位、庆大霉素 5mg，再结合消炎药如氨基比林 5mL 等；或给予复方长效磺胺，按照 0.2～0.4mL/kg 体重剂量肌内注射，每天 2 剂，连用 3 天。

胸腔穿刺：当胸腔积有大量的渗出液时，应施行胸腔穿刺。胸腔穿刺要严格按照操作规程操作，以免损伤肺脏。如果穿刺针或套管被纤维素堵住，可用注射器缓慢抽出。排出胸腔积液后，可选用 0.1% 雷佛奴耳溶液、2% 硼酸液或 0.01%～0.02% 呋喃西林溶液反复冲洗胸腔，最后用生理盐水灌洗，然后用生理盐水溶解青霉素 80 万国际单位和链霉素 2g，注入胸腔。

抑制渗出物：可用 10% 氯化钙 10～20mL 静脉注射，合用强心剂和利尿剂，如氯丙嗪以促进炎性渗出物的吸收与排出。

中药治疗：干性胸膜炎，即听诊有胸膜摩擦音，灌服以下方剂。

方 1：柴胡、白芍、牡蛎各 33g，瓜蒌皮 66g，黄芩、郁金香各 27g，甘草 17g，研末冲服。

方 2：紫花地丁 9g，黄芩、苦参、生石膏各 6g，甘草 2g，研细，开水冲调，一次灌服，每天 1 剂，连用 5～7 天。**湿性胸膜炎**，即叩诊呈水平浊音，灌服白芍散：当归、白芍、白及、滑石各 33g，桔梗、寸冬、百合各 17g，贝母、黄芩各 20g，花粉、木通各 27g，研末开水冲调，每天 1 次，连用 5 天。

【预防措施】加强饲养管理。将病羊关入通风良好、温暖、安静的羊圈内，饲喂营养丰富、易消化的饲草，并合理限制饮水。

第三节　血液循环系统疾病

一　贫血

贫血是指单位体积血液中血红蛋白、红细胞的数量和红细胞压积均低于正常水平的综合征。临床特征主要是黏膜苍白、心率加快和肌肉无力。贫血不是一种独立的疾病，而是与其他疾病所伴发的一种综合征。

1. 诊断

【临床症状】病羊可视黏膜苍白，阴门、乳房和口腔黏膜明显发白。若是急性出血引起的贫血时，病羊可表现为可视黏膜迅速苍白，体温下降，四肢厥冷，脉搏细数，全身冷汗，甚至发生低血容量性休克。其他因素引起的贫血病羊主要表现为病情发展缓慢，渐进性消瘦，后期病羊伴发四肢、胸腹下部、间隙等积水，虚弱无力，精神萎靡，甚至食欲废绝。血常规检查，红细胞数目可由（8～18）$\times 10^{12}$个减至1/4左右。临床分为再生障碍性贫血、溶血性贫血和出血性贫血三类。

再生障碍性贫血：多于冬季发生，消化机能下降或不健全的羔羊和老弱孕羊发生营养不良，出现摄入的铁、铜、钴等元素缺乏，引起造血机能下降。

溶血性贫血：山羊发生传染性疾病，如巴氏杆菌病、链球菌病及寄生虫病，导致山羊血液中红细胞大量破坏和溶解，出现贫血。

出血性贫血：各种原因造成大量丢失血液，或长期慢性出血等均可引起出血性贫血。

【诊断要点】当病羊衰弱无力，呈渐进性消瘦时，主要观察其可视黏膜是否苍白，做血常规检查红细胞数目及血红蛋白的含量是否下降。如果有下降，可视黏膜苍白，一般可判定为贫血。

2. 防治措施

【治疗措施】

西药治疗：对于出血性贫血，如果是寄生虫引起的慢性出血，应先快速静脉注射补充营养物质，再结合寄生虫药物进行治疗，外出血引起的贫血，应立即止血，应用10%氯化钙溶液以及配合止血剂，如维生素K_3、止血敏2～4mL静脉注射止血；若循环血量显著降低甚至出现休克时，应立即静脉注射5%葡萄糖生理盐水，或6%右旋糖酐，有条件的可输全血或血浆。

若是地区性的贫血，应立即补充微量元素，如铜、铁、锰、钴等，铁剂应与维生素C配合应用。具体用法为硫酸亚铁，每次0.1～0.3g，每天3次。各种原因引起的贫血，都应给予砷剂以辅助治疗，常用的有1%亚砷酸钾，每次1.5～2mL，与铁剂配合使用。也可肌

内注射维生素 B_{12}，每次3mL，每天1次，连用7~8天；亦可灌服维生素补血露，每次50mL，每天2次，连用5~7天。同时给予病羊营养支持，如给予10%葡萄糖500mL、维生素C 15mL，一次静脉注射，每天1次，连用3~5天；10%葡萄糖500mL、ATP 30mg、肌苷0.2g，一次静脉注射。加强饲养管理，饲料中添加足量的维生素、微量元素、蛋白质和能量，增强山羊机体抵抗力和造血能力的恢复。

中药治疗：

方1：当归12g、川芎10g、白芍9g、熟地9g、党参12g、白术9g、黄芪9g、茯苓9g、何首乌9g、阿胶12g、甘草9g，水煎候温灌服，每天1剂，连用3~4剂。

方2：升麻8g、柴胡8g、黄芪15g、当归5g、香附5g、陈皮8g、桔梗5g、党参10g、白术10g、甘草5g，水煎候温灌服，每天1剂，连用3~5天。

方3：党参15g、白术12g、云苓12g、黄芪12g、当归12g、白芍10g、川芎10g、熟地15g、首乌18g、阿胶20g、炙甘草6g、大枣3枚，水煎候温灌服，每天1剂，连用3天。

【预防措施】各种急性大出血如创伤出血、内出血等，应立即输液补血以扩充循环血容量。定期给予寄生虫药物治疗以消除寄生虫性贫血，如肝片吸虫病、血吸虫病等。定期对羊圈舍消毒，避免将某些化学毒物如苯、苯肼、蛇毒、铅、砷、铜等堆放在羊圈周围，防止羊群误食。

对于某些地区，由于缺乏某些矿物元素以致造血原料不足，应补充相应的矿物元素如铁、铜、钴、锰等。加强饲养管理，一般营养性贫血都是由饲养管理不当造成的，保障羊群充分的营养需求。用4.5g硫酸亚铁、7.5g硫酸铜、45g葡萄糖，加200mL水混合均匀喂给。药物预防时最好在2次喂料之间进行，以利于铁的吸收，不应和奶同时喂，由于奶中含磷高，影响铁的吸收。

二 心肌炎

心肌炎是心肌局灶性和弥漫性心脏肌肉的炎症，其特征为心肌兴奋性增强和心肌收缩机能减弱。此病多继发或并发于其他各种严重传染病，如脓毒败血症等。

1. 诊断

【临床症状】主要表现为心脏机能不全和节律紊乱。急性传染病引起的心肌炎常表现为发热，精神沉郁，食欲废绝，可视黏膜发绀，呼吸高度困难，体表静脉怒张，后颌下及四肢下端水肿；后期病羊精神高度沉郁，全身虚弱无力，颤栗，出现神志昏迷，眩晕。听诊可发现初期病羊第一心音强盛并伴有混浊或分裂，第二心音明显减弱，多伴有因心脏扩张而房室孔闭锁不全引起的缩期性杂音。病程后期，出现明显的期前收缩，心律不齐。在比较严重的病例中，心脏常有间歇性跳动，脉搏细弱不均，常因心脏停搏而死亡，或有时气喘后突然死亡。

【诊断要点】诊断时应注意是否患有急性传染病和中毒等相关疾病。临床检查应留意体温升高与心率增加不一致，心率失常，可先测安静状态下病羊的心率，然后比较迅速驱赶 100～200m 后病羊的心率。病羊稍微运动后心率急剧增加，经过较长时间休息后才能恢复运动前的心率。

2. 防治措施

【治疗措施】保持病羊安静，以免因运动而引起心脏机能过度衰弱而死亡。将病羊放在宽敞、通风良好的羊圈内，给予富含营养而易消化的饲料，如优质干草、新鲜的青贮饲料、胡萝卜及甜菜等。给予清洁的饮水，但当心脏严重衰弱时，应限制饮水。病羊心悸时，可用冰袋冷敷心区。对于出现心血管衰弱现象的病羊，可用樟脑油、咖啡因和硝酸士的宁等治疗，多次少量使用。对于由传染病引起的心肌炎，应主要集中治疗原发病。也可静脉注射 ATP、辅酶 A 促进心肌代谢。

对症治疗：当发生高度呼吸困难时，可进行输氧治疗；尿少而明显水肿的病羊，可灌服利尿剂以消肿；当病羊发生便秘时，可使用油类等温和泻剂以通肠排便，但对严重的心脏衰弱者禁用泻剂。

中药治疗：中药以清热解毒、养阴生津、益气为治疗原则。

临床若见山羊发热、粪干、舌红苔黄、耳鼻冷热不定、尿黄、不耐运动、呼吸急促等者，可用三黄汤（黄连 10g、黄芩 10g、黄柏 10g、栀子 10g）加大青叶、金银花、连翘、苦参、郁金等，食欲不振者，可加枳实、山楂、神曲、麦芽；粪干者，可加郁李仁和麻油、麦冬治疗。

若见山羊动则喘气、乏力、卧地不起、食欲不振、舌红少苔者，可用以下方剂治疗：

方 1：炙甘草汤（炙甘草 10g、阿胶 8g、桂枝 8g、生姜 10g、麦冬 8g、生地 8g、麻仁 6g、党参 10g、红枣 20g）水煎候温灌服，每天 1 剂，连用 3～5 天。寒战，四肢蜷缩者，可加附子、细辛。

方 2：黄芪 10g、黄连 15g、黄芩 10g、苦参 8g、穿心莲 10g、百合 10g、党参 15g、厚朴 10g、山楂 15g、神曲 15g、麦芽 15g，水煎候温灌服，每天 1 剂，连用 3 天。

【预防措施】经常保持羊圈卫生清洁，定期注射疫苗，预防传染病的发生。给予营养丰富的饲料，保持羊群一定的运动量，以增强羊的抵抗力。

第四节　神经系统疾病

一　脑膜脑炎

脑膜脑炎是由于受到传染性或中毒性等因素的侵袭，软脑膜及整个蛛网膜下腔发生炎性变化，此后经过血管和淋巴管转移到脑实质，引起脑实质的炎性反应，也可以是脑实质本身的原发性炎症。脑实质和脑膜往往会同时发生病变，呈现脑膜脑炎的现象。临床上以脑膜刺激症状、一般脑症状和灶性症状为特征。

1. 诊断

【发病原因】

感染性因素：通常继发于一些条件致病菌如链球菌、葡萄球菌、肺炎球菌、巴氏杆菌、化脓杆菌、坏死杆菌、李氏杆菌、沙门氏菌等的感染，当机体防卫机能降低，而微生物毒力增强时，即能引发此病。某些寄生虫如羊囊虫、脑包虫和脑脊髓丝虫等的侵袭，也能导致该病的发生。

中毒性因素：主要在铅中毒、农药中毒、有毒植物中毒或药物中毒等过程中，损害脑膜而引起脑膜脑炎的病理变化。

继发于临近部位感染：如角坏死、额窦圆锯术、中耳炎、眼球炎、化脓性鼻炎、额窦炎、腮腺炎等头部疾病炎症蔓延至颅腔而发病。

诱发因素：如受寒、感冒、日光曝晒、长途运输、脑部外伤。

【临床症状】

脑膜刺激症状：以脑膜炎为主的脑膜脑炎，病羊颈、背部皮肤敏感，轻微刺激或触摸，可引起强烈的疼痛反应和颈部背侧肌肉强直性痉挛，头颈后仰，不断后退，腱反射亢进。随着病情的发展，脑膜刺激症状逐渐尖锐后消失，某些病例通常被脑实质发炎的症状掩盖而表现不明显。

一般脑症状：急性脑膜脑炎多呈现一般脑症状。病轻者，食欲减退，行动迟钝；随着病情的发展，头部下垂，沿着羊舍的墙壁走动，或突然做旋转运动。起卧不安，严重时表现出癫痫症状。大多数病羊具有兴奋和抑制交替发作的现象，体温变化无规律。

灶性症状：因侵害部位不同，临床症状存在差异。神经机能亢进时表现为眼球震颤、瞳孔大小不等、鼻唇部肌肉痉挛、牙关紧闭以及舌纤维性震颤；神经机能减退时表现为口唇歪斜、耳下垂、舌体脱垂、吞咽障碍、视力丧失，甚至个别病羊发生瘫痪和外周神经麻痹。

【诊断要点】本病如果具有明显的临床症状，结合病史调查以及病情发展过程，不难确诊。若病程发展和临床症状不明显时，需进行脑脊液穿刺，在穿刺液中发现蛋白质和细胞数量显著增多、中性粒细胞、病原微生物以及淋巴细胞时，即可确诊。

2. 防治措施

【治疗措施】

治疗原则：除去病因、降低颅内压、抗菌消炎和对症治疗。

加强护理：将病羊放于宽敞、通风、安静的圈舍内，供给大量褥草，使之安静，加强看管，避免兴奋时发生创伤。供给营养丰富且容易消化的饲料。

降低颅内压：颈静脉放血 100~300mL，放血后静脉注射等量的 5% 葡萄糖生理盐水或 10% 氯化钠溶液，加入 25%~40% 乌洛托品

100mL。或采用脱水剂即25%山梨醇和20%甘露醇溶液按1～2g/kg体重剂量快速静脉注射，若注射后2～4h内大量排尿，即可好转。

抗菌消炎：可选用静脉注射容易通过血脑屏障的药物，如氨苄青霉素（15～20mg/kg体重）、庆大霉素（2～4mg/kg体重）或10%磺胺嘧啶注射液（70～100mg/kg体重）。

对症治疗：病羊过度兴奋、狂躁不安时，可应用10%溴化钠或安溴注射液加入到5%葡萄糖生理盐水中静脉注射，也可静脉注射5%水合氯醛酒精溶液。心功能不全时，可应用安钠咖或氧化樟脑等强心剂；应用1%三磷酸腺苷二钠注射液、注射用辅酶A、维生素B_1等，有利于神经系统机能的恢复。

中药治疗：①呆痴型用朱砂散加减。朱砂8g，胆南星、天麻、钩藤、全蝎各18g，石决明、石菖蒲、旋复花、菊花各30g，细辛、白芷、藁本各15g)，分成8份，每天1份，水煎服。②惊狂型用天竺黄散加减。天竺黄60g，生石膏90～120g（先入），生地黄30g，黄连18g，郁金、栀子、远志、茯神、桔梗、防风各24g，朱砂12g，甘草9g，分成8份，水煎，加蜂蜜15g、鸡蛋清半个，调和投服，每天1份。抽搐者加琥珀、牡丹皮、石决明、钩藤；粪便干燥、尿赤黄者，加大黄、芒硝、木通。

【预防措施】平时加强饲养管理，避免让羊的头部受到打击或严寒、高温的刺激；注意清洁卫生，防治传染性、寄生虫性病原的侵害；避免发生饲料和药物中毒；断角及施行圆锯术时，需精心手术，并加强护理。

二 日射病及热射病

日射病及热射病又称为中暑，是由于外界环境中的光、热、湿度等物理因素对动物体的侵害，导致体温调节功能发生障碍的病理表现，常见于夏季。

1. 诊断

【发病原因】

日射病：由于阳光直晒头部，引起大脑及脑膜充血和脑实质的急性病变，导致中枢神经系统机能严重障碍的现象。

热射病：在炎热季节（外界温度过高），潮湿闷热的环境（如羊舍内潮湿、闷热、拥挤、狭小，或车船运输时通风不良）中，产热多、散热少，体内积热引起脑充血和中枢神经系统机能障碍的疾病。

【临床症状】

日射病：病初精神沉郁，四肢无力，步态不稳，共济失调，突然倒地，神情恐惧，有时全身出汗。随着病情发展，出现心血管运动中枢、呼吸中枢、体温调节中枢功能紊乱，心力衰竭，呼吸急促，有的体温升高，有的突然全身麻痹，常常发生剧烈的痉挛或抽搐，迅速死亡。

热射病：体温急剧上升至40～42℃，皮温升高，全身出汗，羊群叠堆，惊恐不安。随着病情急剧恶化，心力衰竭，黏膜发绀，脉搏疾速而微弱，呼吸浅表、间歇、极度困难。濒死前，体温下降，静脉塌陷，昏迷不醒，陷于窒息和心脏停搏状态，导致死亡。

【诊断要点】根据病史，结合临床症状，不难诊断。因为中暑，发生于炎热的夏季，多因受到日光直射，或因通风不良、潮湿闷热，使体质虚弱的羊只受热中暑。由于病羊脑膜充血和急性脑水肿，临床特点呈现一般脑症状及一定的灶性症状，甚至发生猝死，可做出诊断。

2. 防治措施

【治疗措施】本病多发病突然、病情重、经过急，应及时抢救，方可避免死亡。

治疗原则：加强护理，防暑降温，镇静安神，强心利尿，纠正酸中毒。

1）将病羊移至阴凉通风处，冷敷头部或心区，或凉水灌肠，以促进机体散热。

2）对兴奋不安的羊只，可静脉注射静松灵2mL，或静脉注射25%硫酸镁50mL。

3）当病羊昏迷不醒时，可于颈静脉放血，放血量视病羊大小及身体状况而定。一般放血80～100mL。放血后进行补液，静脉注射氯化钠注射液500～1000mL。

4）病羊心脏衰弱或严重水肿时，应静脉注射10%安钠咖4mL。

5）为纠正酸中毒，可静脉注射5%的碳酸氢钠注射液50～100mL。

6）藿香正气水20mL，加凉水500mL，灌服；有条件时，可用西瓜3～5kg，捣为泥，加白糖250g，混少量凉水，一次投服。

中药治疗：以清热解毒，宁心安神为主。金银花15g、香薷15g、连翘15g、柴胡15g、龙胆草9g、黄芩15g、黄柏9g、大黄9g、茯神9g、朱砂6g（另包）、琥珀9g（另包）、甘草9g，研末水煎或开水冲，候温灌服。

【预防措施】夏季做好羊舍防暑降温工作，不在炎热的阳光下放牧，午间在阴凉处或树阴下休息。保证充足的清洁凉水，让羊只自由饮用。如果羊只出汗较多，可在饮水中适当加点盐。保持羊舍通风凉爽，降低饲养密度，防止潮湿、闷热和拥挤。长途运输时，做好防暑和急救工作。

三 脊髓炎及脊髓膜炎

脊髓炎及脊髓膜炎是脊髓实质、脊髓硬膜、脊髓软膜及蜘蛛膜的炎症。临床上以感觉、运动机能障碍，肌肉发生萎缩为特征。

1. 诊断

【发病原因】主要见于病毒（如伪狂犬病病毒、狂犬病病毒）、细菌（如葡萄球菌、链球菌、化脓放线菌、巴氏杆菌）、寄生虫（如脑髓丝状虫）的感染；曲霉菌、麦角菌、镰刀菌等的毒素中毒，萱草根中毒等。椎骨骨折、脊髓挫伤、出血、羔羊断尾后伤口感染等均可引起本病。

【临床症状】

脊髓膜炎：主要表现为脊髓刺激症状。脊髓腹根受到刺激时，病羊呈现头后仰、四肢挺伸、步幅短小，沿脊柱叩诊或触摸四肢，可引起肌肉痉挛；脊髓背根受到刺激时，体躯某一部位感觉过敏，用手触摸皮肤时，病羊骚动不安、弓背、呻吟。随着病情的加重，病羊感觉减弱或消失、肌肉麻痹。

脊髓炎：发病初期，多为精神不安、敏感、肌肉震颤、脊柱僵硬、抽搐、四肢强拘、容易疲劳和出汗。因炎症的部位及范围不同，其临床症状存在差异。

局灶性脊髓炎：仅表现患病脊髓节段所支配区域的皮肤感觉减退和肌肉营养性萎缩，反应消失。

弥漫性脊髓炎：炎症可向前或向后蔓延，导致炎症波及脊髓节段较长，且多发生于脊髓的后段，除表现所支配区域的感觉过敏或减弱、运动失调外，还表现尾的运动和感觉麻痹，膀胱与肛门括约肌麻痹，以致排粪、排尿失常，如膀胱积尿和直肠蓄粪等现象。如果蔓延至延脑，可导致咽下障碍、心律不齐、呼吸紊乱、甚至窒息死亡。

横贯性脊髓炎：相应脊髓段所支配的区域呈现出下位神经源性瘫痪症状：如皮肤感觉减弱或消失，肌肉紧张度降低、弛缓无力等。炎症部位后方脊髓节段所支配的区域，表现为肌肉紧张性增高和腱反射亢进，病羊出现运动障碍，步态不稳，容易跌倒。严重时，可导致后躯截瘫。如果为颈髓横贯性炎症，可因膈肌麻痹而突然死亡。

分散性脊髓炎：因炎症可能涉及脊髓灰质或白质，呈现相应局部的皮肤感觉消失，相应肌群的运动性麻痹。

【诊断要点】依据病史、临床表现，特别是运动麻痹以及排粪、排尿障碍，可做出诊断。

2. 防治措施

【治疗措施】

加强护理：使病羊保持安静，垫厚褥草，避免发生褥疮，给予富含营养且易消化的饲料。

消除炎症：可选用青霉素、链霉素肌内注射，或用磺胺嘧啶钠静脉注射，同时配合应用乌洛托品及氢化可的松。

对症治疗：病畜不安时，可用溴化钠、巴比妥钠等镇静剂治疗。为恢复神经细胞的机能，改善神经营养，可用维生素 B_1、维生素 B_2、辅酶 A 及三磷酸腺苷（ATP）等。

慢性脊髓炎：可用碘化钠或碘化钾，羊 1 ~ 2g，每天内服 1 次，连续 5 ~ 6 天。为防止肌肉萎缩，可经常进行肌肉按摩，必要时交替注射士的宁及藜芦碱。

【预防措施】加强日常的饲养管理，注意防疫卫生，防止感染、中毒和外伤。

四 脊髓挫伤及振荡

脊髓挫伤及振荡是指因脊柱骨折或脊髓组织受到外伤所引起的脊髓损伤。临床上以腰脊髓损伤较为常见。

1. 诊断

【发病原因】本病主要由外界机械力（如放牧时突然滑倒、鞭赶跨越沟渠时跳跃闪伤或直接暴力打击）作用所致，同时，一些内因（如软骨病、骨质疏松症、氟骨病时易发生椎骨骨折）也具有一定的诱导作用。

【临床症状】本病的临床症状取决于脊髓受损的部位和程度。①**脊髓全横径损伤**：损伤节段后侧发生中枢性瘫痪，两侧深、浅感觉障碍和植物性神经机能异常；②**脊髓半横径损伤**：损伤部同侧发生深感觉障碍以及运动障碍，而对侧呈现浅感觉障碍；③**颈部脊髓损伤**：头颈无法抬举，四肢麻痹呈现瘫痪，膈神经与呼吸中枢联系中断而致呼吸停止，甚至导致死亡；④**胸部脊髓损伤**：出现前肢麻痹和消化道紊乱现象；⑤**腰部脊髓损伤**：表现后躯麻痹，大小便失禁；⑥**脊髓膜损伤**：受损部位后方发生一过性的肌肉痉挛，如果脊髓膜广泛出血，则其损害部位附近呈现持续或阵发性肌肉收缩，感觉敏感；⑦**脊髓径损伤**：躯干大部分和四肢肌肉痉挛。

【诊断要点】根据病羊感觉机能和运动机能障碍以及排粪、排尿异常，结合病史分析，可做出诊断。

2. 防治措施

加强护理，保持安静，多垫褥草，经常翻转，给予富含矿物质和维生素 D 的饲草、饲料。对患病部位初期先冷敷，后热敷，进行适当的按摩。

采用碘离子透入疗法或皮下注射硝酸士的宁 2～4mg 进行治疗。如尾和后肢有刺激反应的可用戊四氮 0.2g、强的松龙 20mg 注射于损伤部。采用抗生素或磺胺类药物防止继发感染。

五　山羊癫痫

本病俗称为“羊角风”“羊疯风”，是一种暂时性大脑皮层机能障碍的神经机能性疾病。临床上以短暂反复发作、感觉障碍、意识丧失、肢体抽搐、行为障碍或植物性神经机能异常为特征。

1. 诊断

【发病原因】

原发性癫痫：病羊脑机能不稳定，脑组织代谢障碍，加上体内外的环境改变而诱发。

继发性癫痫： 常继发于颅脑疾病，如脑膜脑炎、颅脑损伤等。此外，伪狂犬病、狂犬病、脑包虫病、维生素A缺乏、维生素B缺乏、低血钙，铅、汞等重金属，以及有机磷、有机氯等农药中毒也可引发该病。

诱因： 惊吓、过度劳累、超强刺激、恐惧、应激等。

【临床症状】癫痫的发作呈现突发性、短暂性和反复性，在发作的间歇期，病羊健康上无异常表现。但当忽然受到外界刺激时（如听到某种奇异声音或受到其他惊扰时）即显症状。发作时，突然站立不稳，转圈倒地，头、颈、躯干及四肢强直性痉挛；牙关紧闭，磨牙，口吐白沫，流涎；眼球抽动，瞳孔散大；持续一定时间后，即变为阵挛，经一定时间而停止，发作停止后多恢复常态。

【诊断要点】根据病史和临床特征即可确诊。

2. 防治措施

【治疗措施】在疾病发生过程中，尚无良好的治疗方法，应重视预防工作。

【预防措施】为了预防癫痫复发，在预计下次将发病前几天服用溴化钾8~10g，分3次服用，1天服完；或用鲁米那0.3~0.5g，分3次服用，1天服完；也可选用扑癫酮（普里米酮）10~20mg/kg体重剂量，每天3次；或内服苯妥因钠，按30~50mg/kg体重剂量，每天3次。此病具有遗传性，患该病的山羊绝对不可留作种用。

第五节　泌尿系统疾病

一 肾炎

肾炎通常是指肾小球、肾小管或间质组织发生炎症性病理变化的总称。临床上以肾区敏感和疼痛，尿量减少，尿液中含有肾上皮样细胞和各种管型为特征。

1. 诊断

【发病原因】

急性肾炎： 多继发于一些传染病，如口蹄疫、传染性胸膜肺炎等；某些中毒病，包括一些内源性中毒（如代谢分解产物、胃肠道炎症、皮肤疾病、大面积烧伤所产毒素）和外源性中毒（如有毒植物，腐败饲料，有强力刺激的药物如松节油、斑蝥、石炭酸以及汞、砷、磷等化学物质）；邻近器官炎症蔓延，如肾盂肾炎、膀胱炎、子宫内膜炎、阴道炎等炎症转移蔓延至肾脏而引起发病；天气骤变、感冒、营养不良、抵抗力减弱等也可引起本病。

慢性肾炎：多因急性肾炎治疗不当、不及时或不彻底转化而来。

【临床症状】

急性肾炎：病羊精神沉郁、食欲减退、体温升高、消化不良、反刍紊乱。按压肾区表现敏感、疼痛、不安、逃避。站立时腰背拱起，后肢叉开或聚集于腹下。强迫行走时腰背僵硬，步伐强拘。尿频且排尿量较少，个别出现无尿。尿色浓暗，比重增高。当有大量红细胞时，尿液呈粉红色至深红色。尿蛋白量增多。如由化脓放线菌引起的肾炎，尿中还有脓液。后期出现尿毒症症状，虚弱无力，意识障碍，甚至昏迷。

慢性肾炎：多由急性肾炎发展而来，症状与急性肾炎基本相似。通常全身症状不明显或轻微。病初表现为全身衰弱无力，食欲时好时坏，逐渐消瘦。尿量不定，比重增高，尿中蛋白质含量增加，含有大量肾上皮细胞、少量白细胞和红细胞。后期有些病羊在眼睑、胸腹下或四肢末端出现水肿。

【诊断要点】主要根据病史（多发生于某些传染病或中毒后，或有受寒、感冒的病史），以及临床症状（如少尿或无尿，肾区敏感、疼痛、水肿），特别是尿液变化（蛋白尿、血尿）等可做出诊断。

2. 防治措施

【治疗措施】

西药治疗：

1）抗菌治疗：可选用抗生素（如青霉素、链霉素、卡那霉素等）或呋喃类药物（如呋喃坦啶钠）。

2）利尿消肿：有明显水肿时，可采用双氢克尿噻（每片25mg）0.05～0.2g内服，或用醋酸钾2～5g内服，或用25%氨茶碱0.5～3mL肌内注射，每天2次。

3）尿路消毒：采用乌洛托品 5～10g 内服，或 40% 乌洛托品 10～40mL静脉注射。

免疫抑制疗法：肾上腺皮质激素类药物影响早期免疫反应，同时具有一定的抗炎作用，如氢化泼尼松 25～40mg，分 2～4 次肌内注射，连用 3～5 天。

4）防治尿毒症：采用 5% 碳酸氢钠 50～200mL、5% 葡萄糖 400～600mL（使碳酸氢钠含量不超过 1.3%）静脉注射。第二次再用碳酸氢钠时用量减半。

中药疗法：

1）急性肾炎：以清热泻火、利尿消肿、止痛为主。方剂为防己散：防己 7g、没药 7g、黄芪 10g、白术 5g、陈皮 5g、知母 5g、黄柏 5g、苍术 5g、泽泻 5g、木通 5g、双花 5g、茵陈 5g，煎汁候温灌服。

2）慢性肾炎：以温脾暖肾、利尿消肿、止痛为主。方剂为茯苓散加减（茯苓 8g、泽泻 5g、党参 8g、白术 5g、陈皮 5g、肉桂 5g、巴戟 5g、胡芦巴 5g、破故纸 5g、防己 5g、川楝子 5g、没药 5g），煎汁候温灌服。严重疼痛时，加杜仲炭 5g、木瓜 5g、牛膝 5g；有热时，加银花 5g、连翘 5g、栀子 5g；尿中带血时，加焦栀子 5g、白茅根 20g；食欲减退时，加麦芽 50g、神曲 10g。

护理措施：饲喂富含蛋白质、维生素 A 的饲料，尽量多喂易消化吸收的无刺激性的糖类饲料。为了缓解水肿和减轻对肾脏的负担，应适当限制饮水和食盐的供给量。

【预防措施】加强日常饲养管理，防止羊受寒感冒，降低抵抗力，防止偷吃或误食化学物质、有毒植物及消化道或皮肤严重的有毒分解产物产生的毒素，对一些细菌或病毒引起的疾病及早治疗，防止侵害肾脏致病。

二 膀胱炎

膀胱炎是指膀胱黏膜或黏膜下层的炎症。临床上以尿频、尿痛以及尿液中有较多的膀胱上皮、脓细胞、白细胞和磷酸铵镁结晶为特征。

1. 诊断

【发病原因】除传染病外，通常如化脓杆菌、葡萄球菌、绿脓杆菌、大肠杆菌、变形杆菌等，通过尿道自然感染或医源性侵入膀胱而感染。肾炎、输尿管炎、尿道炎、阴道炎、子宫内膜炎、腹膜炎等，均可蔓延至膀胱黏膜而导致发病。如导尿时损伤膀胱黏膜，使膀胱内形成结石或肿瘤。如松节油、甲醛、斑蝥药物刺激时亦可引起发病。

【临床症状】

急性膀胱炎：主要症状是尿频，时常努责呈排尿姿势，但每次仅排出少量尿液或呈点滴状流出，排尿时有明显疼痛不安感觉，严重时出现排尿困难和尿闭。尿中含有蛋白质和脓细胞。压迫膀胱时，羊有敏感表现（弓背）。

慢性膀胱炎：其症状与急性的基本相似，症状不太明显。病程较长，如发生膀胱乳头状瘤（息肉）。不时尿血，如果发生坏死，尿中有坏死组织碎片并有臭气。

【诊断要点】根据疼痛性频尿，排尿姿势变化等临床症状不难诊断。

2. 防治措施

【治疗措施】

急性膀胱炎：病羊适当休息，给予优质易消化且无刺激性的饲料和大量清洁饮水。最好喂给青草、青干草、麸皮和萝卜等饲料，有利于减轻病情。应限制高蛋白饲料和酸性饲料的供给。①抗菌消炎。可以注射青霉素或内服喹诺酮类药物或磺胺类药物（如磺胺嘧啶、磺胺甲基嘧啶）。②尿路防腐消毒。可以内服乌洛托品或萨罗尔1~2g，每天1次，连用数天。③膀胱灌注。先用导尿管排出膀胱内积尿，然后经导尿管注入生理盐水，待生理盐水排出后，再注入消毒或收敛性药液（必要时加入青霉素160万~320万国际单位），如此反复灌注2~3次，最后将药液排出或留于膀胱内自行排出。

常用的消毒收敛药有0.1%雷佛奴耳液、0.5%鞣酸溶液、1%~3%高锰酸钾溶液、0.1%硼酸溶液、0.5%~1%氯化钠溶液、1%~2%明矾溶液。

慢性膀胱炎：可应用尿道防腐消毒剂，如口服乌洛托品2~3g，每天1次，连续服用。但是一般疗效不太明显。为了利尿，可以灌服醋酸钾或醋酸钠4~5g，每天1~2次。

中药治疗：一般性膀胱炎，可用滑石散（滑石粉10g、泽泻7g、灯芯7g、茵陈5g、猪苓7g、车前子5g、知母5g、黄柏10g），煎汁候温灌服。

炎性产物较多的膀胱炎，可用治浊固本汤（黄柏5g、黄连4g、茯苓10g、猪苓5g、半夏5g、砂仁5g、益智仁10g、甘草8g、莲须8g），煎汁候温灌服。

出血性膀胱炎，可用秦艽散（秦艽12g、当归12g、赤芍6g、炒蒲黄12g、瞿麦12g、栀子9g、车前子9g、大黄9g、没药9g、连翘9g、淡竹叶6g、灯芯6g、茯苓9g、甘草6g），水煎灌服。

【预防措施】注意清洁卫生，给予清洁饮水，防止感染微生物。泌尿生殖器官患病时，应及时治疗，防止其向膀胱蔓延。

三 尿结石

尿结石是由于尿液的化学成分改变，酸碱度失去平衡，尿中的无机盐析出结晶而形成结石的一种代谢性疾病。结石可刺激黏膜引起出血、炎症和尿路阻塞等病理变化，甚至可能导致膀胱发生破裂、尿毒症等使机体死亡。舍饲和饲喂精饲料过多的公羊和羯羊常受该病的危害，但草场放牧或采食农作物秸秆的羊也可发生该病。

1. 诊断

【发病原因】长期饲喂棉籽饼、麸皮等单一饲料，尤其是缺乏青绿饲料的情况下，尿液呈现偏酸性化，在缺乏维生素A时，泌尿系统上皮细胞角化，成为尿结石的“核”，极易形成尿结石。羊在富含草酸盐和硅酸盐的植物草场放牧，饮水不足或水质碱性过大，甲状旁腺机能亢进，磺胺类药物使用过多，舍饲羊日粮磷水平过高或钙、磷比例不当等，都可导致尿结石病的发生。各种因素引起肾脏和尿路感染时，则有可能导致尿结石。

【临床症状】病羊初期呻吟，弓背努责，踢腹，频频举尾，排尿用力且疼痛，排尿困难，呈间歇性、周期性发作，时重时轻，排尿时间延长，尿量减少，尿液呈断续或点滴状流出，有时排出血尿。公羊阴茎“S”状弯曲部出现肿大，尿道口水肿，尿道口经常附有白色附着物，触诊有明显疼痛感。后期，尿道完全阻塞，呈现闭尿和肾性腹痛。胸腹下和尿道周围皮下水肿。长期地闭尿导致尿毒症或引发膀胱破裂而使动物死亡。

尸检可见结石多为成层的结构，呈球形、卵圆形或砂石状，质地坚硬。结石可形成于尿路的任何部位，最常见的梗阻于公羊的尿道内，如“S”状弯曲处和尿道突等，梗阻部位黏膜坏死和溃疡，尿液滞留，容易引发急性出血性尿道炎，甚至引起膀胱炎及肾盂肾炎。膀胱破裂时，则引起腹膜炎和周围组织的炎症。

【诊断要点】尿结石因无特征性临床症状，若不导致尿道阻塞，诊断较为困难，可根据病史、临床症状（如排尿障碍、肾性腹痛、尿闭、尿痛、血尿等）进行综合诊断。确诊可做 X 射线或 B 型超声波检查。

2. 防治措施

【治疗措施】首先要纠正不合理的饲养方法，然后采取药物和手术治疗。在病初症状轻微时，采用醋酸钾 3g、小苏打 10g1 次内服，每天 2 次，连服 5 天。

星星草 30g、柳树红根（水中生的根）60g、玉米须（玉米雌花）20g，煎服，每天 1 次，连服 5 天。对于草酸盐尿石病，可采用硫酸阿托品或硫酸镁，对于磷酸盐尿石病，可用稀盐酸进行治疗。

中药治疗：对于轻症患羊，可应用海金沙 10g、金钱草 20g、萹蓄 10g、瞿麦 10g、酒知母 6g、酒黄柏 5g、延胡索 5g、甘草梢 5g、滑石 7g、木通 5g，煎汁候温灌服。

对严重尿结石如“S”弯曲和尿道结石、膀胱结石，须采用手术摘除结石。

【预防措施】该病临床治疗效果不佳，关键是要改善饲养管理条件。及时将患病公羔或羯羊与母羔分开饲养；调整饲料中的钙、磷比例，可在日粮中添加 1% 饲料级石灰石（即每吨饲料中添加 9.07kg 石灰石），从而使其钙、磷比例维持在 2∶1 的水平。饲料中应补充适量的维生素 A，提供充足、清洁、新鲜的饮水。防止长期单调地饲喂某种富含矿物性的饲料和饮水。采用棉籽副产品作为饲料时，应脱去其棉酚毒。严格控制精饲料饲喂量。日粮中添加 0.5% 的氯化铵（即在每吨饲料中添加 4.54kg 的氯化铵），使每只病羊每天大约采食 7g 氯化铵，可有效预防尿结石。

第十一章
山羊外、产科疾病

第一节　山羊常见外科疾病

一　腐蹄病

腐蹄病是指羊蹄间发生的一种主要表现为皮肤性炎症的疾病。潮湿多雨季节多发。

1. 诊断

【发病原因】炎热雨季，圈舍潮湿泥泞，易患腐蹄病。饲草中钙、磷不平衡，导致蹄部角质疏松，经粪尿、雨水浸泡后，局部组织软化，以及石子、玻璃碴、铁屑等刺伤蹄部致使发病。或因蹄冠和角质层的裂缝而感染病菌。

【临床症状】病羊最明显的症状是跛行。喜卧怕立，行走困难，食欲减退。蹄间常有溃疡面，上面覆盖着恶臭的坏死物，扩创后蹄底的小孔或大洞中有污黑臭水流出。严重者，蹄壳腐烂变形，卧地不起，甚至形成褥疮，引发败血症。慢性病例，临床症状不显著，在蹄间裂和蹄角质下形成许多小空洞，也可造成蹄变形。

【诊断要点】在常发病地区，一般根据临床症状（发生部位、坏死组织的恶臭味）和流行特点，即可做出诊断。在初发病地区，为了进行确诊，可于坏死组织与健康组织交界处用消毒小匙刮取材料，制成涂片，用复红—美蓝染色法染色，进行镜检。

2. 防治措施

【治疗措施】首先进行隔离，保持环境干燥；除去患部坏死组织，待出现干净创面时，采用食醋、1%高锰酸钾、3%来苏儿或过氧化氢冲洗，再用10%硫酸铜或6%福尔马林进行浴蹄。若出现脓肿，应切开排脓后采用1%高锰酸钾溶液洗涤，撒以高锰酸钾粉或涂擦福尔马林。可用磺胺类或一些抗生素软膏等。深部组织感染并有全身症状时，要控制败血症的发生，应用广谱抗菌药物，如抗生素或磺胺类药物等。

【预防措施】注意饲喂适量矿物质，及时清除圈舍内的积粪尿、石子、玻璃碴和铁屑等，圈舍彻底消毒。圈门处放置10%硫酸铜溶液浸湿草袋进行蹄部消毒。

二 角膜炎

本病以山羊羞明流泪、角膜混浊或溃疡为特征。

1. 诊断

【发病原因】多由于天气炎热，尤其是夏季羊群受到紫外线照射、土尘、蝇类媒介、圈舍潮湿、通风不良、粪污未及时清理、氨气浓度过高、外伤、睫毛异常等因素均可诱发本病。

【临床症状】患病羊初期角膜周围出现有浅蓝色或灰白色的混浊，随着病情发展，角膜逐渐变白，羊只视力逐渐下降。当角膜变为完全白色时，山羊失明，严重影响山羊采食和行动，精神逐渐萎靡。患病山羊体温、脉搏、呼吸、心跳、肠胃蠕动和粪尿均无显著变化。

2. 防治措施

【治疗措施】①清洗患眼。用2%~3%的硼酸液、0.01%新洁尔灭液或生理盐水冲洗患眼，将异物清洗干净，每天2~3次。②消炎镇痛。用醋酸可的松液点眼，或涂红霉素眼膏、金霉素眼膏，每天2~3次，连用3~5天；疼痛者，可用1%~3%盐酸普鲁卡因液点眼。③自家血疗法。氨苄西林80万国际单位、注射用水2mL、0.25%普鲁卡因注射液2mL、地塞米松5mg混合，抽取患羊自家血2~4mL，混合均匀后，分别注射于患眼上下眼睑皮下，进行封闭治疗。同时每天用氯霉素滴眼液点眼，每天2~3次。

【预防措施】加强饲养管理，防止羊只受到外伤；定期清理圈舍卫生，保持圈舍通风良好；扑灭蚊蝇，减少感染，给予充足清洁饮水，可有效预防和减少该病的发生。

第二节 羊常见产科及妊娠期疾病

一 流产

流产是指母羊在怀孕期间，由于受到各种内、外界因素的影响，造成早期胚胎发生死亡而被吸收，或提前从产道排出的一种疾病。

1. 诊断

【发病原因】

传染性流产：多见于某些传染病和寄生虫病，如布鲁氏杆菌病、沙门氏菌病、弯杆菌病、毛滴虫病等。

非传染性流产：可见于胎产性疾病和内、外科疾病，如子宫畸形、胎盘坏死、胎膜炎、羊水增多症、肺炎、肾炎、有毒植物中毒、食盐中毒、农药中毒、外伤、蜂窝织炎、败血症等。

营养性流产：主要由于营养代谢障碍引起，可见于母羊长期营养不良、消瘦、无机盐缺乏、微量元素不足或过剩、维生素 A 不足、维生素 E 不足、饲喂冰冻和霉变饲料等。

机械损伤性流产：饲养密度过大、互相冲撞、斗架、踢伤、挤压以及公、母羊同圈饲养导致互相爬跨乱交配等原因可造成大量流产。此外，冬季受寒、长途运输、用药不当，如大量使用子宫收缩药、泻药和某些驱虫药等，也可导致流产。

【临床症状】突然发生的流产，产前一般没有特殊症状。病情缓慢者，表现为精神不佳、食欲停止、腹痛起卧、努责、咩叫、阴户流出羊水，排出死胎或弱胎后稍为安静。若在同一羊群中病因相同，则陆续出现流产，直至受害母羊流产完毕，方能稳定下来。

如果胎儿受损伤发生在怀孕初期，流产可能为隐性流产（胎儿被吸收，不排出体外）。如果发生在怀孕后期，因受损伤程度不同，胎儿多在受损伤后数小时至数天排出。若微生物进入子宫内，可引起胎儿的腐败分解，产生红褐色或黄褐色有臭味的液体，母羊出现全身症状，如精神不振、食欲减退、体温升高，病羊常努责，从阴道内排出少量红褐色液体，有的混有小骨片及腐败碎块。

2. 防治措施

【治疗措施】

西药治疗：对有先兆流产的母羊，采取制止阵缩及努责的措施，可注射镇静药物，如苯巴比妥、水合氯醛、黄体酮。如可用黄体酮注射液10～25mL，肌内注射，连用3～5天。

中药治疗：

方1：四物胶汤加减（当归6g、川芎4g、黄芩3g、熟地6g、阿胶12g、菟丝子6g、艾叶9g），共研末用开水调，每天1次，灌服2剂。

方2：白术安胎散（白术（炒）25g、当归30g、川芎20g、白芍30g、熟地30g、阿胶（炮）20g、党参30g、苏梗25g、黄芩20g、艾叶20g、甘草20g），每次60～90g，水煎候温灌服，隔天1次，连服3次。

方3：泰山磐石散（党参30g、黄芪30g、当归30g、续断30g、黄芩30g、川芎15g、白芍30g、熟地45g、白术30g、砂仁15g、甘草（炙）12g），每次60～90g，水煎候温灌服，每天1次，连服7次为1个疗程，必要时再间断服用3个疗程。

对于子宫颈已经开放，胎囊已进入阴道或已破水，流产不可避免时，应尽快促使其排出，可肌内注射缩宫素、垂体后叶素（1～2mL）。

胎儿死亡，子宫颈未开张时，应先肌内注射雌激素，如己烯雌酚或苯甲酸雌二醇2～3mg，使子宫颈开张，然后从产道拉出胎儿。当胎儿发生干尸化或腐败分解时，应促其排出，待雌激素作用使子宫颈松软开张后，用产科钳扩张子宫颈管，缓慢取出干尸胎儿或骨片，再用高锰酸钾溶液冲洗子宫，最后在子宫内加入抗生素或磺胺类药物消炎防腐。

【预防措施】加强怀孕母羊的饲养管理，给予质量高、数量足的饲料，严禁饲喂霉败、冰冻及有毒饲料。保持羊圈的清洁卫生，冬季注意怀孕母羊的防寒保暖。让孕羊适当运动，避免怀孕母羊相互挤压、跌倒和冲撞；对于传染性流产的预防，以定期检疫、预防接种、严格消毒为主；如果发生流产后，疑为传染病时，应取羊水、胎膜及流产胎儿的胃内容物进行检验，深埋流产物，消毒污染场所。

二 难产

难产是由于母体或胎儿异常所引起的胎儿不能顺利通过产道的

分娩疾病。难产不仅能造成胎儿死亡，有时还影响母羊的生命。

1. 诊断

【发病原因】引起难产的原因有三种，即产力异常、产道异常和胎儿姿势异常。饲养失调、营养不良、运动不足、体质虚弱、老龄或患有全身性疾病，引起母羊努责无力和阵缩微弱；母羊发育不全，过早配种，骨盆和产道狭窄或产道畸形，加之胎儿过大，无法顺利产出。胎儿姿势及胎位异常，常见的有胎儿头侧转、胎儿头俯状、胎儿头仰转、前肢或后肢关节屈曲、胎儿横位及胎儿畸形。此外，胎位不正、羊水破裂过早，也可能使胎儿不能产出，成为难产。

【临床症状】怀孕母羊发生阵痛，起卧不安，时常拱腰努责，回头望腹，阴门肿胀，从阴道流出红黄色浆液，有时露出部分胎衣，有时可见胎儿蹄或头，但胎儿长时间无法产下。

2. 防治措施

【治疗措施】为保证母仔安全，对难产母羊需进行全面检查，并及时进行人工助产术，对种羊可考虑剖宫产术。

助产时间：当母羊阵缩超过4h以上，而未见羊膜绒毛膜在阴门或阴门内破裂（山羊需0.5～4h，双胎间隔0.5～1h），母羊停止阵缩或阵缩无力时，需迅速进行人工助产，不可拖延时间，以防羔羊死亡。

助产准备：术前检查：询问母羊是否到了预产期，开始分娩的时间，初产或经产，努责及阵缩情况，前置部分进入产道与否，胎膜是否破裂，有无羊水流出，是否进行过助产，检查全身状况，如体温、呼吸、心跳、精神状态等。

保定及消毒：一般使母羊侧卧，保持安静，必要时可注射强心剂或输液等。使其前躯低、后躯稍高，以便矫正胎位。对术者和助手的手臂、助产器械（如产科绳、产科钩、产科钳及一般手术器械）进行消毒；对母羊阴户外周，用1∶5000的新洁尔灭溶液进行清洗。

产道检查：注意产道有无水肿、损伤、感染，产道表面干燥和湿润状态。

胎位、胎儿检查：术者将经消毒和涂上润滑油的手伸入阴道内检查胎儿姿势及胎位是否正常，判断胎儿死活。

助产方法：对于阵缩及努责微弱的母羊，可皮下注射垂体后叶素、麦角碱注射液 1～2mL。麦角制剂只限于子宫颈完全开张，胎势、胎位及胎向正常时方可使用，否则易引起子宫破裂。

子宫颈口不开张时，可肌内注射雌二醇 4mL、地塞米松 6mL，2h 后再进行助产。如果子宫颈仍然扩张不全或闭锁，胎儿不能产出，或骨骼变形，致使骨盆腔狭窄，胎儿无法正常通过产道时，可进行剖宫产急救胎儿，保护母羊安全。

常见胎儿异常引起的羊难产有胎头姿势不正、前肢姿势不正、后肢姿势不正三种。

1）胎头姿势不正可分为胎头侧转、胎头下弯、胎头后仰和头颈扭转等。

① 胎头侧转：两前肢从阴门伸出，不见胎头露出。在骨盆前缘或子宫内，可摸到转向一侧的胎头或胎颈。针对头颈侧转较轻者，可用手握住胎唇或眼眶，稍推胎头，然后就可拉出胎头，也可用手推胎儿的颈基部，腾出一定空间后，立即转握胎唇或眼眶拉正胎头。头颈侧转较重者，术者将手的中间三指套上单绳带入子宫，将绳套套住下颌拉紧，在推胎儿的同时，由助手拉绳拉正胎头。如果无法矫正时，可实行剖宫产。

② 胎头下弯：在阴门附近可能看到两蹄尖。在骨盆前缘胎头弯于两前肢之间，可摸到下弯的额部、顶部或下弯的颈部。针对胎头下弯较轻者，宜先缚好两前肢，然后手握胎儿下颌向上提并向前推。胎头下弯较重时，可用手将胎儿往后送入子宫底部，然后用手或产科绳套住下颌用力向外拉出胎头。

③ 胎头后仰：在产道内可发现两前肢向前，向后可摸到后仰的颈部的气管轮和向上的胎头。助产时，术者手握羔羊鼻端，一边左右摇摆，一边将胎头拉入产道。也可用单绳套套住下颌，在推动胎儿的同时，拉正胎头。

④ 头颈扭转：两前肢入产道，在产道内可摸到下颌向上的胎头，可能位于两前肢之间或下方。助产时将头推入子宫，用于扭正胎头，再拉入产道。

2）前肢姿势不正：前肢姿势不正可分为腕关节屈曲、肩肘屈曲、肩关节屈曲，但羊常见腕关节屈曲。

腕关节屈曲：在产道内或骨盆前缘可摸到正常胎头及弯曲的腕关节。助产时，首先把母羊后肢提起，使胎儿前移，便于矫正。术者用力将胎儿推至前方，然后握住不正肢之掌部，一边往里推，一边往上抬，再趁势下滑握住蹄子。在用力向上抬的同时，将蹄子拉入产道。如果徒手矫正有困难时，可使用绳套，术者用手握掌骨上端向上并向里推的同时，由助手拉绳子，可将屈曲肢拉直，矫正前肢。无法矫正时，可采用剖宫产手术。

3）后肢姿势不正：倒生时，后肢姿势不正，有跗关节屈曲和髋关节屈曲两种。

① 跗关节屈曲：一侧跗关节屈曲时，从产道伸出一后肢，蹄底向上，产道检查时可摸到尾巴、肛门及屈曲的跗关节。两侧性的，只能摸到尾巴、肛门及屈曲的两跗关节。助产方法基本和正生时腕关节屈曲相同。如果胎儿已死亡，可采用截胎术或剖宫产。

② 髋关节屈曲：一侧髋关节屈曲，从阴门伸出一蹄底向上的后肢，检查时可摸到尾巴、肛门、臀部及向前伸直的一后肢。两侧性的均可摸到尾巴、坐骨结节及向前伸的两后肢。治疗：首先用力推动胎儿，用手握胫部下端，也可用消毒绳拴住胫部下端往后拉，使之变成跗关节屈曲，再按跗关节屈曲的助产方法进行。两侧屈曲时，按同样方法进行。胎儿已经死亡或不易矫正拉出时，可进行剖宫产。

三 胎衣不下

胎衣不下是指孕羊分娩后4～6h，胎衣仍未完全排出的疾病。该病常引起子宫内膜炎而导致不孕，造成肉种羊的繁殖障碍。

1. 诊断

【发病原因】该病主要是由于母羊妊娠后期缺乏运动，饲料单一，缺乏矿物质、维生素和微量元素，饮饲失调，体质虚弱等引起；母羊过肥或瘦弱、胎儿过大、难产和错误助产引起子宫收缩弛缓，子宫收缩力不足，也可造成胎衣不下；此外，子宫内膜炎、布氏杆菌病等也可致病。据报道，羊缺硒也可致胎衣不下。

【临床症状】病羊常表现拱腰努责，食欲减少或废绝，精神委顿，喜卧地。体温升高，呼吸及脉搏增快。胎衣久久滞留不下，可发生腐败，从阴户中流出污红色腐败恶臭的恶露，其中杂有灰白色腐败的胎衣碎片或脉管。当全部胎衣不下时，部分胎衣从阴户中垂露于后肢跗关节部。

2. 防治措施

【治疗措施】病羊分娩后 24h 胎衣仍未排出的，可选用以下方法：

促进子宫收缩：垂体后叶素注射液或催产素注射液 0.8 ~ 1.0mL，1 次肌内注射。也可选用马来酸麦角新碱 0.5mg，1 次肌内注射。

促进胎儿胎盘与母体胎盘的分离：向子宫内灌注 5% ~ 10% 盐水 300mL。

预防胎衣腐败及子宫感染：在子宫黏膜与胎衣之间放入金霉素胶囊 50mg，每天或隔天 1 次，连用 2 ~ 3 次，以使子宫颈开放，排出腐败物。当体温升高时，宜用抗生素注射。

手术剥离：应用药物方法已达 48 ~ 72h 而不奏效者，应立即采用此法。保定好病羊，常规准备及消毒后，进行手术。如果母羊努责剧烈，可在后海穴注射 2% 普鲁卡因 5 ~ 10mL。向子宫内灌入 10% 盐水 100 ~ 200mL，促进胎儿胎盘与母体胎盘的分离。术者左手握住阴门外的胎衣，稍向外牵拉，右手沿胎衣表面伸入子宫，可用食指和中指夹住胎盘周围绒毛，以食指剥离开母仔胎盘相互结合的周边，剥离半周后，手向手背侧翻转以扭转绒毛膜，使其从小窦中拨出，与母体胎盘分离。子宫角尖端难以剥离的，常借子宫角的反射收缩而上升，再行剥离。最后在宫内灌注抗生素或防腐消毒的药液，如土霉素 1g，溶于 100mL 生理盐水中，注入子宫腔内，或注入 0.2% 普鲁卡因溶液 20 ~ 30mL，加入青霉素 40 万单位。

自然剥离法：不借助手术剥离，辅以防腐消毒药或抗生素，让胎膜自溶排出，达到自行剥离的目的。可于子宫内投入土霉素胶囊（每颗含 0.5g 土霉素），效果较好。

中药疗法：当归 9g、白术 6g、益母草 9g、桃仁 3g、红花 6g、川芎 3g、陈皮 3g，共研细末，开水调后内服。

【预防措施】加强妊娠母羊的饲养管理，饲喂矿物质和维生素丰富的优质饲料，但同时要防止孕羊过肥。产前 5 天内不宜过多饲喂精饲料，增加光照，舍饲羊适当增加运动，搞好羊圈和产房的卫生和消毒，分娩时产房保持安静，分娩后让母羊舔舐羔羊身上的羊水，尽早让羔羊吮乳或人工挤奶。避免给分娩后的母羊饮冷水。积极做好布鲁氏杆菌病的防治工作。为了预防本病，还可用亚硒酸钠维生素 E 注射液，妊娠期肌内注射 3 次，每次 0.5mL。

四 生产瘫痪

生产瘫痪又称乳热症，是产后母羊突然发生的一种急性低血钙症，其特征是羊分娩后四肢瘫痪，站立不起，咽、舌、肠道麻痹。多发生于 3 ~6 岁的高产、营养良好的羊。

1. 诊断

【发病原因】母羊分娩前后，大量血钙进入初乳，引起血钙浓度急剧下降；妊娠后半期由于胎儿发育的消耗和骨骼吸收能力的增强，使母体骨骼中储存的钙量大为减少。分娩过程中，大脑皮层由过度兴奋转为抑制状态，分娩后腹压突然降低，腹腔器官被动性充血，同时血液大量进入乳房，引起暂时性的脑部充血，导致大脑皮层抑制程度加深，从而使甲状旁腺功能减退，以致无法维持体内钙的平衡。分娩前后母羊肠道消化机能减弱，致使钙的吸收率降低。舍饲羊若精饲料中钙量不足，运输、日粮变更、饥饿及饮水不足等应激可诱发该病。

【临床症状】病羊虚弱，精神高度沉郁，体温偏低，食欲减少，反刍停止。四肢凉感，头歪向一侧，四肢瘫痪，卧地无法站立。对各种刺激反应迟钝，呈昏迷状，人工扶起羊体后，羊四肢不能支持站立而又卧地。血检钙含量在 6mg/100mL 以下，正常值为 8mg/100mL。临床上以产后 24h 发病的最多，且病情发展快而严重，如果不及时抢救常引起死亡。

2. 防治措施

【治疗措施】以尽快提高血液中钙离子的浓度，减少钙的流失为主，辅以对症治疗。静脉注射 5% 氯化钙、10% 葡萄糖酸钙或 40% 硼葡萄糖酸钙，配合强心、补液、缓泻等。

乳房送风法：以抑制泌乳，减少血钙流失。具体方法为将乳房消毒后，用通乳针依次向每个乳头管内注入青霉素 40 万单位、链霉素50万单位（用生理盐水溶解）。然后再用乳房送风器或100mL注射器依次向每个乳头管注入空气，注入空气的适宜量，以乳房皮肤紧张，乳腺基部的边缘清楚并且变厚，轻叩呈现鼓音为标准。送完气后，用纱布将乳头轻轻束住，防止空气逸出。待病羊站起后，经过1h，将纱布解除。

中药疗法：加味归芪益母汤（党参、白术、益母草、黄芪、甘草、当归各30g，白芍、陈皮、大枣各20g，升麻、柴胡各10g），水煎，候温加白酒100mL灌服，每天1剂。

加强病羊护理，每天翻转3～5次。

【预防措施】怀孕期间加强饲养管理，产前两周减少含钙多及高蛋白的饲料，每天保持足够的运动，增加阳光照射；分娩后立即给母羊饮温盐水和补充钙质饲料，促使降低的血压迅速恢复正常。避免应激，不要突然改变日粮，也不要轻易转运妊娠母羊。

五 乳房炎

乳房炎是由于病原微生物感染引起的乳腺、乳池和乳头局部的炎症。其临床特征是乳腺组织发生各种不同性质的炎症，乳房发热、红肿、疼痛，影响泌乳功能，导致产乳量减少。多见于泌乳期的山羊，尤其是奶山羊。常见的有浆液性乳房炎、卡他性乳房炎、脓性乳房炎和出血性乳房炎四类。

1. 诊断

【发病原因】病因较为复杂，其中以机械损伤和细菌感染较为重要，病菌通过乳导管、乳头损伤或血管侵入而引起。多见于挤乳技术不熟练，损伤乳头、乳腺，挤乳工具不卫生，乳房、乳头消毒不严、卫生不良，羔羊吃乳咬伤乳头等，使乳房受到细菌感染所致，病菌主要有葡萄球菌、链球菌和肠道杆菌等。另外，结核病、口蹄疫、子宫炎、羊痘、脓毒败血症等疾病也可导致乳房炎的发生。

【临床症状】

急性乳房炎：乳房局部红、肿、热、痛、硬结，泌乳量明显减少，乳汁性状发生改变，其中混有血液、脓汁或絮状物等，呈现褐色或浅红色。挤乳或羔羊吃乳时，母羊抗拒、躲闪。随着炎症延续，病羊体温升高，可达41℃，食欲减退或废绝，瘤胃蠕动和反刍停止，严重的还会导致败血症而死亡。

慢性乳房炎：多因急性未彻底治愈而引发，病程延长。通常无明显的全身症状，病变乳房组织弹性降低，局部萎缩变硬，触诊乳房时，发现大小不等的硬块；乳汁稀薄、清淡，泌乳量显著下降，乳汁中带颗粒状或絮状凝乳块。

化脓性乳房炎：乳腺可形成脓腔，使腔体与乳腺管相通，若穿透皮肤可形成瘘管。山羊可患坏疽性乳房炎，为地方流行性急性炎症。该病多发生于产羔后4～6周。结核病时乳腺组织中或其他内脏器官可形成结核结节和干酪样坏死。

【诊断要点】急性乳房炎症状明显，根据乳汁和乳房的变化，即可做出诊断。隐性乳房炎无临床症状，乳汁也无可见变化，但乳汁的体细胞数量、酸度及导电率等均高于正常值，通过实验室检查即可做出诊断。

2. 防治措施

【治疗措施】

1）乳房内注入药液：乳池内注入抗生素，是治疗乳房炎的常用方法，常用的药物有青霉素、链霉素、四环素等。操作时先将患区乳房乳汁挤净，局部用75%酒精消毒，将消毒过的乳导管轻轻插入乳头内，向乳头内注入抗生素（如青霉素40万单位，0.5%普鲁卡因5mL；或普链新霉素：含普鲁卡因青霉素30万单位、硫酸双氢链霉素100mg、硫酸新霉素100mg，每支10mL），轻揉乳房腺体，使药液分布于乳腺中，或应用青霉素普鲁卡因溶液进行乳房基部封闭。

2）促进炎性渗出物吸收和消散：炎症初期需要冷敷，2～3天后可施行热敷。采用10%硫酸镁水溶液1000mL，加热至45℃，每天外洗热敷1～2次，连用4次。涂擦樟脑软膏或用常醋调制复方醋酸铝散等药物，以促进炎性渗出物吸收，消散炎症。

3）脓性乳房炎及开口于乳池深部的脓肿：可向乳房脓腔内注入0.02%呋喃西林溶液，或用0.1%～0.25%雷佛奴耳溶液。采用3%过氧化氢溶液或0.1%高锰酸钾溶液冲洗消毒脓腔，引流排脓。必要时应用四环素类药物静脉注射，以消炎和增强机体抗病能力。

4）对有全身症状的病羊要肌内注射青霉素、链霉素针剂或口服磺胺类药物进行全身治疗。

中药治疗：急性者可用当归15g、生地6g、蒲公英30g、金银花12g、连翘6g、赤芍6g、川芎6g、瓜蒌6g、龙胆草12g、栀子6g、甘草10g，共研细末，开水调服，每天1剂，连用5天。

【预防措施】保持羊圈清洁卫生，使乳房经常保持清洁，定期消毒棚圈，发现病羊隔离饲养，单独挤乳，防止病菌扩散；保持乳房清洁，每次挤奶前采用洁净温水清洗乳房和乳头，再用毛巾擦干，挤完奶后，采用0.2%~0.3%氯胺丁溶液或0.05%新洁尔灭浸泡或擦拭乳头；防止机械性或负压过大引起乳头管黏膜及皮肤损伤；干乳期可将抗生素注入每个乳头管内；加强饲养管理，对于枯草季节，适当补喂草料、青贮饲料；分娩前如果乳房过度肿胀，应减少精饲料和青绿饲料的供给。

六 子宫内膜炎

由于分娩时或产后子宫感染，而使子宫内膜发炎。以屡配不孕，经常从阴道内流出浆液性或脓性分泌物为特征。

1. 诊断

【发病原因】由于分娩、助产、子宫内翻或脱出、阴道脱出、胎衣不下、子宫复旧不全、腹膜炎、胎儿死于腹中、配种或人工授精过程中消毒不严等导致细菌感染而引起子宫内膜发生炎症。羊舍不洁，特别是羊床潮湿、有粪尿积聚、母羊外阴部容易感染细菌并进入阴道及子宫，引发感染。也可能由于某些传染病病原（如李氏杆菌病、布氏杆菌病、结核杆菌病、衣原体）的存在导致母羊子宫内膜炎。

【临床症状】常见的有急性和慢性两种。按炎症性质可分为卡他性、出血性和化脓性子宫内膜炎。

急性子宫内膜炎：多发生于分娩过程中或分娩、流产后一段时间。病羊精神沉郁，体温升高，食欲不振，反刍减弱或停止，因有疼痛反应而磨牙、呻吟。可继发前胃弛缓，拱背、频频努责，常做排尿姿势，尾下外阴污染，脓性、血性分泌物，卧下时从阴道流出白色污秽样脓性分泌物，有腥臭味。如果不及时治疗，可引发子宫坏死、阴道炎，甚至引发败血症或脓毒败血症导致病羊死亡。有时可继发腹膜炎、肺炎、膀胱炎、乳腺炎等。

慢性子宫内膜炎：病情较急性轻微，病程长，多由急性炎症转变而来。病羊经常从阴道内排出浆液性分泌物，全身症状不明显，无体温变化，食欲正常，但配种后不易受孕或早期流产。

2. 防治措施

【治疗措施】治疗原则：抗菌消炎，防止感染扩散，促进子宫收缩，排除子宫腔内渗出物。

净化清洗子宫：可选用0.1%高锰酸钾溶液或0.1%～0.2%雷佛奴耳或2%氧氟沙星溶液冲洗子宫，然后用虹吸法排出灌入子宫内的消毒溶液，反复冲洗直至冲洗液透明为止。每天1次，可连用3～4次。待充分排出冲洗液后，向子宫内投入抗生素药物。对伴有全身症状的病例，为避免引起感染扩散，禁用冲洗疗法，只把抗生素或磺胺药放入子宫内，同时全身应用抗生素。

抑菌消炎：可在冲洗后给羊子宫内注入碘甘油3mL，或投放土霉素（0.5g）胶囊。或用青霉素80万单位、链霉素50万单位，肌内注射，每天早晚各1次。

促进子宫收缩和增强子宫防御机能，排除子宫内的渗出物：可用缩宫素（催产素）注射液皮下或肌内注射，一次量10～50单位；或用马来酸麦角新碱注射液肌内或静脉注射，一次量0.5～1mg。

治疗自体中毒：应用10%葡萄糖液100mL、林格液100mL、5%碳酸氢钠溶液30～50mL，1次静脉注射；同时，肌内注射维生素C 200mg。

【预防措施】搞好圈舍和产房的环境卫生，在母羊助产和人工授精等操作时要注意消毒，尽量减少人为对产道的损伤。及时治疗产道损伤、胎衣不下、阴道炎、子宫脱出等疾病，防止感染发炎。产后1周内，经常检查母羊，特别注意阴道排出物有无异常变化，如果有臭味或排出时间延长，应仔细检查、及时治疗。对于自然交配的羊群要定期检查公羊的生殖器官，看是否有炎症化脓情况，防止公羊在配种时传播感染。

第十二章 山羊常见营养代谢病

山羊的营养代谢疾病主要包括糖、脂肪和蛋白质代谢障碍，矿物质和水、盐代谢紊乱，维生素缺乏症及微量元素缺乏症和过多症等几个方面。造成山羊营养代谢病的病因是复杂的，既有饲养日粮的因素，也有日常管理的因素，甚至还与地理环境或天气条件有关。

第一节 营养代谢障碍疾病

一 妊娠毒血症

母羊妊娠毒血症又称妊娠酮血症，是母羊怀孕末期发生的一种代谢紊乱性疾病。临床上以低血糖、高酮体（酮血、酮尿）及神经功能紊乱，虚弱和瞎眼等为特征。山羊一般发病不多，在饲养条件异常恶劣时偶然发生，纯种乳山羊多发，多胎妊娠羊易发，舍饲而且运动少、饲养条件不良、精饲料极度缺乏，粗饲料数量及质量均不足时可诱发本病。本病多呈急性过程，平均死亡日期是在发病后3～7天。

1. 诊断

【发病原因】怀孕后期的母羊特别是怀多羔或胎儿过大的母羊需要消耗大量的营养，此阶段胎儿的主要组织和器官发育非常迅速，如果母羊营养不良，不能满足胎儿发育的需要，就会动用自身体内的糖原、脂肪和蛋白质，造成体内代谢紊乱，引起肝机能受损，同时体内酮体增多是本病发生的根本原因。饥饿和环境因素变化引起的应激反应，特别是二者共同作用于怀多羔的母羊时，是促成本病发生的重要因素。

分娩前 10～20 天，有时则在分娩前 2～3 天，母羊营养不足、饲料单一、品质低、维生素及矿物质缺乏，日粮不平衡，特别是饲喂低蛋白、低脂肪的饲料，且碳水化合物供给不足时，极易发生妊娠毒血症。

妊娠早期过于肥胖的母羊在妊娠末期突然降低营养水平，或者是为了防止本病的发生，于怀孕后期把羊转移到营养较好的草场，致使羊群不习惯新草场的牧草，采食不好，更易发生此病；膘情好的母羊在优良牧草的牧地上放牧，由于运动不足或突然减少摄入的饲草数量，也易发病。

【临床症状】常发生于妊娠后期的最后一个月，以分娩前 10～20 天者居多，也有在分娩前 2～3 天发病者。临床表现与神经型酮病相似，病初精神沉郁，放牧或运动时离群呆立；瞳孔散大，视力减退，角膜反射消失，不断咩叫，不愿走动，即使陌生人或其他动物走近时，病羊仅扭转身体而不移动，有时站在水中长时间不走或就地歇息；出现意识扰乱，随后精神极度沉郁，黏膜黄染，食欲减退或废绝，粪便干燥，常便秘，磨牙，瘤胃迟缓，反刍停止，呼吸浅快，呼出的气体有丙酮味，脉搏快而弱。发病 1～2 天后病羊衰竭，静静躺卧，头靠腹部或向前平伸，在随后几小时或 1 天左右发生昏迷和死亡。

中后期表现运动失调，行动拘谨或不愿行动，行走时步态不稳，无目的地走动，或经常头部紧靠在某一物体上，或做转圈运动。粪便干而少，尿频。严重的视力丧失，肌纤维震颤或痉挛，头向后仰或弯向一侧，有的昏迷，全身痉挛，常因极度虚弱而死亡。幸存者常伴有难产，羔羊极度虚弱或出生不久便死亡。

【病理剖检】整体消瘦，可视黏膜苍白，肌肉萎缩，肝脏肿大松软、边缘钝、质脆易碎、呈不同程度的黄染、表面有针尖大小的出血点、切面稍外翻，胆囊肿大，充积胆汁，胆汁为黄绿色水样；肾脏肿大、色浅，包膜极易剥离，切面外翻，皮质部为棕土黄色，满布小红点，髓质部为棕红色，有放射状红色条纹；肺脏瘀血且肺泡坏死，两侧肺尖高度充气，膈叶瘀血水肿，色暗红；小肠瘀血、出血；脑部充血、出血；心包积液，心肌无明显变化，心耳有出血点，右心室高度扩张，冠状沟有孤立的出血点及出血斑；脾脏有出血点；胎水呈污红色；胎儿发育不良，均为多胎妊娠，胎儿的变化与母体基本相同，但较轻微；消化器官多无大变化。

【诊断要点】根据怀孕后期有明显的神经症状，失明，呼出气中有酮臭味，6~7天内死亡，低血糖和高血酮，血清总蛋白含量减少，血糖降至0.14mmol/L（正常3.33~4.99mmol/L），血酮升至547mmol/L或以上（正常5.85mmol/L），β-羟丁酸从0.47mmol/L升至8.50mmol/L，血浆游离脂肪酸增多。尿酮呈阳性，淋巴细胞及酸性粒细胞减少；后期血清非蛋白含量升高，有时可发展为高血糖。

【鉴别诊断】诊断中应与李氏杆菌病、伪狂犬病相区别，前者表现奇痒，而且发热，伪狂犬病呈现躁狂，瘫痪常是致死性的。脑脓肿，中耳炎发病是个别的。羊快疫仅在有传媒昆虫存在时才发生，并伴有发热。

2. 防治措施

【治疗措施】

治疗原则：补糖，保肝，解毒。

停喂富含蛋白质及脂肪的精饲料，增加富含碳水化合物的饲料，如青草、块根及优质干草等。给饮水中加入蔗糖、葡萄糖或糖浆，每天重复饮用，连给4~5天。水中加糖的浓度可按20%~30%计算。也可静脉注射20%~50%葡萄糖溶液，每天两次，每次80~100mL。给予碳酸氢钠，口服、灌肠或静脉注射，纠正酸中毒。注射可的松或促皮质素：醋酸可的松或氢化可的松为10~20mg，前者肌内注射，后者静脉注射（用前混入25倍的5%葡萄糖或生理盐水中）。

如果上述方法无效，可尽快施行剖宫产或人工引产，当胎儿产出后症状随即消失。

【预防措施】合理配合日粮，防止日粮成分突然变化。妊娠后期母羊，须喂营养充足的优良饲草、饲料，保证供给母羊所必需的碳水化合物、蛋白质、矿物质和维生素。产前2个月内，补喂精饲料，从产前2个月起每天125g，其中蛋白质含量为10%，以后逐渐增加到每天0.7 kg。临产前的母羊，每当降雪之后、天气骤变或者运输时，补饲胡萝卜、甜菜及青贮等多汁饲料。舍饲母羊，应该每天驱赶运动两次，每次半小时。冬季牧草不足时，放牧母羊应补饲适量的青干草及精饲料。

二 醋酮血病

羊的醋酮血病又称为酮病、酮血病、酮尿病，是由于蛋白质、脂肪和糖的代谢发生紊乱，在血液、乳、尿及组织内酮的化合物蓄积所引起全身性功能失调的一种代谢性疾病。多见于冬季舍饲的奶山羊和高产母羊泌乳的第一个月，主要是由于饲养管理上的错误，其营养不能满足大量泌乳的需要而发病。其主要特征为血液、乳汁、尿中酮体含量增高，血糖浓度降低，消化功能紊乱，机体消瘦，有时还有神经症状，该病多见于营养好的母羊、高产母羊及妊娠羊，死亡率高。

1. 诊断

【发病原因】 反刍动物的能量和葡萄糖主要来自瘤胃微生物酵解大量维生素生成的挥发性脂肪酸（主要是丙酸）经糖异生途径转化来的葡萄糖，凡是引起瘤胃内丙酸生成减少的因素，都可引起酮病发生。根据发病原因，可分为原发性酮病和继发性酮病两类。

原发性酮病：常由于大量饲喂高蛋白、高脂肪含量的饲料（如豆类、油饼），而碳水化合物饲料（粗纤维丰富的干草、青草、禾本科谷类、多汁的块根饲料等）不足，或突然给予多量蛋白质和脂肪的饲料，特别是在缺乏糖和粗饲料的情况下供给多量精饲料，造成能量供应不足而动员体内储备，产生大量酮体积聚在血液中发生该病。

继发性酮病：继发于前胃弛缓、真胃炎、子宫炎和饲料中毒等过程中。主要是由于瘤胃代谢扰乱而影响维生素 B_{12} 的合成，导致肝脏利用丙酸盐的能力下降；瘤胃微生物异常活动所产生的短链脂肪酸，也与酮病的发生关系密切。肝脏原发性或继发性疾病，都可能影响糖异生作用而诱发酮病，例如妊娠期肥胖、运动不足、维生素 A、维生素 B 以及矿物质不足等。

【临床症状】 病初表现反复无常的消化扰乱，食欲降低，常有异食癖，喜吃干草及污染的饲料，拒食精饲料。反刍减少，瘤胃及肠蠕动减弱。粪球干小，上附黏液，恶臭，有时便秘与腹泻交替发生。排尿减少，尿呈浅黄色水样，初呈中性，以后变为酸性，易形成泡沫，有特异的醋酮气味。泌乳量减少，乳汁有特异的醋酮气味。肝脏叩诊区扩大并有痛感。

【病理剖检】主要表现为肝脏的脂肪变性，严重病例的肝比正常大2~3倍，其他实质器官也出现不同程度的脂肪变性。

【诊断要点】病羊呼出的气体及排出的尿液和分泌的乳汁由于含有酮体而发出丙酮气味或烂苹果味。尿液易形成泡沫，pH下降，应用亚硝基铁氰化钠法检验尿液呈阳性。

2. 防治措施

【治疗措施】

1）提高血糖的含量，静脉注射高渗葡萄糖50~100mL，每天2次，连续3~5天，可与胰岛素5~8国际单位混合注入。

2）发病后可立即肌内注射可的松0.2~0.3g或促肾上腺皮质素20~40国际单位，每天1次，连用4~6次。丙酸钠每天250g，混入饲料中喂给，共给10天。还可内服丙二醇100~120mL，每天2次，连用7~10天。

3）内服甘油30mL，每天2次，连续7天。

4）为了恢复氧化-还原过程及新陈代谢，可口服柠檬酸钠或醋酸钠，剂量按300mg/kg体重计算，连服4~5天。还可用硫代硫酸钠2g，葡萄糖20~40g，蒸馏水加至100mL制成注射剂，每次静脉注射30~80mL。

5）供给维生素A、维生素B、维生素D及矿物质（钙、磷、食盐等）。

6）加强对病羊的护理，适当减少精饲料的饲喂量，增喂碳水化合物和富含维生素的饲料。适当运动，增强胃肠消化功能。

【预防措施】改善饲养条件，应保证供应充分的全价饲料，建立定期检查制度，发现病羊后，应立即采取防治措施。

三 骨软病

骨软病是成年羊的一种慢性无热性疾病，由于体内钙、磷代谢紊乱而发生，以全身性矿物质代谢紊乱和进行性脱钙，骨骼软化变形，疏松易碎为特征。主要见于母山羊，绵羊发生较少。

1. 诊断

【发病原因】一般认为钙质不足是主要原因，引起钙质不足的常见情况如下。

钙、磷量供给不足：低洼的沼泽土、泥炭土或沙土地区，土壤中钙、磷含量较少，造成地区性缺钙；或长期饲喂天然缺乏钙、磷的饲料（例如精饲料和甜菜、马铃薯、酒糟等多汁饲料），又没补喂骨粉或其他钙盐；或干旱年份土壤表层的矿物性盐类不能充分溶解，造成饲料性植物缺乏磷酸和钙质，均可引起钙、磷的供给不足。

饲料中的钙、磷比例不当：由于饲料中含磷不足或钙、磷比例失调，使钙、磷代谢紊乱和调节发生障碍，血液中钙含量下降，间接地刺激甲状旁腺激素的分泌，导致骨骼中钙盐溶解和促进肾小管重吸收以维持血钙水平来满足机体的需要，从而使骨骼发生明显的脱钙症状，呈现骨质疏松。这种疏松结构由被过度形成的未钙化的骨样组织所代替，从而引起骨质软化。

钙的需要量增加：母山羊在怀孕期因胎儿生长而对钙的需求较高，或在泌乳期产奶量大而使钙、磷随之排出，若还按一般需要量供给，就会发生钙、磷相对缺乏的现象。

维生素 D 不足：饲料中缺乏维生素 D，或者因为长期消化扰乱而使其吸收利用降低。

其他原因：甲状旁腺机能亢进。

【临床症状】

初期：精神不好，食欲减退，味觉异常。病羊躺卧，喜欢啃吃石、砖、黏土、水泥、被煤烟所污染的或腐朽的木器，以及墙壁的涂抹物。随着疾病的发展，味觉异常逐渐加剧，喜食带有恶臭气味的物体，如找食畜舍中被粪便玷污的物体。最后，不吃质地良好的饲料，也不愿喝清洁的饮水，只喜吃垫草和饮用粪汁与尿。食欲由减退直到完全消失。

中期：表现出明显的骨软病的特征。病羊不愿起立，当驱赶起立时，弯背站立，四肢叉开，勉强能走，微小的肌肉运动都会伴有呻吟声。行走和起立时可听到关节中发出响声。压其背骨、关节和脊柱时，非常敏感，叩诊时有疼痛感。泌乳减少或完全停止，妊娠母羊往往发生流产。

末期：特征为骨的进行性软化。山羊的骨质软化可分为两种类型，一种主要表现为面骨与颅骨的剧烈膨大（骨质疏松），脊柱与骨盆骨软化，而四肢病变较轻，病羊稍能运动；另一种表现为运动剧烈紊乱，顽固地卧地不起，臀部呈麻痹状态，拒食，有强直性痉挛，应激性增高。在痉挛发作时，血中钙的百分比有时降低，而磷的百分比则常增高。

【病理剖检】骨骼表面粗糙，呈齿形骨质疏松，间隙扩大多孔，呈海绵状，易折断，多发生在肋骨、肱骨、股骨、盆骨等部位。

【诊断要点】根据发病特点、临床症状、剖检变化、血清学检验钙磷水平可进行确诊。

2. 防治措施

【治疗措施】饲喂富含钙、磷的饲料，如三叶草、豆科干草与秸秆，以及燕麦、油饼和青绿饲料。喂给食盐、纯钙与磷的制剂或带有鱼肝油的制剂，入骨粉与蛋壳。为了减轻异嗜癖，可以适量喂给碱剂（小苏打）。对于泌乳的羊，可以少量挤奶或停止挤奶，限制精饲料给量，并给以中等剂量的泻剂。用石英灯紫外线治疗，可获得良好效果，每次照射时间为15～30min，距离光源1m。对较重的病例，除补饲骨粉外，配合静脉注射钙、磷制剂，如30%次磷酸钙注射液20mL，每天1次，连用3～5天。同时注射维生素D_2，每次1～2mL，隔1～2天注射1次，连续多次。

针灸治疗：取前肢两侧抢风穴，剪毛消毒，先将针头刺入穴位3～4cm，得气后，接上针管抽吸无回血后，缓慢注入10%葡萄糖酸钙注射液，每穴5mL；拔针时，用左手紧压穴部皮肤快速抽拔出针。并用三棱针点刺通关穴，停用青霉素80万单位和安乃近2～4mL。待跛行明显减轻，采食量大增时，再注射1次，羊只跛行均可消失，体温恢复正常。

【预防措施】根据羊不同生理阶段对矿物质营养的需要，及时调整日粮中的钙、磷比例及维生素D的含量是预防本病的关键。在羊怀孕和泌乳期间更应该引起足够的重视。

第二节 微量元素缺乏疾病

一 食毛症

食毛症是动物异食癖中的一种异常行为综合征，多因代谢机能紊乱、味觉异常引起，常群发于冬季舍饲的羔羊，其特征是喜欢啃食羊毛，由于食毛量过多可影响消化，因而常伴发臌气和腹痛，严重时因毛球阻塞肠道形成肠梗塞而造成死亡。

1. 诊断

【发病原因】一般认为饲料中维生素 B_2 和矿物质缺乏是本病的根本原因，日常饲养管理中的多种因素均可引起。日粮中含硫氨基酸（胱氨酸、半胱氨酸和蛋氨酸）缺乏，钴、铜以及钙、磷缺乏或比例失调均可引发此病。尤其当圈养山羊饲养密度太大，积粪太多，异味严重，羊毛脱落较多致羊群互相舔食时更为严重。另外，羊群患疥螨等寄生虫病引起严重脱毛时，加之羊只营养不良，舔食土块、破布等异物，互相摩擦、啃咬，以致顺口吞下羊毛时也可引发本病。

【临床症状】初期，仅个别羔羊啃咬和食入母羊的毛，有时主要拔吃颈部和肩部的毛，有时却专吃母羊腹部、后肢及尾部的脏毛，或舔食散落在地面的羊毛，并喜食污粪或舔土。后期则羔羊之间也可能互相啃咬被毛。一般是晚间入圈时啃吃得比较厉害，早晨出圈时也可以看到拔吃羊毛的现象。起初只见少数羔羊吃毛，以后可迅速增多，甚至波及全群。

当食入的毛球成形，毛球滞留在瘤胃或网胃时，一般无明显症状。当毛球横径大于幽门或嵌入肠道，使真胃和肠道阻塞时，病羊精神沉郁，食欲废绝，呼吸急促，嘴角有少许泡沫，消化不良或便秘，逐渐消瘦和贫血，腹痛，胀气，患腹膜炎，肛门皮毛被稀便污染。最后因心脏衰弱而死亡。成年羊食毛，常使整群羊被毛脱落，全身或局部缺毛，出现裸体羊。

【病理剖检】解剖时可见心、肺、肾均正常，肝略微肿大，胆囊增大，真胃内有大小不一的毛球，奶汁滞留，有奶酪状乳状物，肠道有长絮状毛缕，膀胱充盈。三胃内和幽门处有许多羊毛球，其坚硬如石，甚至形成堵塞。

【诊断要点】

腹部触诊，有时可感到真胃或肠内有枣核大至核桃大的圆形硬块，有滑动感，指压不变形。在发现羊只大量吃毛现象时，容易进行诊断。但病羊发病前如果疏于管理，且因饲养数量多而不易发现，就诊时已至晚期。其他疾病，如佝偻病、软骨症、疥螨病和绵羊痒病等，亦可呈现舔食羊毛现象，但不会如此广泛。骨代谢障碍时，除舔食羊毛症外，尚可见骨骼变形。疥螨病可通过皮肤寄生虫检查加以鉴别。

2. 防治措施

【治疗措施】

1）灌服植物油、液体石蜡、人工盐或碳酸氢钠。

2）腹泻者进行强心补液。用樟脑磺酸钠或安钠咖 5～10mL 肌内注射，每天 2 次；用 5% 糖盐水 500～1000mL、25% 葡萄糖 200mL 静脉注射，每天 1 次；酸中毒者，可每次静脉注射 200～300mL 碳酸氢钠注射液，每天 1 次。

3）每 5 只羔羊每天喂 1～2 枚鸡蛋，连蛋壳捣碎，拌入饲料内或放入奶中饲喂 5 天，停 5 天，再喂 5 天，可控制食毛症的发生。

4）用食盐 40 份、碳酸钙 35 份，进行充分混合，掺在少量麸皮内，置于饲槽中，任羔羊自由舔食。

5）病情严重的可用手术方法切开真胃，取出毛球。

【预防措施】调整日粮结构，饲喂全价饲料，增加优质青干草或青贮饲料，改换放牧地，增加维生素的补给，添加无机盐及微量元素等饲料添加剂。加强管理，保证合理圈养密度，保持圈舍卫生，及时清理羊体散落的羊毛。定时消毒，合理安排户外活动，保证充足的日光照射。严格定期驱虫，防止寄生虫病发生。发现病羊及时隔离，避免群食现象。

二 低镁血症

羊低镁血症又称为“青草搐搦病”，是一种由镁缺乏引起的镁、钙、磷的比例失调而导致的以全身肌肉搐搦为特征的营养代谢性疾病。本病常见于牛、羊，以春、秋两季多发，其发病率虽低，但死亡率可超过 70%。

1. 诊断

【发病原因】主要是饲料中含镁过少或吸收镁不足而导致血镁过少；在迅速生长的春季草场放牧或青绿禾谷类作物田间放牧，可引发本病，这可能因植物含镁低而含钾高，钾又和镁竞争吸收，而继发低镁血症。常患有胃肠疾病，胆管疾病，消化机能障碍，或食入钙、蛋白质过多时，会影响镁的吸收；反刍动物体内尚无明显有效的维持镁平衡的机制，缺乏动员大量镁贮的能力。

泌乳期母山羊较容易发病，一段时间的饥饿足以引起泌乳期母山羊明显的低镁血症。气候变化，特别是当气温急剧下降或多雨季节，甲状腺功能亢进时，也可诱发本病或促使本病急性发作。

【临床症状】病羊开始少食，逐渐绝食，精神委顿，行走摇摆，流口水，屈膝困难，似感冒状。继而尾和四肢僵硬，有的尾根略偏一侧呈弧形，频频出现阵发性痉挛，卧地不起，四肢滑动，牙关紧闭，伸舌，瞳孔散大，头向一侧或后方弯曲呈“S”状。有的羊出现惊厥，与外界刺激往往出现肌肉震颤、角弓反张、呼吸加快、抽搐加剧。偶尔出现转圈运动，横冲直撞。病羊体温 38.5～39.5℃，病程一般 5～25 天。本病在鉴别诊断上应与破伤风、闹羊花中毒相区别。

【病理剖检】主要为脑毛细血管严重充血或瘀血，其他脏器未见异常。

【诊断要点】根据发病的季节性特点和临床症状，可以做出初步诊断。从舍饲转入多汁、丰盛的草场，气候突变，或放牧于麦类草场，如果遇到泌乳母羊突然发生运动不协调，过敏或搐搦时，即可怀疑为本病。检测血清镁和脑脊液镁含量降低及镁剂治疗效果显著，可确诊。

2. 防治措施

【治疗措施】用钙镁合剂 20～40mL，静脉注射；或用 25% 硫酸镁溶液 10mL，肌内注射；也可将 1～2g 硫酸镁溶于 5% 葡萄糖溶液 100mL 中，缓慢静脉注射。症状好转后改为肌内注射维持量：10% 葡萄糖酸钙 25mL 静脉注射，再用 20% 硫酸镁或氯化镁 10～20mL 皮下注射；同时内服氯化镁 3g，至少连服一周，而后逐渐停止。

【预防措施】因为大部分低镁血症发生在冬季和早春，此时都有补饲精饲料的习惯，在精饲料中添加菱镁矿石粉，每天每只羊可按8g加入，或加入氧化镁，每天每只羊可按7g加入（相当于4.22g镁），或隔天加14g，都有明显效果。补饲开始即产生保护作用，停止补饲其作用立即中断。改善草场植被中的镁含量，草地上按每公顷喷洒14kg菱镁矿石粉，或者在肥料中加入氧化镁，都有预防低镁血症的作用。

三 铜缺乏症

铜缺乏症是由于饲料中含铜量不足及组织对铜的利用发生障碍，造成动物体内铜不足而引起的一种营养代谢病。羊体不同脏器和部位的铜含量各异，肝脏是铜的主要储存器官。当铜缺乏时，其组织器官中的铜含量都明显减少，从而使羊发病，临床上以贫血、腹泻、被毛褪色、共济失调为特征。

1. 诊断

【发病原因】土壤中铜含量不足或存在拮抗植物吸收铜的物质而引起牧草和饲料中铜不足是导致动物铜缺乏的原发性因素。在缺乏有机质和高度风化的沙土地，以及沼泽地带的泥炭土和腐殖土含铜量不足，或者土壤中钼含量过高及高磷、高氮土壤，均可影响植物对铜的吸收和利用。在这种土壤上生长的植物，其干物质中含铜量低于铜的临界值，羊只长期采食这种牧草就会导致铜摄入不足，引起发病。

饲料和饮水中含铜量充足，而其他因素引起铜吸收减少是导致动物铜缺乏的继发性因素。钼与铜具有拮抗作用，饲料中含钼过多，可妨碍铜的吸收和利用，一般认为，饲料中含钼量低于3mg/kg时无害，而铜和钼的比例低于5:1时可诱发本病。

此外，铜的拮抗因子还有锌、铅、镉等都能干扰铜的吸收利用，当其摄入过量时，即使饲料中铜含量正常，仍可造成铜摄入不足、排泄过多，引起铜缺乏病。年龄因素对铜的吸收也有一定的影响。

【临床症状】

原发性缺铜：病羊食欲减退，异嗜，生长发育缓慢，性周期延迟或不发情，流产。被毛干燥、无弹性、绒化，卷曲消失，形成直毛或钢丝毛，毛纤维易断。但各品种羊对缺铜的敏感性不一样，如羔羊晃腰病，见于3~6周龄，是先天营养性缺铜病，表现为生后即死，或不能站立，不能吮乳，共济失调，运动不协调或运动时后躯摇晃，故也称为摇背症。

继发性缺铜：山羊表现为运动失调，腹泻，腹泻严重而呈持续性，仅影响未断乳的羔羊，多发于1~2月龄，主要是运动不稳，尤其驱赶时，后躯倒地，持续3~4天后，多数患羔可以存活，但易骨折，如果波及前肢，则动物卧地不起。但食欲无改变。山羊缺铜仅发生于幼羔至32月龄，表现为运动失调。

【病理剖检】特征性病变是血液稀薄，被毛褪色，肝、脾肿大，颜色变暗；肝、脾和肾等器官广泛性血铁黄素沉着。皱胃和肠黏膜明显充血，小肠黏膜萎缩，大部分被纤维组织代替；脑水肿、脑白质破坏和空泡生成。羔羊腕关节和肘关节周围的滑液囊增厚，骨质疏松，骨皮质变薄。组织学变化是骨质疏松，成骨细胞变小，数量减少，骨骺的钙化和软骨的骨化推迟。脊髓和小脑脱髓鞘。

【诊断要点】根据病史、临床症状可做出初步诊断。如果有怀疑，可采取饲料、组织和体液进行实验室化验。如果怀疑为继发性缺铜病，应测定钼和硫的含量；进行骨骼X射线照相检查和组织学检查，都有助于临床诊断。

2. 防治措施

【治疗措施】治疗措施是补铜。一般选用硫酸铜，口服，羊1.5g，视病情轻重，每周1次，连用3~5周。也可用甘氨酸铜，皮下注射，羊45mg。或将硫酸铜按0.5%比例混于食盐中，使病畜舔食。如果铜与钴合用，效果更好。如果病畜已产生脱髓鞘作用，或心肌损伤，则难以恢复。

【预防措施】合理调配饲料，保证饲料中铜含量。一般羊的最低需要量是5mg/kg。土壤缺铜，如pH偏低可施用含铜肥料，每公顷可施5~7kg，几年内都可保持牧草铜含量，作为补铜饲草基地，是一项行之有效的办法。碱性土壤不宜用此法补铜。亦可用含硫酸铜的矿物舔盐，舔盐硫酸铜含量0.25%~0.5%。或定期注射甘氨酸铜、氨基乙酸铜或乙二胺四乙酸铜，成年羊每次使用剂量为150mg。

四 碘缺乏症

碘缺乏症又称为甲状腺肿，是由于摄入碘量不足所致的一种地方性甲状腺肿。临床特征是甲状腺增生肿大、生长发育受阻和繁殖成活率下降，新生羔羊死亡，脱毛等。碘缺乏在成年羊中发生较少，即使发病在临床上也多不被重视，仅见发情抑制而不妊娠。羔羊由于对碘缺乏敏感，容易发病，并引起大量死亡。

1. 诊断

【发病原因】山羊碘缺乏症最常见的原因是饲草、饲料和饮水中碘的含量不足。山羊胃肠道寄生虫病或慢性消化道疾患，造成碘的吸收减少；或饲草、饲料和饮水中有较多氟、钙、氯和钼等干扰碘吸收的物质，也会引起本病的发生。

【临床症状】本病常发生在碘缺乏地区，羔羊发病率远高于成年羊。患病羊如果甲状腺肿块不大，外表很难看到，也难触及。但若甲状腺超过4g，在颈上1/3和颈中1/3交界处的两侧颈静脉沟中，可触摸到可移动的卵圆形甲状腺肿块。

怀孕母羊患病时，常产出死胎、弱胎或畸胎，如果由长期饲喂大量致甲状腺肿物质所致的，其临床表现虽无异常，但肿大的甲状腺可触摸到，所产羔羊软弱无力，不能站立，低头偏向一侧，不能吮乳；颈下可见鸡蛋至拳头大一个肿块；呼吸极度困难；头颈皮肤、眼眶、眼睑水肿，四肢水肿，关节弯曲；于出生后数小时至24h死亡。青年羊性器官成熟延缓，性周期不规律，受胎率降低，泌乳性能下降，产后胎衣停滞。公羊性欲减退，精子品质低劣，精液量减少。

【病理剖检】病死羊的甲状腺呈不同程度的肿大，色砖红或褐红，两叶基本对称，呈椭圆形，切面湿润，稍外翻，质地较实在，其周围多有胶样水肿。如果病变甲状腺较重（约在30g以上），因其周围血管受压而充血，同时颈静脉也怒张充血。肺塌陷或不全塌陷，呈紫红色；肝脏肿大、瘀血，呈深紫红色。肺瘀血、水肿，肺泡不张。肝瘀血，心肌纤维间水肿。

【诊断要点】根据病羊临床呈现典型的甲状腺肿大和羊生长发育缓慢等症状，结合检测蛋白结合碘和甲状腺素含量等，可以确诊。

测定饲料、土壤和水源中的碘，如果土壤碘含量在0.3mg/kg以下，饮水在10mg/L以下，日粮中在0.08mg/kg以下时，可视为碘缺乏，山羊尤其是羔羊就会引起碘缺乏病，可出现甲状腺肿。

怀疑羔羊患群发性先天性甲状腺肿时，可改换其他饲料饲喂母羊，如果发病现象停止，即可做出诊断，但应和具有家族性发生特点的遗传性甲状腺肿做鉴别。羔羊死亡后甲状腺在2.8g以上，或初生羔羊每千克体重甲状腺大于0.5g即可诊断为甲状腺肿。也可测定山羊血清蛋白结合碘，其正常值为0.236～0.310 μmol/L，低于此值，即为碘缺乏。

2. 防治措施

【治疗措施】一旦发现羊群中有甲状腺肿病羊，立即用碘化钾或碘化钠治疗，每羊每天5～10mg混于饲料中饲喂，或在饮水中每天加入5%碘酊或10%复方碘液5～10滴，20天为1个疗程，停药2～3个月，再饲喂20天，即可达到治疗效果。

【预防措施】在碘缺乏区内，坚持对怀孕和泌乳期母羊以及羔羊补碘。补碘的方法很多，如饮水中每羊每天加入50μg碘化钾或碘化钠；舍饲羊的饲料中加入含碘添加剂或在食盐中加碘化钾或碘化钠1mg/kg，让山羊自由采食；在山羊股内侧，用3%～5%碘酊棉球涂擦，每月1次，两侧轮换涂擦。怀孕期和泌乳期母羊，禁止饲喂含致甲状腺肿物质和硫脲类物质的饲料或植物。

五 锌缺乏症

锌缺乏症是由于锌摄入、代谢或排泄障碍造成动物体内锌含量不足引起的一种营养代谢病。其临床特征是生长发育缓慢，皮肤角化不全，骨骼发育异常和繁殖机能紊乱。

1. 诊断

【发病原因】主要原因是饲料中锌含量不足；此外，饲料中常存在一些干扰锌吸收利用的因素，如钙、镉、铜、铁、铬、钼、锰、磷、碘以及植酸等。如果这些元素配合比例失当可造成锌缺乏。此外，消化机能障碍、慢性拉稀，可影响由胰腺分泌的“锌结合因子”在肠腔内滞留，而致锌摄入不足。某些遗传因素也可导致锌缺乏病。

【临床症状】绵羊自然病例的特征是脱毛、皮肤增厚、产生皱纹，诱发的羔羊病例表现为生长缓慢、流涎、跗关节肿胀、皮肤出现皱纹、在蹄和眼睛周围有开放性皮肤损害。

公羊羔缺锌最显著的特征之一是睾丸发育障碍，精子生成完全停止。严重缺锌的幼龄羊还表现大量流涎，在眼睛周围、鼻、足部和阴囊等处皮肤角化不全，蹄壳脱落，羊毛营养不良并脱落，羊毛被严重玷污并产生一种刺激性气味。

【病理剖检】典型锌缺乏而引起死亡的病例较少，即使有变化也不明显。仅见病羊口腔、网胃和皱胃黏膜肥厚，网胃和皱胃角化机能亢进，胆囊充满胆汁、膨大。皮肤组织学检查，角质层增生肥厚，颗粒层也增生，呈现角化不全等病变。其特征性病变为表皮上有凸出的棘皮症。

【诊断方法】依据临床症状和血清锌水平降低可以做出诊断。正常绵羊血清锌水平为12~18μmol/L，缺乏锌时可降至2.8μmol/L。

【鉴别诊断】对临床上表现皮肤角化不全的病例，应注意与疥螨性皮肤病、渗出性表皮炎、烟酸缺乏、湿疹、泛酸缺乏、维生素A缺乏及必须脂肪酸缺乏等引起的皮肤病鉴别。

2. 防治措施

【治疗措施】口服硫酸锌，剂量为每只1g，1次内服，每周1次；羔羊可连续服用硫酸锌，剂量为100mg/kg体重，连用3~4周。饲料中补加0.02%的碳酸锌，或每天注射2~4mg/kg体重锌，连续注射10天有良好效果。

【预防措施】日粮中必须含有足够的锌，同时要将饲料中的钙含量限制在0.5%~0.62%，以硫酸锌或碳酸锌的形式补充锌是有效的预防方法，可在每吨饲料里加硫酸锌或碳酸锌180g饲喂。对饲养和放牧在锌缺乏地带的羊群，要将饲料中的钙含量严格控制在0.6%以内，同时，宜在饲料中补加硫酸锌25~50mg/kg混饲。

在饲喂新鲜的青绿牧草时，适量添加一些含不饱和脂肪酸的油类，如大豆油，对治疗和预防锌缺乏症都可收到较好的效果。地区性缺锌可施用锌肥，或拌在有机肥内施用，此法对防治植物缺锌有效。

第十三章 山羊常见中毒性疾病

山羊的中毒性疾病多由于接触或摄入过度的药物、有毒物质等引起其机体发生机能性或品质性病理变化，甚至造成其死亡。

第一节 食物中毒性疾病

一 霉变饲料中毒

霉变饲料中毒是潮湿季节易发生的中毒性疾病之一，由于羊采食了发霉变质的饲料引起，主要临床症状依饲料的霉变程度与采食的多少和采食时间的长短而有所不同。轻者出现胃肠炎、拉稀，怀孕母羊流产，重者出现神经症状甚至死亡。

1. 诊断

【发病原因】霉变饲料引起的山羊中毒，主要有黑斑病甘薯中毒、赤霉菌毒素中毒、霉稻草中毒、霉麦芽中毒、黄曲霉毒素中毒等，其中以饲料中黄曲霉毒素引起的中毒最常见。霉菌毒素的产生多因饲料的储存不当受潮所引起。

【临床症状】

急性中毒：食欲废绝，精神沉郁，弓背，惊厥，磨牙，转圈运动，站立不稳，易摔倒；黏膜黄染，患结膜炎甚至失明，对光有过敏反应；颌下水肿；腹泻呈里急后重，脱肛，虚脱；约48h内死亡。

慢性中毒：羔羊表现为食欲不振，生长发育缓慢，惊恐转圈或无目的徘徊，腹泻，消瘦；成年羊表现为前胃弛缓，精神沉郁，采食量减少，产奶量下降，黄疸；妊娠期母山羊会出现流产，排足月的死胎或早产。因奶中含有霉菌毒素，故可使哺乳羔羊中毒。由于毒素抑制淋巴细胞的活性，损伤免疫系统，致使机体的抵抗力下降，易引起继发症的发生。

【病理剖检】急性中毒时，剖检可见黄疸，皮下、骨骼肌、淋巴结、心内外膜、食道、胃肠浆膜出血；肝棕黄色，质坚实如橡胶。慢性中毒时，剖检症状除肝黄染、硬变外，无其他明显异常的变化。镜检可见静脉阻塞，肝细胞颗粒变性和脂肪变性，结缔组织和胆管增生；血管周围水肿，成纤维细胞浸润，淋巴管扩张。

【诊断要点】应先做饲料调查，了解饲料是否有发霉、变质、变色、变味现象，了解使用时间与发病时间是否相符，以及所有喂同种饲料的动物是否都发病，结合症状及病理变化，可做出初步诊断。而确诊则应检测毒素，并进行饲料中霉菌的分离、培养和鉴定。

2. 防治措施

【治疗措施】

1）怀疑为霉菌毒素中毒时，立即停喂所怀疑的饲料，改换其他饲料。如果羊是轻微中毒，换料即可，无须用药。如果症状较重，可进行缓泻用药。

2）对严重病例可辅以补液强心，用安钠咖注射液5~10mL、5%葡萄糖注射液250~500mL、5%碳酸氢钠注射液50~100mL，一次静脉注射；维生素C注射液5~10mL肌内注射。

3）对有神经症状的加镇静剂，按羊每千克体重1~3mg的量注射盐酸氯丙嗪（出现神经症状的多愈后不良）。

【预防措施】防止饲料发霉变质、不喂霉变饲料是预防本病的关键。饲料储藏室要保持通风干燥，对被霉菌污染的仓库应熏蒸消毒（每立方米用福尔马林40mL、高锰酸钾20g、水20mL，密闭熏蒸24h）。对被霉菌污染的饲料可在每吨饲料中添加脱霉净500~1000g。

二 亚硝酸盐中毒

亚硝酸盐中毒是动物摄入过量含有亚硝酸盐的植物或饮水，引起血液中生成大量高铁血红蛋白的一种疾病；临床上表现为皮肤、黏膜发绀及其他缺氧症状。

1. 诊断

【发病原因】在自然条件下，各种鲜嫩青草、作物秧苗均富含硝酸盐。特别在重施化肥或农药时，如果大量使用硝酸铵、硝酸钠等硝酸盐类，可使菜叶中的硝酸钾含量升高。

将青饲料堆放过久，特别是经雨淋或曝晒极易发热，从而给硝化细菌提供适宜的生长环境，使饲料中的硝酸盐转化为亚硝酸盐。亚硝酸盐是羊瘤胃中硝酸盐还原成氨的中间产物，如果羊采食了大量含硝酸盐的青绿饲料，即使是新鲜的，也可发生亚硝酸盐中毒。

【临床症状】羊在大量采食富含硝酸盐的草料后的0.5~4h内突然发病。早期症状是频尿、呼吸增快，后呼吸困难，眼结膜发绀。脉速而弱，血液呈咖啡或酱油色。表现精神沉郁，肌肉震颤，站立不稳，步态蹒跚。严重时角弓反张，全身无力，卧地不起。大量流涎，呼吸困难，腹痛，耳、鼻、四肢及全身发凉，体温下降至常温以下，倒地痉挛，口吐白沫，常于12~24h内死亡。慢性中毒时，病羊出现发育不良、下痢、跛行、走路强拘、虚弱、受胎率低、流产等。

【病理剖检】口、鼻呈乌紫色，流出浅红色泡沫状液体。眼结膜可能带棕褐色。血液暗褐色，如酱油状，凝固不良，暴露在空气中经久仍不变红。各脏器的血管瘀血。胃、肠道各部有不同程度的充血、出血，黏膜易脱落，肠系膜淋巴结轻度出血。肝、肾呈暗红色。肺充血，气管和支气管黏膜充血、出血，管腔内充满带红色的泡沫状液。心外膜、心肌有出血斑点。

【诊断要点】羊只迅速发病，体温正常或下降，死前倒地痉挛，口吐白沫。死后血液呈酱油色，不凝固。胃膨胀，黏膜出血，容易剥离，内容物呈褐色。再联系死前所喂的饲料即可做出诊断。

2. 防治措施

【治疗措施】特效解毒剂是美蓝，可使用1%美蓝溶液，按每千克体重0.1~0.2mL，静脉注射；或用5%甲苯胺蓝液，每千克体重0.1~0.2mL，静脉注射或肌内注射；同时应用5%维生素C液60~80mL，静脉注射，以及静脉注射5%葡萄糖液300~500mL。对症疗法可用泻剂，加速消化道内容物的排出，以减少对亚硝酸盐及其他毒物的吸收。并补氧、强心及解除呼吸困难。

【预防措施】改善青绿饲料的堆放和蒸煮过程。无论生、熟青绿饲料，采用摊开、敞放，可以有效地预防动物亚硝酸盐中毒。近收割的青绿饲料不能再施用硝酸盐等化肥农药，以避免增高其中硝酸盐或亚硝酸盐的含量。对可疑饲料、饮水，实行临用前的简易化验，应列为常规的兽医保健措施之一。

三 瘤胃酸中毒

瘤胃酸中毒是反刍动物因突然采食大量谷物或其他富含碳水化合物的饲料后，导致瘤胃内产生大量乳酸而引起的一种急性代谢性酸中毒。其特征是消化障碍、瘤胃运动停滞、脱水、酸血症、运动失调、衰弱，常导致死亡。

1. 诊断

【发病原因】给羊只饲喂大量谷物，特别是粉碎后的谷物，在瘤胃内高度发酵，产生大量的乳酸而引起瘤胃酸中毒。舍饲羊只若不按照由高粗饲料向高精饲料逐渐变换的方式，而是突然饲喂高精饲料时，易发生瘤胃酸中毒。当羊只采食苹果、青玉米、甘薯、马铃薯、甜菜及发酵不全的酸湿谷物的量过多时，也可发生本病。

【临床症状】最急性病例，往往在采食谷类饲料后3~5h内无明显症状而突然死亡，有的仅见精神沉郁、昏迷，而后很快死亡。

重度瘤胃酸中毒的羊只，蹒跚而行，碰撞物体，瞳孔对光反射迟钝；卧地回视腹部，对任何刺激的反应都明显下降；有的兴奋不安，向前狂奔或转圈运动。随着病情发展，后肢麻痹，瘫痪，卧地不起；最后角弓反张，昏迷而死。

中度瘤胃酸中毒的羊只，精神沉郁，鼻镜干燥，食欲废绝，反刍停止，流涎，磨牙，粪便稀软或呈水样，有酸臭味，体温正常或偏低，瘤胃蠕动音减弱或消失。

轻度瘤胃酸中毒的羊只，神情恐惧，反刍减少，瘤胃蠕动减弱，瘤胃胀满；呈轻度腹痛；粪便松软或腹泻。

【病理剖检】发病后于24~48h内死亡的急性病例，其瘤胃和网胃中充满酸臭的内容物，黏膜呈玉米糊状，容易脱落，露出暗色斑块，底部出血；血液浓稠，呈暗红色；内脏静脉瘀血、出血和水肿；

肝脏肿大，实质脆弱；心内膜和心外膜出血。病程持续4~7天后死亡的病例，瘤胃壁与网胃壁坏死，黏膜脱落，溃疡呈袋状溃疡，溃疡边缘呈红色，被侵害的瘤胃壁区增厚3~5倍，呈暗红色，形成隆起，表面有浆液渗出，组织脆弱，切面呈胶冻状。

【诊断要点】病羊瘤胃听、叩诊结合检查有明显的钢管叩击音，进行瘤胃触诊时，瘤胃内容物坚实或呈面团感，根据病因和临床症状，可以做出诊断。

2. 防治措施

【治疗措施】本病的治疗原则是加强护理，清除瘤胃内容物，纠正酸中毒，补充体液，恢复瘤胃蠕动，可给病羊静脉注射5%的碳酸氢钠溶液20~30mL，及生理盐水或10%葡萄糖氯化钠溶液500~1000mL。重度病羊宜行瘤胃切开术，排空内容物，用温水洗涤瘤胃数次，尽可能彻底地洗出乳酸。

向瘤胃内放置适量轻泻剂和优质干草，并给予正常瘤胃内容物，同时静脉注射钙制剂和补液。为防止继发瘤胃炎、急性腹膜炎或蹄叶炎，消除过敏反应，可肌内注射盐酸异丙嗪或苯海拉明等药物。在患病过程中，出现休克症状时，宜用地塞米松10~20mL静脉注射或肌内注射。血钙下降时，可用10%葡糖酸钙注射液300~500mL静脉注射。

【预防措施】给羊只正常的日粮水平饲喂，不可随意加料或补料，由高粗饲料向高精饲料的变换要逐步进行，应有一个适应期。防止羊只闯入饲料房、仓库，暴食谷物及配合饲料；对易于发病的产前、产后母羊或哺乳母羊，应多喂品质优良的青干饲料，对急需补喂精饲料增膘或催奶的母羊，可在其日粮中按补喂精饲料总量的2%添加碳酸氢钠进行饲喂。

四 氢氰酸中毒

氢氰酸中毒是由于羊采食了富含氰苷配糖体的青绿饲料，在胃内由于酶的水解和胃液盐酸作用，产生游离的氢氰酸而致病。本病以呼吸困难、震颤、痉挛和突然死亡为特征。

1. 诊断

【发病原因】常因羊采食过量的胡麻苗、高粱苗、玉米苗等富含氰苷配糖体的植物而发病；机榨胡麻饼因含氰苷量多，饲喂过多也易发生中毒；应用中药治病，当杏仁、桃仁用量过大时，亦可致病。

【临床症状】该病发病迅速，病程短促。病羊多于采食含氰苷的饲料后，在15～20min发作。首先表现为腹痛不安，瘤胃臌气，呼吸加快，可视黏膜潮红（与亚硝酸盐中毒血液呈暗褐色有明显的区别），口流泡沫状液体；先兴奋然后很快转入抑制状态，随之出现全身衰弱无力，步态不稳或倒地，呼吸困难，张口伸舌；严重的体温下降，后肢麻痹，肌肉痉挛，眼球突出，瞳孔散大，脉搏沉细，呼吸浅表，最后昏迷死亡。

【病理剖检】剖检可见尸僵不全，血液呈鲜红色、凝固不良，口腔有血色泡沫，喉头、气管和支气管黏膜有出血点，气管和支气管内有大量泡沫状液体。肺充血、出血和水肿，心内外膜有点状出血。胃肠黏膜充血和出血，胃内充满气体，有苦杏仁味。

【诊断要点】发病急，有的不表现任何临床症状迅速毙命，根据采食情况及临床症状可做出诊断。饲料性中毒时吃得越多死得越快，确诊必须进行毒物分析。

2. 防治措施

【治疗措施】发病后立即用10%葡萄糖液50～100mL加入亚硝酸钠0.2～0.3g，缓慢静脉注射，接着再用10%硫代硫酸钠溶液10～20mL缓慢静脉注射。还可视情况应用强心剂、维生素C、洗胃催吐药进行治疗。

【预防措施】饲喂含氰苷的饲料时一定要限制用量，且与其他饲料搭配饲喂。高粱和苏丹草最好在抽穗前作饲料，或玉米、高粱以青贮形式利用，禁止在含有氰苷作物的牧草地上放牧，以免采食后发生中毒。

五 食盐中毒

食盐是动物饲料中不可缺少的成分，适量的食盐能维持动物体内的正常水盐代谢，并可增强食欲和促进胃肠活动，但过量则可引发中毒。资料表明，成年羊食盐的致死量是3～6g/kg体重。

1. 诊断

【发病原因】羊发生食盐中毒或致死并不单纯决定于食盐的食入

量，还取决于羊饮水是否充足。如果羊一时食入的食盐太多，但同时又饮用了大量水，则不一定会发生中毒；相反，如果食入的食盐过多，又缺乏饮水，那么中毒的机会就加大。

【临床症状】羊中毒后表现口渴，食欲或反刍减弱或停止，瘤胃蠕动消失，常伴发臌气。急性发作的病例，口腔流出大量泡沫，结膜发绀，瞳孔散大或失明，脉细弱而增数，呼吸困难。腹痛，腹泻，有时便血。病初兴奋不安、磨牙、肌肉震颤、盲目行走和转圈运动，继而行走困难、后肢拖地、倒地痉挛、头向后仰、四肢不断划动，多为阵发性。严重时呈昏迷状态，最后窒息死亡。体温在整个病程中无显著变化。

【病理剖检】脑膜和脑内充血与出血，胃肠黏膜充血、出血、脱落。心内外膜及心肌有出血点。肝脏肿大，质脆，胆囊扩张。肺水肿，深紫红色肿大，被膜不易剥离，皮质和髓质界限模糊。全身淋巴结有不同程度的瘀血、肿胀，也可见到嗜酸性粒细胞性脑炎。

【诊断要点】根据病史、临床症状及剖检变化，可做出初步诊断。实验室检验主要是测定肝脏内和胃肠内容物中氯化钠的含量，如果含量显著增高，则可确诊为食盐中毒。

2. 防治措施

【治疗措施】

1）中毒初期，内服黏浆剂及油类泻剂，并少量多次地给予饮水，切忌任其暴饮，使病情恶化。

2）静脉注射10%氯化钙或10%葡萄糖酸钙，皮下或肌内注射维生素 B_1。

3）对症治疗可用镇静剂，肌内注射盐酸氯丙嗪1～3mg/kg体重，静脉注射25%硫酸镁溶液10～20mL或5%溴化钙溶液10～20mL；心脏衰竭时，可用强心剂；严重脱水时应立即进行补液。

【预防措施】做好食盐的储存，防止羊只误食。日粮中补加食盐时要充分混匀，量要适当。用高渗盐水静脉注射时应掌握好用量，以防发生中毒。

六 尿素中毒

尿素是动物体内蛋白质分解的终末产物，在农业上广泛用作肥料。可作为反刍动物的蛋白质补充饲料，也可用于麦秸的氨化。但若用量不当，则可导致反刍动物尿素中毒。

1. 诊断

【发病原因】尿素添加剂量过大，浓度过高，和其他饲料混合不匀，或食后立即饮水以及羊喝了大量人尿都会引起尿素中毒。

【临床症状】发病较快，表现为不安、呻吟、磨牙、口流大量泡沫性唾液；瘤胃急性膨胀，蠕动消失，肠蠕动亢进；心音亢进，脉搏加快，呼吸极度困难，呼气有氨味；中毒严重者站立不稳，倒地，全身肌肉痉挛，眼球震颤，瞳孔放大。

【病理剖检】瘤胃内容物有氨臭，胃黏膜充血、出血、溃疡，甚至脱落，肝脏肿大易碎，胆囊肿胀，肾肿大瘀血，肺充血水肿，血液凝固不良，肠系膜淋巴结肿胀，切面湿润多汁呈灰白色。

【诊断要点】采食尿素史、血氨值升高对本病有确诊意义，当血氨为8~12mg/L时即出现中毒症状，也可因亚硝酸钠反应确诊。

2. 防治措施

【治疗措施】发现羊中毒后，立即停止补饲尿素并灌服食醋或醋酸等弱酸溶液，如1%醋酸1L、糖250~500g、水1L，分5次灌服。静脉注射10%葡糖糖酸钙液100~200mL，或静脉注射10%硫代硫酸钠液100~200mL，同时应用强心剂、利尿剂、高渗葡萄糖等疗法。

【预防措施】严格化肥保管使用制度，防止羊误食尿素。用尿素作饲料添加剂时，严格掌握用量，体重50kg的成年羊，用量不超过25g/天。

尿素以拌在饲料中喂给为宜，不得化水饮服或单喂，喂后两小时内不能饮水。如果日粮蛋白质已足够，不宜加喂尿素。

第二节　农药及化学物质中毒性疾病

一　有机磷农药中毒

有机磷农药中毒是由于有机磷农药通过各种途径进入羊体内，与乙酰胆碱酶结合，抑制该酶的活性，造成羊体内的乙酰胆碱大量蓄积，导致羊副交感神经过度兴奋的一种疾病。由于农业上广泛应用有机磷制剂毒杀害虫，这就给农药中毒增加了可能性。

1. 诊断

【发病原因】主要由于羊只采食了喷有农药的作物或蔬菜而引起。当前常用的有机磷农药有1059、1605、4049、敌百虫、敌敌畏及乐果等，羊只不管吞食了哪一种农药，都可发生中毒。或者喝了被农药污染的水，或者舔了没有洗净的农药用具。

【临床症状】羊只中毒较轻时，食欲不振、无力、流涎。较重时呼吸困难，腹痛不安，肠音加强，排粪次数增多，肌肉颤动，四肢发硬，瞳孔缩小，视力减退。最严重的时候，口吐大量白沫，心跳加快，体温升高，大小便失禁，神志不清，黏膜发紫，全身痉挛，血压降低，终至死亡。

【病理剖检】胃肠黏膜充血和胃内容物有大蒜臭味。若病程稍久，所有黏膜呈暗紫色，内脏器官出血，肝、脾肿大，肺充血水肿，支气管含多量泡沫细胞。

【诊断要点】根据发病很急、变化很快、流涎、拉稀、腹痛不安及瞳孔缩小等特点，结合有机磷农药接触病史可以做出确诊。

2. 防治措施

【治疗措施】

1）解磷定：按10～45mg/kg体重剂量计算，溶于生理盐水、5%葡萄糖液、糖盐水或蒸馏水中都可以，做静脉注射。半小时后如果不好转，可再注射1次。

2）阿托品：用1%阿托品注射液1～2mL，皮下注射。

3）在中毒严重时，可合并使用解磷定及阿托品。还可以注射葡萄糖、复方氯化钠及维生素B_1、维生素B_2、维生素C等。

【预防措施】对农药一定要有保管制度，严格按照“剧毒农药安全使用规程”进行操作和使用，防止人为破坏。在喷洒过农药的田地设立标志，在7天内不准进地割草或放羊。

二 慢性氟中毒

有机氟农药目前较常用的是氟乙酰胺，用于防治棉蚜、棉红蜘蛛等病虫害，也用来灭鼠。这是一种高效剧毒内吸性农药，故可引起二次中毒。

1. 诊断

【发病原因】山羊因误食喷过农药的鲜草、其他植物的茎叶或毒饵而引起中毒；长期饲喂施用过氟乙酰胺的饲料，因残毒蓄积，喂后发生中毒；误饮被污染的水而引起中毒。

【临床症状】慢性中毒的病羊在中毒后5~7天，表现为精神沉郁，食欲减退，不合群，反刍停止，流泻，不愿行走，喜静，瞳孔散大或缩小，肘肌震颤，有时轻微腹痛。个别病羊排恶臭稀粪。体温正常或低于常温，脉搏搏动加快，心音节律不齐。病情可反复发作，往往在抽搐过程中，因呼吸抑制、循环衰竭而死亡。

【病理剖检】心肌变性，心内、外膜有出血斑点。胃肠黏膜出血，胃黏膜脱落。肝、肾充血，血液凝固不全。

【诊断要点】根据病因和临床症状，可以做出初步诊断。确诊需做毒物分析，取可疑饲料、饮水、呕吐物或胃内容物进行有机氟化合物的定性和定量分析。

2. 防治措施

【治疗措施】可用0.05%高锰酸钾或淡肥皂水立即洗胃；如果食入饲料的时间较长，可用硫酸镁或硫酸钠350~500g，口服，并同时内服活性炭60~100g，加水1000mL，以吸附毒物，促使其快速排出；也可口服绿豆汤、鸡蛋清，对保护胃肠黏膜、吸附毒素、阻止毒素的吸收，有较好的效果。

5%解氟灵（乙酰胺）80mL，按1kg体重0.1g分3~4次肌内注射，首次量为全日量的一半，连用5~7天。氯丙嗪注射液300~400mg，一次肌内注射，按1kg体重1mg用药。

【预防措施】禁喂用氟乙酰胺喷洒过的植物茎叶及污染的饲草、饲料。凡施用过氟乙酰胺的作物，从施药到收割期必须经过两个月以上的残毒排出时间，方能作为饲料用，否则易发生中毒。对有机氟农药要建立严格的保管制度，被污染的用具应妥善保管，防止羊只因误舔而中毒。

三 灭鼠药中毒

灭鼠药中毒是动物医学临床常见的疾病，但确诊较困难，若不及时治疗往往导致患病动物死亡，造成巨大的经济损失。灭鼠药的种类很多，常见的有茚满二酮类、香豆素类、有机磷类、有机氟类、硫脲类、无机盐类和其他类。其致病的机理不完全相同，归纳起来可以分为如下几个方面：抑制体内代谢环节，抑制体内酶的活性，降低血液凝固性，作用于中枢神经介质，局部的刺激作用并引起组织坏死等。

1. 诊断

【发病原因】羊只误食污染了鼠药的饲草和饮水或灭鼠毒饵。也有人为使用鼠药投毒，引起动物中毒的发生。

【临床症状】茚满二酮类和香豆素类灭鼠药中毒后一般在误食后即出现呕吐，食欲不振或废绝，皮肤发紫，尿血，粪便带血，腹痛，心音弱且心率快，后因出血导致心脏衰竭而死亡。

硫脲类灭鼠药急性中毒者表现精神沉郁，食欲减退或废绝，呕吐，昏睡等。严重中毒者出现呼吸困难，发绀，肺水肿，病畜烦躁不安，全身痉挛，昏迷和休克。

磷化锌中毒后中枢神经系统受损害，出现抽搐、痉挛和昏迷。中度中毒时出现抽搐和肌束震颤，严重者有心率失常、黏膜发绀、呼吸困难、尿色带黄，并出现尿蛋白、红细胞管型，粪便呈灰黄色。末期病畜陷于休克和昏迷。

毒鼠强中毒后15～30min出现中毒症状，临床表现为呕吐、腹痛、腹胀，还出现四肢无力，烦躁不安，突发惊厥，有时癫痫样发作。常因强制性痉挛而导致呼吸肌麻痹、呼吸衰竭而死亡。

【病理剖检】茚满二酮类和香豆素类灭鼠药中毒，血液凝固不良，可见多脏器的广泛性出血；硫脲类灭鼠药中毒病理变化有肝肿大，黄疸，蛋白尿，血尿；磷化锌中毒后全身广泛性出血，刺激胃黏膜引起急性炎症、充血、溃疡和出血等，经呼吸道进入肺泡，还可引起肺充血和水肿；毒鼠强中毒后羊只，口鼻有血性分泌物，可视黏膜点片状出血，脑组织瘀血、水肿，肺水肿，心、肺表面点片状出血；胃黏膜呈片状分布的针尖样出血点。

【诊断要点】根据病史及症状，结合投鼠药情况进行初步判断，确诊需要进一步做相应灭鼠药的检验。

2. 防治措施

【治疗措施】

1）应及早洗胃、导泻或催吐，减少胃肠的吸收。茚满二酮类和香豆素类灭鼠药中毒洗胃禁用碳酸氢钠液，为了消除凝血障碍，应使用维生素K，按每千克体重1mg维生素K_1加入到10%葡萄糖液中，静脉注射，每12h一次，连用3~5天。可用1:2000高锰酸钾液洗胃，并灌服硫酸钠导泻，或灌服0.2%~0.5%硫酸铜催吐。

2）加速已吸收毒物的排出。常用甘露醇、速尿等利尿剂，为防止脱水可配合静脉补液。

3）应用特异性解毒剂。维生素K适用于抗凝血类灭鼠药中毒，每次肌内注射0.03~0.05g，直到出血停止。

4）增强机体解毒抗毒能力。可以静脉注射葡萄糖，维生素C，肝泰乐，能量合剂等，也可应用强力解毒敏，具有抗过敏、解毒、保肝作用，能增强机体解毒能力，每只每次10~20mL。

5）对症支持疗法。有抽搐、痉挛、惊厥等神经症状者给予镇静剂，如巴比妥、抓丙嗪、安定等；为防止脑水肿、肺水肿可给予脱水剂、利尿剂或皮质激素类药物；为保护心、肝、肾功能，控制呼吸衰竭、心律失常，用强心剂和呼吸兴奋剂；防止并发感染、电解质紊乱和休克，合理使用电解质溶液、抗生素和肾上腺皮质激素等。

【预防措施】对灭鼠药建立严格的保管制度，使用灭鼠药时应将其放置于羊只不易接触到的地点，灭鼠后及时清理残留灭鼠药。

四 驱虫类药物中毒

山羊既有体内寄生虫又有体外寄生虫，驱除体内寄生虫一般内服药物或进行注射，驱除体外寄生虫一般进行药浴或皮下注射。其中，伊维菌素和阿维菌素因其效果确切、能够对体内外寄生虫均起到良好的驱虫效果而广泛使用，然而此类驱虫药的使用不当会造成山羊的中毒。

1. 诊断

【发病原因】山羊使用伊维菌素或阿维菌素驱虫发生中毒，一般是由于药物使用过量或时间过长而导致；也有报道认为，春季使用此类药物驱虫后，出去放牧时山羊采食刚刚萌芽的牧草，往往会导致山羊发生大批中毒，但机理尚不清楚。

【临床症状】中毒羊的主要症状为行走不稳、流涎，严重时卧地不起，全身肌肉震颤，倒地后四肢呈游泳状划动；心跳加快，心音亢进，甚至头向后仰，颈和四肢痉挛；舌麻痹，伸出口外，口吐白沫，呼吸加快。

【病理剖检】因此类药物中毒死亡较急，尸体剖检变化不明显，一般血液为黑红色，气管、支气管黏膜充血，肺充血，间质增宽；肝脏和肾脏有时也有明显变化，尤其是造成细胞超微结构的破坏。

【诊断方法】根据驱虫药的使用情况即可做出诊断。

2. 防治措施

【治疗措施】伊维菌素或阿维菌素中毒无特效解毒药，一般采取对症疗法。用10%葡萄糖注射液、维生素C、葡萄糖酸钙溶液，静脉注射。强力解毒敏2mL肌内注射，或肌内注射阿托品2~4mg，每天3次，直至症状缓解。加强护理、减少运动。将病羊放牧于阴凉的牧场，给予充足清洁的饮水。

【预防措施】用伊维菌素或阿维菌素驱虫时，首先要算准剂量，正确估算家畜体重，为防止寄生虫产生抗药性，可在首次用药后间隔一段时间再进行第二次用药。因幼龄动物对驱虫药较敏感，建议2月龄内的山羊不要驱虫。

附　　录

附录 A　常见山羊疾病的鉴别诊断

一　山羊腹泻性疾病的鉴别诊断

表 A-1　普通病性腹泻鉴别诊断

疾病名称	腹泻特征	精神状态	其他症状
胃肠炎	排粪失禁，里急后重。尾根周围沾有稀粪，带有血液、黏液或脱落的肠黏膜上皮，伴有恶臭	精神沉郁，食欲不振，然后出现抽搐、痉挛或昏迷等症状	急性者为食欲减退或废绝，口臭，腹痛，肌肉震颤，肚腹蜷缩。病初，肠音增强，随后减弱或消失。体温、心率、呼吸都升高或变快；血液浓稠且尿液减少。慢性胃肠炎表现有异嗜、便秘、腹痛等症状，体温、脉搏、呼吸无明显变化，食欲不振，消化不良，粪便中常有未消化饲草，患病羊逐渐消瘦
羔羊消化不良	粪便呈灰绿色，混有气泡和白色乳凝块，伴有酸臭味	精神沉郁、昏睡或昏迷，部分羔羊表现为兴奋	肠音高亢，瘤胃臌气，被毛粗乱，眼球下陷，皮肤弹性下降，尾根及后肢外阴部沾有稀粪
佝偻病	呈现腹泻症状	精神沉郁	食欲减退，异嗜，骨骼变形（前腿呈 O 形，后腿呈 X 形），牙齿生长缓慢且不整齐
羔羊白肌病	部分羔羊出现腹泻	精神沉郁，贫血，消瘦	多发生于羔羊出生后数周至 2 月龄。全身虚弱无力，站立困难，行走无力，不愿行走，能走动者后躯摇摆，身体僵硬，异嗜。营养不良，消瘦后逐渐死亡

表 A-2　中毒性腹泻鉴别诊断

疾病名称	腹泻特征	精神状态	其他症状
青杠叶中毒	初期排附有黏液的念珠状干粪球，后排出黑色混有黏液及血液的恶臭稀粪	精神沉郁，茫然呆立，回头顾腹或后肢踢腹	采食青杠叶后 2～7 天发病，瘤胃蠕动及反刍减弱，嗳气，流涎，喜食干草，磨牙。卧立不安，排尿困难或无尿；5～7 天后于前胸、腹下、后肢内侧、肛门、外阴部皮下出现水肿，后卧地不起，水肿和便秘加重，呼吸加快，消瘦死亡
闹羊花中毒	排稀软粪便，伴有黏液；体温下降	精神萎靡不振	喷射性呕吐，嘴角及下唇挂满泡沫状涎液，四肢强拘，肌肉震颤，卧地不起；腹痛不安，心律不齐，心音增强，呼吸迫促
蓖麻中毒	排混有血液的稀粪，伴有黏液	精神沉郁，倒地叫唤，后期声音嘶哑	突然发病，食欲废绝，口吐白沫，瘤胃轻度或中度臌气，全身震颤，四肢发抖，体温下降；心跳快且弱，呼吸迫促，卧地不起，颈项强直，严重者角弓反张，四肢呈游泳状，停止反刍和嗳气
亚硝酸盐中毒	腹泻、下痢	精神沉郁	呼吸困难，心跳加快，可视黏膜、皮肤发绀，腹痛，皮温下降，肌肉震颤，站立不稳，步态蹒跚。重者角弓反张，全身无力，卧地不起。大量流涎，耳、鼻、四肢及全身发凉，血液呈咖啡或酱油色，体温下降至常温以下，倒地痉挛，口吐白沫，常于 12～24h 内死亡
有机磷中毒	腹泻，粪便呈糊状或水样，排粪次数增多，伴有血液，体温升高	精神沉郁，神志不清，抽搐，随后昏迷	口角流涎，无力，腹痛，呼吸困难，肌肉颤动，四肢发硬。重者口吐大量白沫，可视黏膜发绀，瞳孔缩小，视力减退，心跳加快且弱，体温升高，大小便失禁，全身痉挛

表 A-3 传染病性腹泻鉴别诊断

疾病名称	腹泻特征	精神状态	其他症状
羔羊大肠杆菌病	肠型表现为粪为糊状，排黄色、灰白色、带有气泡或混有血液稀便。败血型少有腹泻	精神由沉郁变为昏迷不醒。肠型和败血型体温均可升高至41.5~42℃	肠型病羔羊腹痛、拱背、咩叫、努责，虚弱卧地，后期病羔羊极度消瘦、衰竭 败血型病羔羊结膜充血潮红，呼吸浅表，脉搏快而弱，四肢僵硬，运步失调，头常弯向一侧，视力出现障碍，继而卧地，磨牙。头向后仰，四肢做划水动作。口流清涎，四肢冰凉，最后昏迷
羊沙门氏杆菌病	下痢型排稀粪，为黏性带血稀粪，有恶臭。流产型部分有腹泻	精神沉郁，虚弱，下痢型体温升高至40~41℃，流产型体温升高至40~41.5℃	下痢型多发于15~20日龄的羔羊，食欲减退，呆立不动或卧地不起，腹痛；流产型多发于怀孕母羊，于怀孕最后1/3期间内发生流产或死产，阴道内排出黏性带血丝或血块的分泌物；羔羊虚弱，伴有腹泻，多于7天内死亡

二 山羊呼吸道疾病的鉴别诊断

表 A-4 山羊呼吸道疾病鉴别诊断

疾病名称	体温变化	鼻液特征	其他症状
感冒	体温升高	初为透明的清液，后为黄色黏稠鼻液	病羊精神不振，食欲减退；常打喷嚏、擦鼻、摇头、鼻镜发干、眼结膜充血、羞明流泪、反刍停止、发鼻呼吸音，体温稍有升高。鼻黏膜潮红肿胀，呼吸困难，常有咳嗽，一般都有结膜炎并发。耳尖、鼻端发凉，肌肉震颤，口舌青白，舌有薄苔，舌质变红，呼吸加快，脉搏细数。听诊肺区肺泡呼吸音增强，时有啰音，鼻腔检查时鼻黏膜充血、肿胀，鼻部敏感

（续）

疾病名称	体温变化	鼻液特征	其他症状
鼻炎	体温有的升高	初为浆液性，后为黏液性、脓性	喷鼻，摇头，鼻黏膜肿胀，鼻部擦痒，可见鼻黏膜糜烂，鼻腔狭窄，呈吸气性困难。严重者可见下颌淋巴结肿胀
支气管炎	体温略升高	鼻腔流出大量的鼻涕，开始出现时为清亮透明的，到后来变为黏液性的或化脓性的	咳嗽。肺部听诊肺泡呼吸音增强，并伴有干啰音和湿啰音出现；手轻捏病羊气管，可出现声音高亢的连续性咳嗽。病初支气管黏膜充血肿胀，没有炎性渗出物，表现为短促、疼痛的干咳，之后逐渐转为湿咳，疼痛减轻
支气管肺炎	体温升高1.5～2℃，呈弛张热型或间歇热型	排出多量黏稠或脓性鼻液	短痛咳到湿咳，可视黏膜发绀或潮红；听诊肺啰音、捻发音，干、湿啰音；局灶性肺泡呼吸音减弱或消失。叩诊有片状浊音区
大叶性肺炎	体温迅速升高到40～41℃，呈稽留热	鼻孔排出铁锈色或黄红色鼻液	脉搏加快，呼吸急促，鼻孔开张，呼出气体温度较高，病羊久站不卧，呻吟不断，磨牙。可视黏膜潮红或发绀。咳嗽，混合型呼吸困难，肺部叩诊广泛性浊音、半浊音区，听诊有大面积肺泡呼吸音减弱或消失，可听到湿啰音和捻发音
中暑	体温急剧升高到40～42℃，皮温升高	可排出粉红色泡沫状鼻液	突然发病，狂躁不安，共济失调，倒地四肢游泳状划动，呼吸困难，心跳加速，有的体温升高，瞳孔散大后缩小，短期内死亡
黑斑病红薯中毒	体温基本正常	大量鼻液	可视黏膜潮红，呼吸困难，皮下气肿，食欲减退，反刍，嗳气减少或停止

（续）

疾病名称	体温变化	鼻液特征	其他症状
有机磷农药中毒	体温正常或降低	大量鼻液，流涎	流涎、腹痛、腹泻，瞳孔缩小，可视黏膜苍白，全身肌肉震颤，兴奋不安，四肢末梢变凉
尿素中毒	体温正常或降低	泡沫状鼻液，口流大量泡沫性唾液	病较快，表现为不安、呻吟、磨牙、口流大量泡沫性唾液；瘤胃急性膨胀，蠕动消失，肠蠕动亢进；心音亢进，脉搏加快，呼吸极度困难，呼气有氨味；中毒严重者站立不稳，倒地，全身肌肉痉挛，眼球震颤，瞳孔放大
李氏杆菌病	病初体温升高至41～42℃	鼻孔有浆液性或脓性鼻液	眼球突出，斜视，视力障碍；头偏于一侧或转圈运动，角弓反张，常倒地做游泳状动作。咀嚼困难，全身肌肉间歇性震颤，后颈项强直，头颈上弯，后昏迷；妊娠母羊流产，均有胎盘炎症状；羔羊发生急性败血症死亡
羊痘	体温升高至41℃以上	流浆液、黏液或脓性鼻液	食欲减退，精神不振，结膜潮红，有浆液或脓性分泌物从鼻孔流出，呼吸和脉搏增速，1～4天后发痘。羊无毛处皮肤上先有红斑，1～2天变为丘疹，随后成为结节、水疱、脓疱，破溃后结痂。痂皮脱落后成为红斑，最后颜色变浅
羊链球菌病	体温可升高至41℃以上	先为浆液，后为黏性、脓性鼻液，咳嗽	结膜潮红，流泪，眼角有脓性分泌物。流涎，咳嗽，咽喉肿胀，咽喉和下颌淋巴结肿大，呼吸急促，粪便稀软带血，头部、乳房肿胀，部分羊有关节炎，怀孕母羊流产。死前磨牙、抽搐及惊厥

（续）

疾病名称	体温变化	鼻液特征	其他症状
山羊传染性胸膜肺炎	体温升高至41～42℃	流浆液性、带血、黏脓性或铁锈色鼻液，伴有咳嗽	精神极度委顿，食欲废绝，呼吸急促而有痛苦的鸣叫。咳嗽，卧地不起，四肢伸直，呼吸极度困难；眼睑肿胀，流泪，眼有黏性及脓性分泌物，口吐白沫，头颈伸直，腰背拱起。肺部叩诊为浊音，肺泡呼吸音减弱或消失
肺线虫病	体温基本不变	流黏液性鼻液，干涸后形成鼻痂，造成呼吸困难	个别羊干咳，继而成群咳嗽，运动时和夜间更为明显，此时呼吸声亦明显粗重，如拉风箱。在频繁而痛苦的咳嗽时，常咳出含有成虫、幼虫及虫卵的黏液团块，咳嗽时伴发啰音和呼吸急促，鼻孔中排出黏稠分泌物，干涸后形成鼻痂，从而使呼吸更加困难。病羊常打喷嚏，逐渐消瘦，贫血，头、胸及四肢水肿，被毛粗乱

三 山羊流产性疾病的鉴别诊断

表 A-5 山羊流产性疾病鉴别诊断

疾病名称	发病日龄	流产特征	其他症状
沙门氏菌病	怀孕母羊于怀孕的最后1/3期间发生流产或死产	怀孕母羊于怀孕的最后1/3期间发生流产或死产。病羊产下的活羔羊，表现衰弱、委顿、卧地、稀粪混有未消化饲料、粪便恶臭、多数羔羊拒食，常于1～7天死亡	病羊体温升至40～41℃，厌食，精神抑郁，部分羊有腹泻症状，阴道常排出有黏性带有血丝或血块的分泌物。羊群暴发1次，一般可持续10～15天，流产率与病死率可达60%，其他羔羊的病死率可达10%

（续）

疾病名称	发病日龄	流产特征	其他症状
布鲁氏菌病	母羊比公羊易感，成年羊较羔羊易感，性成熟后最易感	主要表现是流产，山羊流产率有时高达40%～90%。流产前体温升高、精神沉郁、食欲减退、口渴，由阴道排出黏液或带血的黏液性分泌物，有时掺杂血液。流产的胎儿多数死亡，成活的则极度衰弱，发育不良。流产胎儿呈败血症变化，浆膜和黏膜有出血斑点，皮下出血、水肿	病羊发生慢性关节炎及黏液囊炎，病羊跛行，重症病例可呈现后躯麻痹，卧地不起，常因采食不足、饥饿而死。公羊除发生关节炎外，有时发生睾丸炎、附睾炎，睾丸肿大，触诊局部发热，有痛感。乳山羊早期有乳房炎症状，触之乳房乳腺有小的硬结节，泌乳量减少，乳汁内有小的凝块。少部分病羊发生角膜炎和支气管炎
衣原体病	流产通常发生于妊娠的中后期，绝大多数母羊在产前1个月左右发生流产	多在怀孕的最后1个月发生流产或早产，产出的羔羊体弱无力，多于产后不久死亡，或直接流出死胎。临诊表现主要为流产、死产或娩出生命力不强的弱羔羊。流产后往往胎衣滞留，流产羊阴道排出分泌物可达数日	有些病羊可因继发感染细菌性子宫内膜炎而死亡。羊群首次流产率可达25%～35%，以后则流产率下降。在本病流行的羊群中，可见公羊患睾丸炎、附睾炎等。羔羊感染本病后，临床上表现发热、跛行、多发性关节炎、结膜炎等，甚至因败血症死亡

附录 B　常见计量单位名称与符号对照表

量的名称	单位名称	单位符号
长度	千米	km
	米	m
	厘米	cm
	毫米	mm
面积	平方千米（平方公里）	km^2
	平方米	m^2
体积	立方米	m^3
	升	L
	毫升	mL
质量	吨	t
	千克（公斤）	kg
	克	g
	毫克	mg
物质的量	摩尔	mol
时间	小时	h
	分	min
	秒	s
温度	摄氏度	℃
平面角	度	(°)
能量，热量	兆焦	MJ
	千焦	kJ
	焦［耳］	J
功率	瓦［特］	W
	千瓦［特］	kW
电压	伏［特］	V
压力，压强	帕［斯卡］	Pa
电流	安［培］	A

参考文献

[1] 蔡良清，宋大鲁．中兽医临证备要［M］．合肥：安徽科学技术出版社，1988.
[2] 陈怀涛．羊病诊疗原色图谱［M］．北京：中国农业出版社，2008.
[3] 陈溥言．兽医传染病学［M］．北京：中国农业出版社，2007.
[4] 陈其新．常见养肉羊疑难问题破解方案［M］．郑州：中原农民出版社，2012.
[5] 陈万选．羊病快速诊治指南［M］．郑州：河南科学技术出版社，2009.
[6] 董彝．实用羊病临床类症鉴别［M］．北京：中国农业出版社，2004.
[7] 冯昌荣．兽医中草药验方集锦［M］．成都：四川科学技术出版社，1996.
[8] 冯仰廉．反刍动物营养学［M］．北京：科学出版社，2004.
[9] 晋爱兰．羊病防治技术［M］．北京：中国农业大学出版社，2004.
[10] 中国大百科全书出版社编辑部．中国大百科全书——现代医学［M］．北京：中国大百科全书出版社，1993.
[11] 李德成．实用中兽医诊疗学［M］．西安：陕西科学技术出版社，1980.
[12] 李克琛．中兽医临证要览［M］．成都：四川科学技术出版社，1987.
[13] 李如治．家畜环境卫生学［M］．北京：中国农业出版社，2009.
[14] 李苏新．南方肉用山羊养殖技术［M］．北京：金盾出版社，2009.
[15] 刘洪云，张苏华，丁卫星．肉羊科学饲养诀窍［M］．上海：上海科学技术文献出版社，2004.
[16] 刘俊伟，魏刚才．羊病诊疗与处方手册［M］．北京：化学工业出版社，2011.
[17] 刘緦，李道兴．羊病［M］．郑州：河南科学技术出版社，1983.
[18] 彭文伟．传染病学［M］．6版．北京：人民卫生出版社，2004.
[19] 平万军．绵羊肺腺瘤病的流行及诊治［J］．养殖技术顾问，2011(6)：163.
[20] 钱义明．新编羊病诊断与防治［M］．赤峰：内蒙古科学技术出版社，2004.
[21] 权凯．农区肉羊场设计与建设［M］．北京：金盾出版社，2010.

[22] 全国中兽医经验选编审组. 全国中兽医经验选编［M］. 北京：科学出版社，1977.
[23] 山西农业大学. 养羊学［M］. 2版. 北京：中国农业出版社，1992.
[24] 王建辰，曹光荣. 羊病学［M］. 北京：中国农业出版社，2002.
[25] 王志武. 羊病类症鉴别与防治［M］. 太原：山西科学技术出版社，2008.
[26] 卫广森. 羊病［M］. 北京：中国农业出版社，2009.
[27] 吴清民. 兽医传染病学［M］. 北京：中国农业大学出版社，2001.
[28] 邢福珊，林青. 常见羊病防治技术［M］. 西安：西北农林科技大学出版社，2007.
[29] 杨凤. 动物营养学［M］. 北京：中国农业出版社，1993.
[30] 俞乃胜，杨月中，庞仕龙，等. 山羊疾病学［M］. 昆明：云南科学技术出版社，2001.
[31] 张宏福. 动物营养参数与饲养标准［M］. 2版. 北京：中国农业出版社，2010.
[32] 张克家. 中兽医方剂大全［M］. 北京：中国农业出版社，2009.
[33] 张泉鑫，朱印生. 羊病中西医综合防治［M］. 北京：中国农业出版社，2004.
[34] 张文，王志富. 肉用羊圈养与羊病防治技术［M］. 北京：科学技术文献出版社，2010.
[35] 张勇，朱宇旌. 饲料与饲料添加剂［M］. 北京：化学工业出版社，2008.
[36] 赵有璋. 现代中国养羊［M］. 北京：金盾出版社，2005.
[37] 赵有璋. 羊生产学［M］. 2版. 北京：中国农业出版社，2002.
[38] 中共阿坝州委畜牧业生产办公室. 阿坝地区中兽医验方［M］. 成都：四川民族出版社，1960.
[39] 汪德刚. 中兽医基础与临床［M］. 北京：中国农业大学出版社，2005.